电力行业"十四五"规划教材

热辐射反问题理论及应用

刘 冬 刘冠楠 李天骄 严建华 编 著
曹炳阳 主 审

中国电力出版社
CHINA ELECTRIC POWER PRESS

内容提要

本书详细介绍了热辐射反问题的相关理论与代表性应用，首先介绍了反问题的定义和求解方法，其次给出了弥散介质辐射传递计算方法及成像原理，最后介绍了不同热辐射反问题的重建模型，旨在对动力装置内燃烧参量测量提供理论参考和技术借鉴。

本书可供高等学校能源与动力工程、新能源科学与工程等相关专业高年级本科生和研究生作为教材使用，也可作为能源、航天航空、环境、化工等领域相关研究人员、工程技术人员和管理人员参考。

图书在版编目（CIP）数据

热辐射反问题理论及应用 / 刘冬等编著. -- 北京：中国电力出版社，2025. 8. -- ISBN 978-7-5198-9638-6

I. O414.1；TH765.2

中国国家版本馆 CIP 数据核字第 2025GM4534 号

出版发行：中国电力出版社
地　　址：北京市东城区北京站西街 19 号（邮政编码 100005）
网　　址：http://www.cepp.sgcc.com.cn
责任编辑：李　莉（010-63412538）
责任校对：黄　蓓　王海南
装帧设计：赵姗姗
责任印制：吴　迪

印　　刷：固安县铭成印刷有限公司
版　　次：2025 年 8 月第一版
印　　次：2025 年 8 月北京第一次印刷
开　　本：185 毫米 ×260 毫米　16 开本
印　　张：12.5
字　　数：282 千字
定　　价：48.00 元

前言

随着经济和社会的快速发展，能源与环境问题日益突出，动力装置中的先进燃烧诊断对于提高燃烧效率和控制污染物排放具有重要的科学意义和实用价值。辐射传热是高温动力设备中的主要传热方式，热辐射反问题是利用不同测量方法所得到的系统出射热辐射测量值来反演出系统内部的参数值，可以获得燃烧关键场参量。本书是作者近20年的研究积累，参考了大量的文献资料，较为完整地涵盖了热辐射反问题的关键重建模型，同时给出了代表性应用，从理论到实际均有涉及，使得学生能够全面掌握本专业领域的基础理论知识和研究前沿。

全书共分十个部分，绪论介绍了热辐射反问题的背景、意义及发展现状，并综述了本书的主要框架与内容。第1章全面系统地介绍了反问题和不适定问题，梳理了分析和求解不适定问题的方法，以炉膛三维温度场重建为背景对多种重建反问题求解方法进行比较分析。第2章重点介绍弥散介质辐射传递与成像原理，包括 Monte Carlo 方法的介绍以及透镜光学成像原理的介绍。第3、4章分别介绍基于正向和逆向 Monte Carlo 方法的三维温度场重建反问题研究，并对正向和逆向 Monte Carlo 方法在辐射传热计算及温度场重建方面进行了模拟对比。第5章基于逆向 Monte Carlo 方法对二维均匀弥散介质温度场和辐射参数进行同时重建。第6章进一步对弥散碳烟颗粒的火焰进行温度场与浓度场的三维重建，算例包括对称火焰及非对称火焰。第7章由仅弥散碳烟颗粒物的火焰拓展到弥散两种颗粒物光学薄火焰的温度场和浓度场的重建中，以弥散碳烟颗粒物和氧化铝两种颗粒的纳米流体火焰为代表，提出了结合热泳探针采样及透射电镜分析法以及多光谱技术的两种重建策略。第8章在第7章的基础上考虑了光学厚多颗粒燃烧体系，分别分析了使用CCD相机和光学光谱仪作为探测器的重建结果。第9章利用光场相机对火焰温度场进行重建，联合最近领域法及解卷积方法对火焰温度场层析重建方法进行改进，并针对乙烯同轴层流扩散火焰进行光场试验。

本书撰写分工如下：绪论由刘冬、刘冠楠、李天骄、严建华共同编写，

第 1～6 章由刘冬、严建华共同编写，第 7、8 章由刘冠楠、刘冬共同编写，第 9 章由李天骄编写，全书由刘冬和刘冠楠统稿。本书的统稿以及书中图表的整理等得到了课题组老师和多位研究生的大力帮助，清华大学曹炳阳教授审阅书稿并给出宝贵的意见和建议，在此一并表示感谢。

热辐射反问题涉及面广，发展迅速，限于编者水平，书中定会存在疏漏，敬请读者批评指正。

编　者

2025 年 6 月

目录

绪 论

0.1 热辐射反问题的背景及意义

随着我国社会经济的持续发展，工业和生活对于电力的需求持续增长。煤炭作为我国的主要一次能源，消耗量逐年增加，在电力工业中，我国燃煤电站仍占有主导地位，燃煤电站锅炉安全、经济和稳定地运行是至关重要的。因此，先进的燃烧诊断技术是当前国内外电力工业部门的科研人员和大学研究机构集中力量开展研究的重要项目之一。

电站锅炉燃烧的基本要求是在炉膛内建立并维持稳定、均匀的燃烧火焰，燃烧火焰是表征燃烧状态是否稳定的重要反映，而燃烧火焰温度则是直接体现了燃烧过程的稳定性，并且火焰温度在炉膛内的分布情况能够为四角燃烧方式提供切圆调整的依据，因此，燃烧火焰温度场是燃烧诊断的核心，先进有效的火焰温度场测量技术对于研究电站锅炉煤粉燃烧具有重要的科学意义和实用价值。在电站锅炉燃烧诊断中，燃煤电站锅炉一般具有尺寸庞大，环境恶劣的特点，对于炉膛内部火焰温度的测量，一般的测温方法无法得到温度场，而且无法长时间工作。鉴于温度参数对于火焰燃烧过程的重要性，测温方法的研究一直是燃烧领域内的热点方向，马增益、王飞、卫成业详细总结了各种测量法并进行了分析讨论[1-3]，如图 0-1 所示。对于接触测量方法，如热电偶，较适合于单点温度的测量，而不适合于也不便于场参数的测量，尤其是对于电站锅炉这样大尺寸空间温度场的测量。对于一般的非接触测量方法，如利用激光进行测量温度，由于该类方法一般使用的仪器比较精密，并不适合于煤粉锅炉这样恶劣环境下的测量。在辐射光谱非接触测量方法中，一般只能得到投影温度场，而无法得到三维温度场，或者无法用于煤粉燃烧这种具有发射、吸收和散射性介质的温度测量。

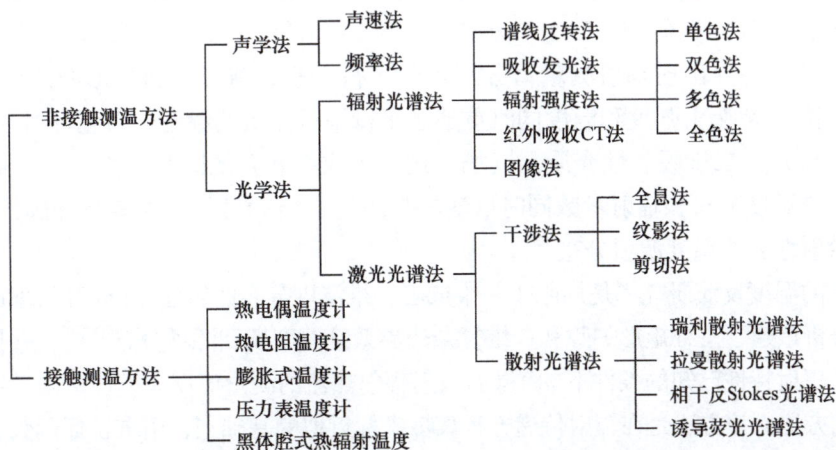

图 0-1 温度测量方法的分类 [1-3]

由于煤粉电站锅炉尺寸大、环境较为恶劣，一般测温燃烧诊断方法无法用于电站锅炉。近些年来，使用工业 CCD 摄像机进行燃烧诊断逐渐成为研究热点。工业 CCD 摄像机具有耐灼伤、图像清晰度高、工作稳定可靠、对振动和冲击损伤的抵抗力强等优点。基于 CCD 摄像机的燃烧诊断，综合了现代计算机技术、图像处理技术、CT 技术以及人工智能技术等，既可以通过计算机图像判断燃烧火焰的"有"或"无"，还可以利用图像处理技术和相关辐射算法，得到炉膛内部火焰的温度场信息，是一种先进的现代诊断技术。

由火焰图像重建二维或三维温度场是典型的辐射反问题，而反问题的重建方程一般是不适定方程，也就是病态方程，一般的求解方法无法得到合理有意义的解。利用 CCD 摄像机进行火焰温度场重建，关键在于温度场重建辐射反问题算法的先进性和重建病态方程解法的高效及稳定性。温度场重建的辐射反问题算法先进性，一方面体现在重建模型适用介质范围广，而且容易推广应用到不同的工程场合，另一方面体现在重建方程建立速度快，也就是系数矩阵的计算速度快，适合于变化的工程环境和在线测量上。重建病态方程解法的高效及稳定性主要体现在结果及收敛性不依赖于迭代初值，不需要进行大型系数矩阵的求逆，求解速度快，抗测量误差能力强，易于实现，适合于在线测量。

现有的温度场测量方法还存在一定的局限性，因此，研究建立先进有效适应性广的温度场重建模型以及相应的高效稳定的辐射反问题解法具有重要的科学意义和实用价值。

0.2 热辐射反问题发展现状

辐射传热是高温设备中的主要传热方式，如燃烧炉膛内传热，国际著名辐射传热专家 Viskanta 和 Mengüç 对燃烧系统内的辐射传热进行了详细的综述 [4]。辐射反问题是利用不同测量方法所得到的系统出射辐射测量值来反演出系统内部的参数值，如辐射参数、温度场和边界条件等。McCormick 给出了辐射反问题的详细综述 [5]。

许多学者致力于反演得到系统的辐射参数或边界条件，如 Ho 和 Özişik[6,7]、Dunn[8]、Subramaniam 和 Mengüç[9]、Neto 和 Özişik[10]、Li[11]、Kim[12] 和 Park 等 [13]。对于温度场重建方面的反问题研究，Li 和 Özişik[14,15]、Siewert[16,17]、Li[18]、Liu 等 [19-21] 通过反问题分析，利用边界出射辐射测量值分别重建平行平板、球形、圆柱形介质温度分布。Zhou 等利用边界辐射强度和温度同时重建了平行平板介质的温度分布和辐射参数 [22,23]，此外同时重建了二维吸收性介质温度场、边界吸收率和介质吸收系数 [24]。Lou 等发展了一种一维温度分布和辐射参数同时反演的算法 [25]。Li 重建了二维矩形和圆柱体吸收、发射和散射性介质温度源项分布 [26,27]。

以上的温度反演研究都是局限于一维或者二维温度分布的重建，Liu 等从理论上通过反问题分析重建了三维矩形炉膛和三维复杂边界系统温度场和源项分布 [28,29]，并提出了一种在介质辐射特性已知的条件下，由壁面入射辐射热流的测量值反演燃烧室内三维温度场和源项的方法。该方法是在辐射传递方程离散坐标近似的基础上，用求目标函数极小值的共轭梯度法进行反演计算 [30,31]，但没有指出实际应用的辐射传感器的种类。Zhou 等从理论上利用 CCD 摄像机得到火焰图像，再利用改进的 Tikhonov 正则化方法从火焰图像中重建出三维温度场[32]，并进行大型燃煤电站锅炉温度场重建的实验研究[33,34]，娄春等[35-37]进行二维温度场和辐射参数同时重建的研究，取得了较好的重建可视化结果和工业应用实际价值，但理论推导的重建方程均是建立在辐射全波长基础上。在建立重建方程上，即系数矩阵的计算上，zhou 等[38]利用了其发展的快速成像计算模型，计算效率相比直接计算辐射成像有了大幅度提高，但该模型本质上是以正向 Monte Carlo 方法为基础，在计算中仍需要发射和跟踪大量的射线，在求解病态重建方程上使用了改进的 Tikhonov 正则化方法，具有很强的抗测量误差能力，但需要对大型系数矩阵进行求逆计算，会消耗一定的计算时间。

薛飞等[39]、王飞等[40-42]、卫成业等[43]不考虑炉膛内介质散射，利用代数重建技术（ART）对离散重建方程进行迭代求解，进行了炉膛截面温度场和三维温度场的理论重建和试验重建研究，取得了较好的结果，为燃烧电站锅炉燃烧诊断提供了有效的方法。王飞等[44,45]不考虑炉膛内介质散射，利用轮换变量法及最优化方法对离散重建方程进行迭代求解，在小型煤粉燃烧试验台上进行了利用火焰图像同时重建温度场和浓度场的研究。卫成业等[46]同样不考虑炉膛内介质散射，利用最优化方法对离散重建方程进行迭代求解，讨论了基于火焰辐射图像的截面温度分布和碳粒浓度分布的重建测试方法，并针对电站锅炉燃煤火焰进行了实际测试。但上述方法有一个显著的问题就是，实际燃煤电站锅炉炉膛内介质为吸收、发射和散射性介质，若不考虑介质的散射作用则会带来重建误差，而且代数重建方法计算速度较慢，计算结果和收敛性依赖于初值，实际使用起来并不方便。黄群星等[47,48]应用插值滤波反投影快速重建 300MW 电站锅炉准三维温度场，并进行了 300MW 电厂锅炉炉膛截面温度场中心的实时监测研究，为 300MW 燃烧电站锅炉切圆燃烧诊断提供了有效的手段，但该重建方法并未考虑炉内介质的散射性，采用了虚拟摄像机，只能得到准三维温度分布。赵敬德[49]利用正向 Monte Carlo 方法建立了温度场重建方程，可以考虑炉内介质的散射性，具有较好的介质适用性，但该模型直接使用了全波长的辐射强度，仅在气体辐射简化中考虑到了 CCD 摄像机所接收的是可见光波段，在计算效率上考虑了逆向 Monte Carlo 方法，但仅使用其计算 CCD 摄像机接收的辐射能，且使用辐射能进行温度场重建存在标定的困难，同时在重建方程的求解上直接使用了 Matlab 中的反除运算，并没有深入考虑重建方程的病态性，重建结果的误差较大。

徐雁等[50]在算法中加入火焰的先验信息，研究了非对称火焰三维温度分布重建，但并没有应用到电站锅炉炉内温度检测上。王式民等[51,52]用高速摄像控制系统沿着某一固定方向对火焰进行分层聚焦摄像，得到一组辐射图像，每个图像都是其对应断层的聚焦像和其他断层离焦像的叠加像，运用图像反演算法，即可重建各断层的原始图像，再用彩色三基色测温方法处理所得到的原始图像，即可建立火焰的三维温度场，通过蜡烛火焰的试验验证了该方法的可行性，但并没有应用到电站锅炉炉内温度检测上。Lu 等[53]利用 CCD 摄像机对煤粉火焰温度分布和碳烟浓度进行了同时测量，但局限于投影温度场二维测量，并没有得到三维或者截面温度分布。Brisley 等[54]使用一个 CCD 摄像机对燃烧火焰进行了测量，但该研究没有考虑到火焰的不对称性。Huang 等[55]使用双色法在一个 500kW 上进行了温度投影分布的测量，并没有得到三维温度分布。Molcan 等[56]研究了生物质和煤混烧特性，得到了燃烧火焰图像和投影温度场分布，对燃烧情况进行了诊断。

温度场燃烧诊断的另一个重要研究方向是火焰碳烟的温度场和浓度场同时重建的研究，火焰碳烟的温度场和浓度场分布的测量对于研究碳烟的生成特性和燃烧设备的辐射传热具有重要的科学意义和实用价值，国内外许多学者致力于这方面的研究工作。Hall 和 Bonczyk[57] 使用发射－吸收层析法对碳烟火焰温度场进行了测量。Greenberg 和 Ku 使用激光消光法对二维碳烟浓度分布进行了测量[58]，并将此方法应用到常重力和低重力情况下扩散火焰碳烟浓度测量上[59]。De Iuliis 等[60] 使用多波长发射方法测量了乙烯扩散火焰碳烟的温度场和浓度分布。Cignoli 等[61] 发展了二维发射法进行对碳烟的温度场和浓度场进行测量。De Iuliis 等[62] 近来发展了一种双色激光诱导发光技术来测量二维乙烯扩散火焰碳烟的浓度。Snelling 等研究了二维衰减法进行碳烟浓度测量[63]，并发展了多波长火焰发射方法进行火焰碳烟温度和浓度高分辨率测量[64]。Thomson 等结合火焰发射法和衰减法研究了压力范围在 0.5 ～ 4.0MPa 的火焰碳烟温度和浓度的测量[65]，并扩展到漫射二维衰减法，此方法在透射测量中已达到非常高灵敏度[66]。Xu 和 Lee[67] 发展了一种前向光照射消光法来对火焰碳烟温度和浓度进行测量研究。另外，一些学者应用燃烧诊断辐射反问题来对火焰碳烟进行燃烧诊断测量研究。Liu 等通过逆问题分析，利用出射发射辐射和透射辐射重建了对称自由火焰的温度和吸收系数分布[68, 69]，而且使用迭代法重建了湍流扩散自由火焰平均温度分布[70]，并扩展到分析湍流脉动对于重建温度分布的影响[71]。Ai 等[72] 发展了三色法同时重建了火焰碳烟温度和浓度分布。Ayranci 等[73,74]通过反问题分析，利用火焰发射层析技术同时重建了火焰碳烟温度场和浓度分布，并进行了实验研究。Sun 等人[75] 基于视在光线法求解纯吸收介质（乙烯火焰）的出射发射辐射强度分布模拟光纤光谱仪接收到的辐射信息，进而采用随机粒子群算法（SPSO）基于含自吸收项的辐射传输方程积分式直接求解温度场和碳烟浓度场，并详细分析了如未知数搜索范围等 SPSO 设置参数、波长的选取、测量误差及光学厚度对重建结果的影响。Liu 等人[76] 由出射辐射强度数据同时重建了层流轴对称扩散火焰的温度和碳烟浓度分布，并详细分析了自吸收对重建结果的影响。Zhao 等人[77] 发展了一种称为锥束层析三色光谱法（CBT-TCS）的低成本光学诊断技术，使用此技术对层流扩散对称火焰中温度分布、碳烟粒径分布、体积分数分布开展了重建工作，并以乙烯火焰为重建对象，发现温度场和体积分数场的重建结果与文献[64] 中相似火焰的温度场和体积分数场的重建结果及测量结果吻合较好。Das 等人[78] 使用装有 Schott BG-7 滤光片的 Nikon D90 普通照相机获取甲烷 / 空气同轴火焰的辐射能量图像，采用比色测温法并结合高斯基展开阿贝尔变换方法（BASEX）对温度和碳烟颗粒物浓度分布进行反演，并分析了少量三异丙基苯、三异丙基环己烷、全氢化菲、苯、正己烷的添加对碳烟产生的影响。Kempema 等人[79] 根据 Snelling 等人提出的衰减辐射强度校正方法[64] 建立针对比色测温法的校正方法，使用彩色数码相机 Nikon D90 获取衰减的辐射强度数据，进一步重建了层流同轴扩散火焰的二维温度分布。

　　然而以上的研究均局限于对称火焰的温度场和浓度场的重建，并不适用于非对称不稳定火焰的温度场和浓度分布重建。只有较少学者报道了非对称火焰的温度场重建研究工作。Liu 等[80]通过多波长反问题的研究，利用多波长发射和透射辐射强度对非对称自由湍流碳烟火焰进行了碳烟平均温度场的重建研究。Huang 等[55]利用双目视觉原理和层析技术，对对称火焰及非对称火焰进行了温度场和浓度分布同时重建的研究，但没有考虑实际火焰的成像过程。

　　目前的燃烧诊断模型通常局限于仅含碳烟的燃烧体系，对于弥散多种颗粒如含有碳烟颗粒和金属氧化物的纳米流体火焰等复杂火焰的诊断模型还较为缺乏[81,82]。这种局限性在一定程度上阻碍了复杂火焰的研究进展。对于复杂火焰，温度场和颗粒浓度场重建反问题的难点在于不仅温度和浓度是耦合的，不同颗粒的浓度场也相互耦合。Liu 等人引入了一个新的变量参数——不同颗粒物之间的体积分数比，并根据获取体积分数比的不同方式提出两种不同的重建策略，成功实现了不同颗粒发射辐射信息的解耦。具体来说，第一种策略结合了热泳探针采样（TSPD）和透射电镜分析（TEM）技术来区分不同种类的颗粒，并测量得到不同颗粒物之间的体积分数比[83,84]；第二种策略基于多光谱技术，配以一维搜索算法，对不同颗粒物之间的体积分数比进行由内环向外环的逐环求解[85]，随后使用非线性优化算法替代一维搜索算法，以避免步长设定对重建精度的影响，同时降低计算时间[86]。然而，TSPD-TEM 技术由于需要探针插入火焰，不可避免地会对火焰流场产生干扰，并在一定程度上降低时间和空间的重建分辨率。而第二种策略则无需使用 TSPD-TEM 技术，结合非线性优化算法即可确定两种颗粒物的体积分数比。对于光学厚度较小的火焰，"自吸收"项的忽略对重建精度影响不大，但在光学厚度较大的火焰中，这一忽略会导致显著的重建误差。进一步地，Liu 等人借鉴碳烟火焰中处理自吸收作用的公式[64]，采用迭代算法将"自吸收"影响考虑在重建模型中。该迭代算法在第一种策略对应的重建模型中相对较易嵌入[87,88]，但对于第二种策略对应的多光谱重建模型中嵌入较为困难，较多的待求参数给迭代算法的运算带来了难度[89]。针对第二种策略，Liu 等[89]采用辐射强度矩阵的分离方法，根据分离的辐射强度矩阵采用一维搜索算法对体积分数比进行逐环搜索，使用迭代算法及 LSQR 算法的混合算法对温度场和多颗粒浓度场进行求解。针对复杂燃烧非对称火焰，Liu 等[90,91]重新设计了重建系统，讨论了网格划分方法对重建结果的影响，并将多颗粒的自吸收作用添加到重建模型中，从而提高了重建精度。在包含两种以上更为复杂的多颗粒体系中，采用了多维优化算法，根据多个波长发射源项组成的目标函数优化求解多组体积分数比，并基于双波长辐射强度分布求解多颗粒温度场和浓度场[92]。

　　气相合成纳米材料体系是另一种典型的复杂体系，具有一步法、快速合成、易掺杂等优势，且合成的材料在尺寸和形状上具有较好的均匀性，在工业化批量生产高性能纳米材料方面具有很好的前景[93,94]。随着对合成材料性能要求的不断提高，复合材料的合成体系引起了研究者的关注，如火焰喷雾热解燃烧器（FSP）合成的钯/二氧化铈催化剂[95]和铂/二氧化钛催化剂复杂体系[96]。Mohammed 等人[97]使用视在消光法定性判断了合成纳米硅的等离子体反应器中液态和固态硅的空间分布情况，Liu 等人[98]则进一步地结合了反问题求解策略，建立了颗粒相变发生转化位置的光学诊断方法，并定量测量了液态硅和固态硅的体积分数及颗粒数密度。

通过基于辐射图像法的相机拍摄火焰并记录场信息是探测火焰喷焰非常有效的方法，但由于火焰喷焰速度很大，会在很短时间内布满整个燃烧场并完成十分复杂的高温燃烧反应，这就需要相机在理论上可实现较大角度的同步光场信息探测。应用光场相机能同时记录来自目标火焰的多角度光场信息的特点，实现火焰的三维模型的重建，借此可以分析火焰内部温度、辐射物性等参数的分布。Gong 等[99]基于实验室尺度对冲多燃烧器气化炉，提出了工业光场相机和高速摄像机结合高温内窥镜和图像处理的技术，并研究了在煤炭－水泥浆气化过程中撞击火焰的高度包括冲击高度和脉动频率。美国密歇根大学 Sick 团队[100,101]运用光场成像技术研究了复杂的三维发动机缸内燃烧过程，并通过光学诊断实现了液体燃料喷雾雾化和喷淋角度情况直接可视化。许传龙团队[102,103]致力于光场相机实验方面的研究，利用聚焦型光场相机进行有关火焰三维温度场的测量，为提高测量精度，对光场相机的固有相机参数和与校准板连接的几何参数进行了校准。在光场成像技术基础上，该团队与齐宏等[104]共同提出了一种基于单光场相机的三维火焰温度场测量方法，结合源项六流法求解光线辐射强度，进而获得相机探测面强度分布，构建了温度场反演模型，给出了利用光场相机进行三维火焰温度场测量的可行性。

许传龙等[103]首先运用最小二乘算法重建了火焰温度场的三维分布，接着他们引入非负最小二乘算法（NNLS）并考察了传统和聚焦式光场相机对温度重建精度的影响[105]。他们还提出了一种结合边界约束的 Levenberg-Marquardt 和非负最小二乘的混合算法，利用光场相机对火焰辐射进行多波长采样，同时重建火焰温度和吸收系数[106]。同时，齐宏等[107]运用最小二乘法和共轭梯度法重建了圆柱形参与性介质中的温度分布，又进一步使用 Landweber 算法重建了吸收性介质中的三维火焰温度分布，其中 Landweber 算法的主要优势为在具有较少的投影数据时能够获得一组相对稳定的结果[108]；接着，他们结合 Landweber 算法与序列二次规划法算法反演温度与光学参数分布[109]。蔡伟伟等[110]通过数值研究系统地评估 ART、乘法 ART、最大似然估计法三种具有代表性的基于光场成像的层析成像算法。

0.3　本书的主要框架与内容

（1）绪论部分阐述了课题的研究背景和意义，分析讨论了燃烧火焰温度场重建的辐射反问题研究现状，并给出本书的主要框架。

（2）第 1 章首先介绍了反问题的定义及不适定性的定义，然后引申出离散不适定问题的定义，讨论了分析不适定问题的工具和方法［奇异值分解（SVD）和 Picard 图］，分析了几种求解不适定问题的方法［Tikhonov 正则化方法、截断奇异值分解（TSVD）方法和最小二乘 QR 分解（LSQR）方法］，给出了正则化参数选择方法——L 曲线法。随后讨论了本书进行炉膛三维温度场辐射反问题求解的方法——LSQR 方法，最后进行了炉膛三维温度场重建反问题求解方法的比较研究。

（3）第 2 章首先详细讨论了弥散介质辐射传递的 Monte Carlo 方法，并使用了模拟算例作为验证，与已有文献进行了对比，最后结合 Monte Carlo 方法与透镜光学成像原理，发展了弥散介质火焰透镜光学成像的计算方法。

（4）第3章建立了可见光波段基于正向 Monte Carlo 方法的三维温度场重建模型，并进行了数值模拟研究，讨论了不同重建因素对三维温度场重建的影响。

（5）第4章建立了基于逆向 Monte Carlo 方法的三维温度场重建模型，进行了数值模拟研究，讨论了不同重建因素对三维温度场重建的影响，并开展了逆向与正向 Monte Carlo 方法辐射传热计算的对比研究和正逆向 Monte Carlo 方法重建温度场的对比研究。

（6）第5章讨论了基于逆向 Monte Carlo 方法的二维均匀弥散介质温度场和辐射参数同时重建模型及数值模拟研究，在此基础上讨论了三维温度场模型的二维简化形式。

（7）第6章介绍了利用 CCD 摄像机进行气体燃烧火焰三维碳烟的温度场和浓度场同时重建的模型，该模型考虑了火焰碳烟辐射能的三维容积发射与三维成像，是从三维重建区域上来进行重建，与区域内的火焰形式没有直接关系，因此可适用于对称火焰和非对称火焰，并通过数值模拟对所发展的模型进行了数值验证，最后进行了实验应用研究。

（8）第7章建立了含碳烟及金属氧化物等两种纳米颗粒物的燃烧对称光学薄火焰非均匀温度分布、碳烟浓度分布、金属氧化物浓度分布的同时重建模型，并以含碳烟及氧化铝（Al_2O_3）的复杂燃烧火焰为代表开展详细的重建研究。首先借助 TSPD-TEM 技术获取 Al_2O_3 与碳烟的体积分数比的先验知识，进而利用 LSQR、TSVD 算法根据由正问题计算的介质边界处的辐射强度分布同时重建火焰的温度场和各颗粒浓度场。进一步地，基于多光谱图像技术建立无须局部体积分数比先验知识的直接重建方法，采用简单的一维搜索法或非线性优化算法对单元体内体积分数比进行逐环搜索替代接触式的 TSPD-TEM 技术。

（9）第8章主要分析多种颗粒物自吸收作用对重建精度的影响，借鉴碳烟火焰中衰减辐射强度分布的校正方法，在光学薄火焰重构求解策略基础上，建立考虑自吸收作用的多颗粒温度分布和浓度分布的重建模型，并详细分析自吸收在不同的光学厚度、不同的测量误差的条件下对重建结果的影响。针对存在局部体积分数比先验知识的重建模型，自吸收的嵌入相对容易；而针对基于多光谱图像技术的重建模型，由于无法使用发射源项作为目标函数导致衰减辐射强度分布校正公式的嵌入较为困难，本章采用矩阵分离、由外环至内环逐环搜索的方法减少单次循环计算的未知数个数，从而降低对算法的要求并减少运算时间。

（10）第9章介绍了利用光场相机对高温火焰参与性介质进行温度测量的模型和方法。光场相机作为一种基于辐射成像法的非接触式光学探测设备，具有仅通过单次拍摄即可记录待测对象的多角度光场信息的特点，从而简化测量系统的设计与调试工作。将光场相机这一特点应用于火焰测量是一种十分有发展和应用前景的温度场在线检测手段。本章根据光场成像原理构建了基于 Monte Carlo 方法的高温火焰光场成像模型，发展了联合最近邻域法和解卷积法的火焰温度场层析重建方法，最后进行了乙烯同轴层流扩散火焰光场试验及温度重建方法验证。

第1章

反问题定义与求解

1.1 反问题的定义

本书研究线性反问题，线性反问题一般可以表达成下面的形式[111]：

$$\int_\Omega \text{input} \times \text{system} \, \mathrm{d}\Omega = \text{output} \tag{1-1}$$

正问题是在给定输入和系统信息来求得输出，而反问题是由输出测量值（含有误差）来反向重建求得输入或者系统的一些信息。在三维温度场重建中，人们是已知火焰图像信息来重建求得炉膛系统内部的温度信息，是典型的反问题。一般实际应用中，需要把式（1-1）进行离散，得到其离散重建形式。

1.2 不适定问题

1.2.1 不适定问题的定义

反问题一个显著特点就是它的不适定性（Ill-posed），也就是病态性。所谓适定性问题是指：

对于连续方程 $Kx=y$，如果解 x 满足：①存在；②唯一；③连续地依赖于 y，则称连续方程 $Kx=y$ 为适定的。否则，即上述三个条件有一个不满足，则称其为不适定的[112]。

1.2.2 不适定问题的特点与举例

通常在实际应用中，需要对连续方程进行离散，获得其离散方程

$$Ax=b \quad A \in R^{m \times n}, x \in R^n, b \in R^m, m \geqslant n \tag{1-2}$$

如果下面两个标准满足的话，就称之为离散不适定问题[113]：

（1）矩阵 A 的奇异值逐渐减小为 0。

（2）矩阵 A 的最大奇异值和最小非零奇异值的比值非常大，也就是系数矩阵的条件数很大。

不适定问题的特点在于其对测量误差非常敏感，很小的测量矩阵 b 的测量误差都可能会引起结果的不合理性。通常的线性方程组的解法无法求解这类不适定性问题，下面举例说明。

取文献[113] 中的一个测试算例 shaw，取 32 个点作为未知量，生成一个不适定问题 $Ax=b$，进行求解研究，准确的解如图 1-1 所示。生成不适定问题 Matlab 程序代码为

```
[A,b,x]=shaw（32）;
```

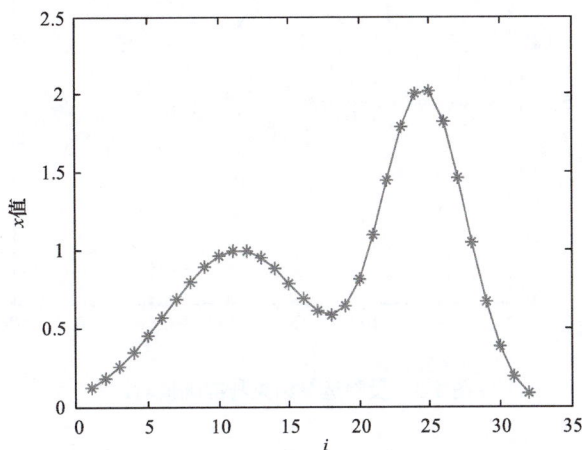

图 1-1　设定准确 x 值

　　对系数矩阵进行奇异值分解（singular value decomposition，SVD），可以得到奇异值分布，如图 1-2 所示。可以计算得到系数矩阵的条件数为 5.1241e17，由此可以看出该问题是离散不适定问题，条件数非常大。使用 Matlab 中反除运算来计算未知数，设 **b** 不包含测量误差。求解结果与原准确值进行了对比，如图 1-3 所示，可以看出对于不适应问题来说，反除运算并不能合理满意的结果。

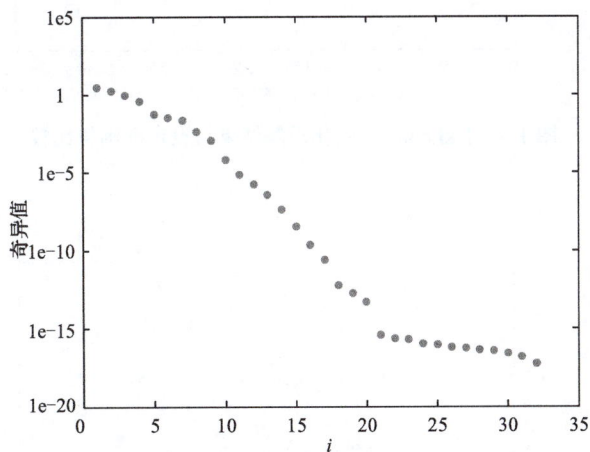

图 1-2　系数矩阵奇异值

　　而这里使用下面将要介绍的三种求解不适定问题的方法，即 Tikhonov 正则化方法、截断奇异值方法（TSVD）与最小二乘 QR 分解（LSQR）方法进行求解，求解结果如图 1-4 ～图 1-6 所示，结果与设定准确值非常接近，能够得到合理满意的解。

9

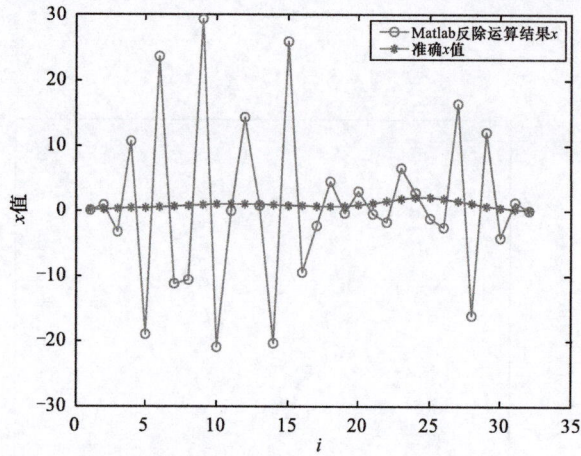

图 1-3　反除运算结果与准确值对比

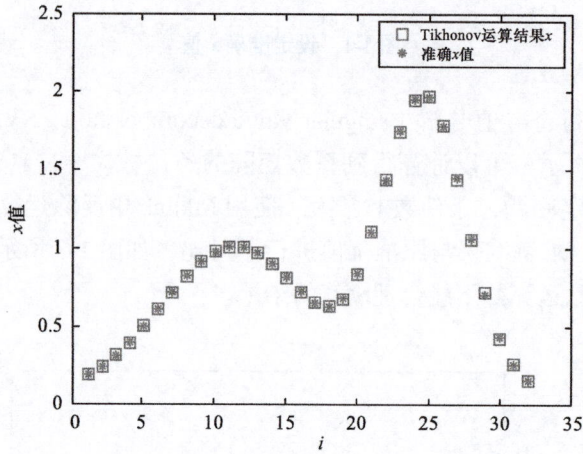

图 1-4　Tikhonov 正则化求解结果与设定准确值比较

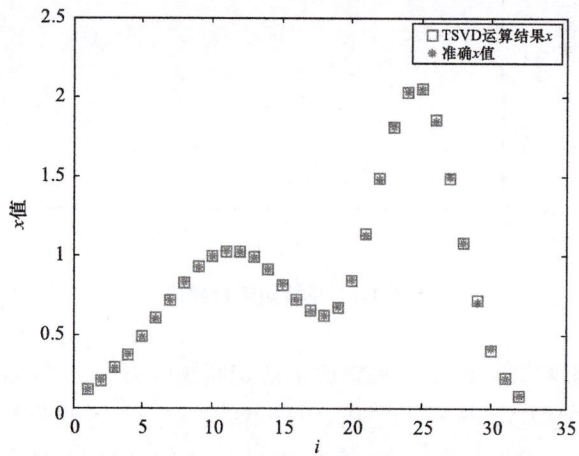

图 1-5　TSVD 方法求解结果与设定准确值比较

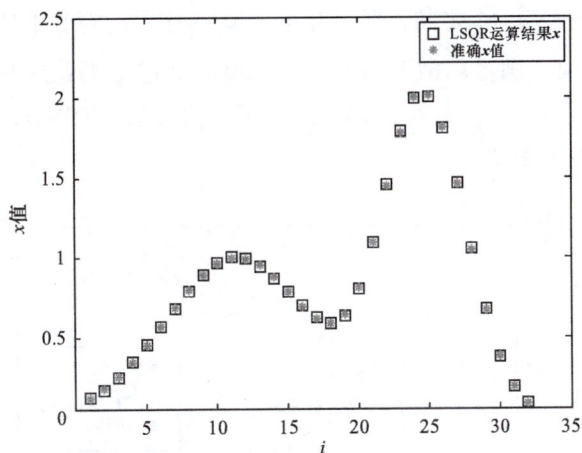

图 1-6　LSQR 结果与设定准确值比较

1.3　分析不适定问题的方法

1.3.1　奇异值分解

奇异值分解是分析不适定问题的有力工具，不适定方程（1-2）中的系数矩阵 $\boldsymbol{A}$ 的 SVD 分解[114] 为

$$\boldsymbol{A} = \boldsymbol{U} \sum \boldsymbol{V}^{\mathrm{T}} = \sum_{i=1}^{n} \boldsymbol{u}_i \sigma_i \boldsymbol{v}_i^{\mathrm{T}} \tag{1-3}$$

式中，左奇异向量 $\boldsymbol{u}_i$ 和右奇异向量 $\boldsymbol{v}_i$ 分别为矩阵 $\boldsymbol{U} \in \boldsymbol{R}^{m \times n}$ 和 $\boldsymbol{V} \in \boldsymbol{R}^{n \times n}$ 的正交列向量，奇异值 σ_i 满足：$\sigma_1 \geqslant \sigma_2 \geqslant \cdots \geqslant \sigma_n$。

式（1-2）的最小二乘解可以表示为

$$\boldsymbol{x}_n = \sum_{i=1}^{n} \frac{\boldsymbol{u}_i^{\mathrm{T}} \boldsymbol{b}}{\sigma_i} \boldsymbol{v}_i \tag{1-4}$$

从式（1-4）可以看出，若数据项 $\boldsymbol{b}$ 含有误差，式中对应于小奇异值的项，误差将被放大，随着 i 的增大，误差被放大的情况越严重，这样得到的解将是没有意义的。

1.3.2　Picard 图

离散 Picard 条件[115] 是与不适定问题紧密联系的，简单地说，也就是式（1-4）中，傅里叶系数 $\left| \boldsymbol{u}_i^{\mathrm{T}} \boldsymbol{b} \right|$ 在平均意义上比系数矩阵 $\boldsymbol{A}$ 的奇异值 σ_i 趋于零的速度快，则称该问题满足离散 Picard 条件。如果不适定问题满足离散 Picard 条件，那么可以通过适当的正则化方法得到原问题合理近似解；如果不满足的话，那么一般不可能通过正则化或相联系的方法得到原问题的合理解。Picard 图是分析不适定性的直观方法。

计算 1.3 部分中的算例 Picard 图如图 1-7 所示，可以看出，在奇异值序号大于 18 之后，傅里叶系数 $\left| \boldsymbol{u}_i^{\mathrm{T}} \boldsymbol{b} \right|$ 在平均意义上比系数矩阵 $\boldsymbol{A}$ 的奇异值 σ_i 趋于零的速度慢，在这段不满足离散 Picard 条件，一般不可能通过正则化或相联系的方法得到原问题的合理

解；而在奇异值序号小于 18 之前，傅里叶系数 $\left|\boldsymbol{u}_i^{\mathrm{T}}\boldsymbol{b}\right|$ 在平均意义上比系数矩阵 $\boldsymbol{A}$ 的奇异值 σ_i 趋于零的速度快，满足离散 Picard 条件，可以通过正则化或相联系的方法得到原问题合理的解，因此如图 1-7 所示，Tikhonov 正则化方法、TSVD 方法和 LSQR 方法可以求得该不适定问题的解。

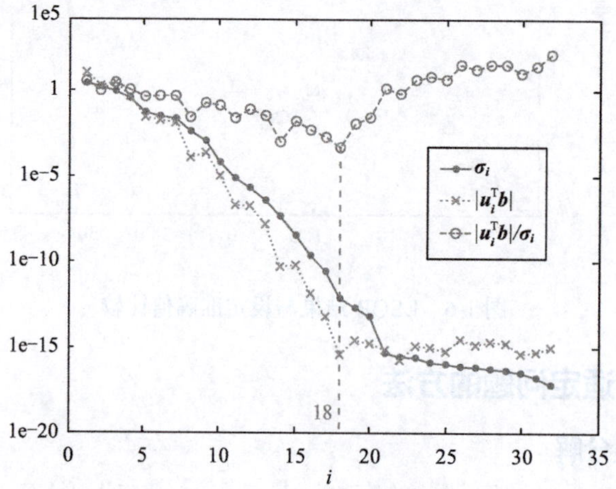

图 1-7 Picard 图

1.4 求解不适定问题的方法

1.4.1 Tikhonov 正则化方法

Tikhonov 正则化方法由 Phillips[116] 和 Tikhonov[117] 独立发展。对于离散不适定问题，一般形式 Tikhonov 正则化是使下面的问题最小化[111]：

$$\min\left\{\left\|\boldsymbol{Ax}-\boldsymbol{b}\right\|_2^2+\lambda^2\left\|\boldsymbol{Lx}\right\|_2^2\right\} \tag{1-5}$$

λ 称作正则化参数，该参数相对于残差项用来控制正则化项的权重，正则化解可以表达为

$$\boldsymbol{x}_{L,\lambda}=\boldsymbol{A}_\lambda^\#\boldsymbol{b} \tag{1-6}$$

$$\boldsymbol{A}_L^\#=\left(\boldsymbol{A}^{\mathrm{T}}\boldsymbol{A}+\lambda^2\boldsymbol{L}^{\mathrm{T}}\boldsymbol{L}\right)^{-1}\boldsymbol{A}^{\mathrm{T}} \tag{1-7}$$

如果 $\boldsymbol{L}=\boldsymbol{I}_n$，则可以省略下标 L，变为标准 Tikhonov 正则化方法。

1.4.2 截断奇异值分解方法

在 SVD 分解的基础上［见式（1-3）］，TSVD 是把容易造成不稳定的较小的奇异值直接截去，使原来的不适定问题转化为一个适定问题来求解。由 TSVD 定义的解为[114]

$$\boldsymbol{x}_k=\sum_{i=1}^k\frac{\boldsymbol{u}_i^{\mathrm{T}}\boldsymbol{b}}{\sigma_i}\boldsymbol{v}_i \tag{1-8}$$

式中：整数 k 称为截断参数，也就是正则化参数。

1.4.3 最小二乘 QR 分解（LSQR）方法

LSQR 算法是由 Paige 和 Saunders[118,119] 于 1982 年提出，它是基于 Lanczos 迭代方法[120] 的一种求解，如下最小二乘问题的算法：

$$\min \|Ax - b\|_2 \qquad (1\text{-}9)$$

下面基于文献[118-121] 讨论 LSQR 算法原理。假设已经进行了 k 次双对角化过程，得到了 $m \times (k+1)$ 维正交矩阵 U_{k+1}、$n \times k$ 维正交矩阵 V_k 和 $(k+1) \times k$ 维下双对角矩阵 B_k 如下：

$$U_{k+1} = [u_1, u_2, \cdots, u_{k+1}], \ V_k = [v_1, v_2, \cdots, v_k]$$
$$u_1, u_2, \cdots, u_{k+1} \in R^m, \ v_1, v_2, \cdots, v_k \in R^n \qquad (1\text{-}10)$$

$$B_k = \begin{bmatrix} \alpha_1 & 0 & \cdots & \cdots & 0 \\ \beta_2 & \alpha_2 & \ddots & \cdots & 0 \\ \vdots & \beta_3 & \ddots & \ddots & \vdots \\ \vdots & \vdots & \ddots & \ddots & \vdots \\ \vdots & \vdots & \ddots & \ddots & \alpha_k \\ 0 & \cdots & \cdots & \cdots & \beta_{k+1} \end{bmatrix}_{(k+1) \times k} \qquad (1\text{-}11)$$

上式中，$\alpha_1, \alpha_2, \cdots, \alpha_k \in R$，$\beta_1, \beta_2, \cdots, \beta_{k+1} \in R$。

双对角化过程为

$$\beta_1 = \|b\|_2, \ u_1 = b / \beta_1, \ \alpha_1 v_1 = A^T u_1$$
$$U_{k+1}(\beta_1 e_1) = b$$
$$AV_k = U_{k+1} B_k \qquad (1\text{-}12)$$
$$A^T U_{k+1} = V_k B_k^T + \alpha_{k+1} v_{k+1} e_{k+1}^T$$

设

$$x_k = V_k y_k, \ y_k \in R^k, \ r_k = b - Ax_k \qquad (1\text{-}13)$$

根据式（1-12）和式（1-13）可得

$$\begin{aligned} r_k = b - Ax_k &= U_{k+1}(\beta_1 e_1) - AV_k y_k \\ &= U_{k+1}(\beta_1 e_1) - U_{k+1} B_k y_k \\ &= U_{k+1}(\beta_1 e_1 - B_k y_k) \end{aligned} \qquad (1\text{-}14)$$

因为 U_{k+1} 为正交矩阵，正交变换不改变矩阵的范数，所以原问题（1-9）变为

$$\min \|r_k\|_2 = \min \|\beta_1 e_1 - B_k y_k\|_2 \qquad (1\text{-}15)$$

这样，就把原来的复杂最小二乘问题转化为一个较为简单的最小二乘问题，Paige 和 Saunders 采用了标准 QR 分解方法对式（1-15）进行求解，这就是 LSQR 算法的主要思想。在 LSQR 方法中，迭代次数可以认为是正则化参数。

1.4.4 阻尼最小二乘 QR 分解（LSQR）算法

如果数据中含有的误差较大，这时可以采用阻尼 LSQR 方法[122]对原矩阵方程进行求解。

对于式（1-2）的阻尼最小二乘问题，设

$$\min \left\| \begin{bmatrix} A \\ \lambda I \end{bmatrix} x - \begin{bmatrix} b \\ 0 \end{bmatrix} \right\|_2 \qquad (1\text{-}16)$$

式中：λ^2 为阻尼因子。即求解下面方程：

$$\begin{bmatrix} I & A \\ A^T & -\lambda^2 I \end{bmatrix} \begin{bmatrix} r \\ x \end{bmatrix} = \begin{bmatrix} b \\ 0 \end{bmatrix} \qquad (1\text{-}17)$$

式中：$r=b-Ax$ 为残差向量。

仿照 LSQR 算法的推导过程，经过 $2k+1$ 次迭代，可以得到

$$\begin{bmatrix} I & B_k \\ B_k^T & -\lambda^2 I \end{bmatrix} \begin{bmatrix} t_{k+1} \\ y_k \end{bmatrix} = \begin{bmatrix} \beta_1 e_1 \\ 0 \end{bmatrix} \qquad (1\text{-}18)$$

和

$$\begin{bmatrix} r_k \\ x_k \end{bmatrix} = \begin{bmatrix} U_{k+1} & 0 \\ 0 & v_k \end{bmatrix} \begin{bmatrix} t_{k+1} \\ y_k \end{bmatrix} \qquad (1\text{-}19)$$

式中：y_k 为最小二乘问题的解［见式（1-20）］。

$$\min \left\| \begin{bmatrix} B_k \\ \lambda I \end{bmatrix} y_k - \begin{bmatrix} \beta_1 e_1 \\ 0 \end{bmatrix} \right\|_2 \qquad (1\text{-}20)$$

式（1-20）可以容易地由 QR 分解求解，以上就是阻尼 LSQR 算法的主要原理。

1.5 正则化参数选择方法

1.5.1 L 曲线法

由于系数矩阵 A 是病态的，而且有病态秩，也就是它的奇异值逐渐减小，奇异值之间并没有特殊明显的差别，这样对于正则化参数、截断参数的选取来说是不利的。此处采用了 L 曲线法[123]进行截断参数的选取。

L 曲线是指对应一定的正则化参数以 $(\lg\|Ax-b\|_2, \lg\|x\|_2)$ 为点坐标，在直角坐标系中画出的曲线图，形状像字母 L，故取名为 L 曲线法。一般形式的 L 曲线如图 1-8 所示[113]。L 曲线的拐角（最大曲率）点所对应的解不但平衡了解范数和残差范数，而且

趋于平衡正则化误差和扰动误差[124]。这个最大曲率点所对应的正则化参数一般当作优化参数。

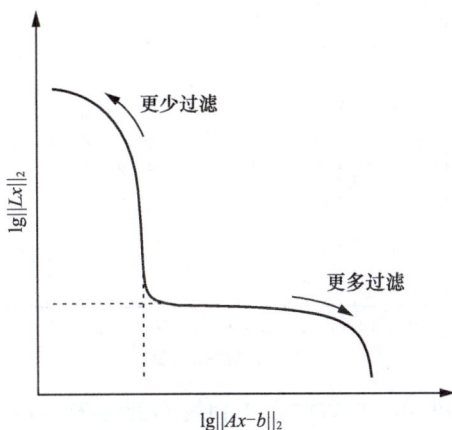

图 1-8　L 曲线的一般形式 [113]

1.5.2　正则化参数选择实例

同样使用 1.3 部分中的算例，可计算 Tikhonov 正则化方法及 TSVD 方法的正则化参数，而 LSQR 方法正则化参数可以由相对误差曲线获取。如图 1-9 所示，TSVD 方法正则化参数选择形成 L 曲线，可以得到截断参数 $k=18$，图 1-10 中所示 LSQR 方法的平均相对误差曲线和残差曲线，依据相对误差曲线可以选择迭代次数为 60 次左右，而对于该算例 Tikhonov 正则化方法则没有形成 L 曲线，但 L 曲线法依然得到了较好的正则化参数，求解结果如图 1-4 所示，在测量向量 b 中不含有测量误差，可能是由于这个原因而没有形成 L 曲线。为了验证这个想法，在测量向量 b 中加入模拟的测量误差，如 Matlab 程序

```
error=1e-4;
e = error*randn (size (b));
b_error= b + e;
```

其中 randn 为 Matlab 中产生正态分布随机数函数。

现使用含有测量误差的向量进行正则化参数选取和不适定性方程求解。

对于含有测量误差向量的重建，Tikhonov 正则化可以形成 L 曲线，L 曲线法可以选择合适的 Tikhonov 正则化参数，如图 1-11 所示，重建结果如图 1-12 所示。同时计算了 LSQR 方法的残差曲线和相对误差曲线，如图 1-13 所示，发现在测量向量含有误差的情况下，虽然残差曲线到达一定的迭代次数之后变化不大，而误差却快速增大，这就是 LSQR 迭代方法所谓的半收敛性，在初始迭代的一些次数上可以得到合理的解，而再迭代下去反而误差会增大，这就需要选择合适的迭代次数也就是正则化参数。利用图 1-13 是一种选取迭代次数的好方法，在选择迭代次数为 15 次时，求解结果如图 1-14 所示，同时给出了 LSQR 方法的 L 曲线，如图 1-15 所示。TSVD 方法的 L 曲线及求解结果分别如图 1-16 和图 1-17 所示。

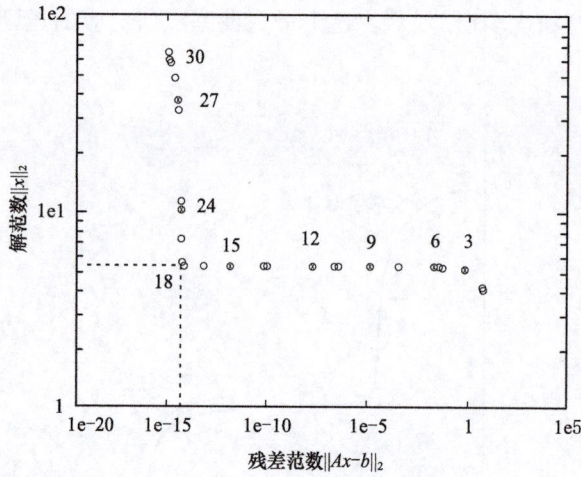

图 1-9　TSVD 方法 L 曲线（截断参数 $k=18$）

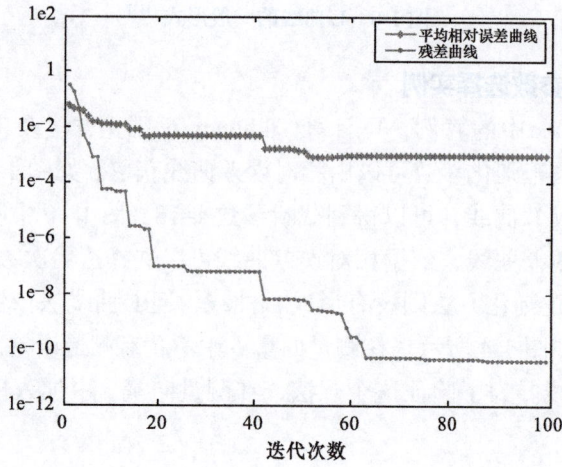

图 1-10　LSQR 方法残差曲线和平均相对误差曲线

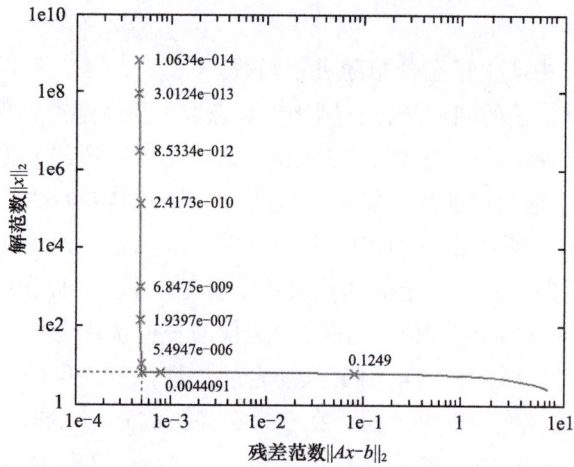

图 1-11　存在测量误差时 Tikhonov 正则化 L 曲线（Tikhonov 拐角为 0.00010855）

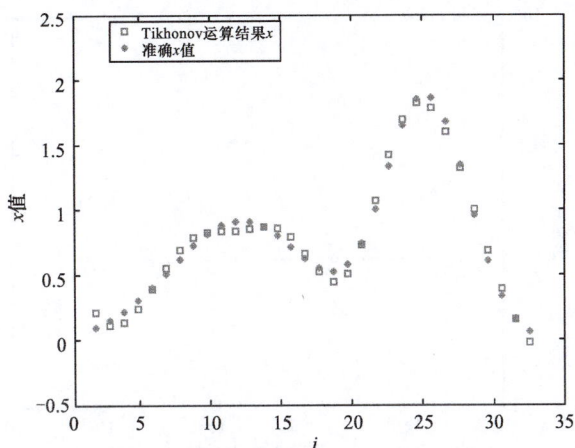

图 1-12 存在测量误差时 Tikhonov 正则化求解结果

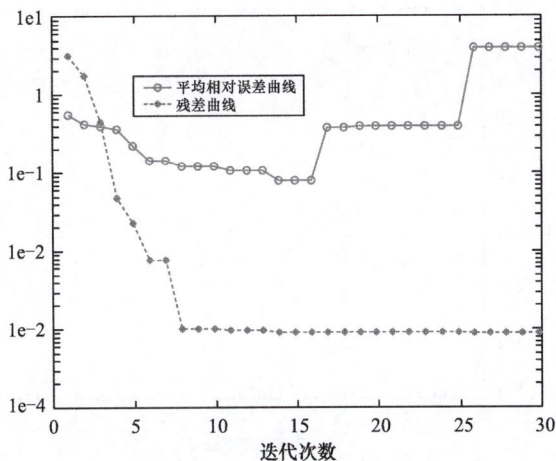

图 1-13 存在测量误差时 LSQR 方法的残差曲线和相对误差曲线

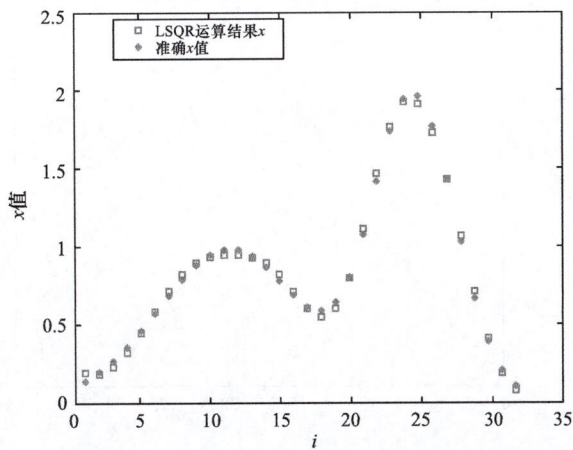

图 1-14 存在测量误差时 LSQR 方法求解结果

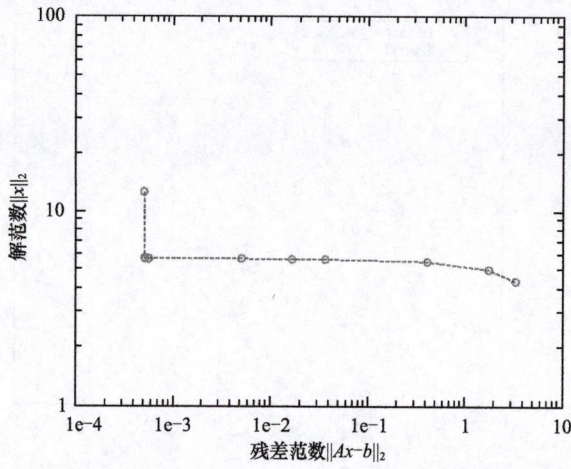

图 1-15　存在测量误差时 LSQR 方法 L 曲线（LSQR 拐角为 15）

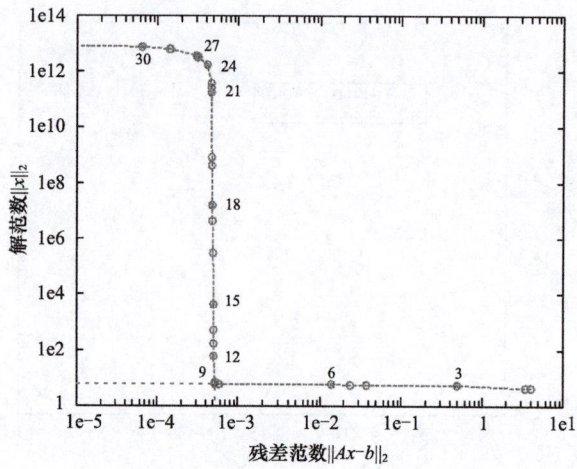

图 1-16　存在测量误差时 TSVD 方法 L 曲线（TSVD 拐角为 9）

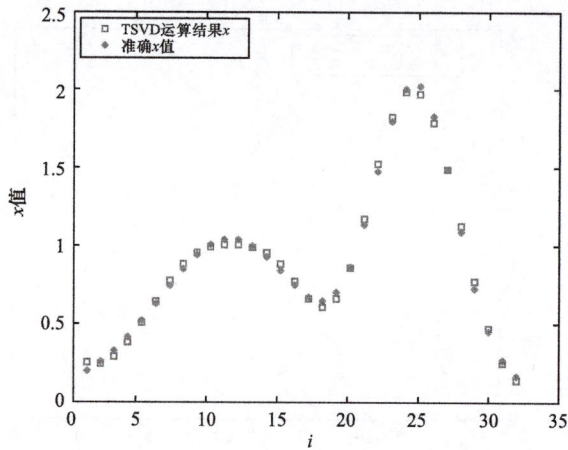

图 1-17　存在测量误差时 TSVD 方法求解结果

这里进行了一个简单的比较，LSQR 方法求解平均相对误差为 0.06297，Tikhonov 正则化方法求解平均相对误差为 0.1409，TSVD 方法求解平均相对误差为 0.0620，Tikhonov 正则化方法误差稍微大一些可能是由于正则化参数选择不够准确的原因。由于计算矩阵较小，计算时间都非常快，对于计算时间没有比较的意义，在后面三维温度场重建中将会有对大型矩阵方程求解时间的比较。从理论上分析，LSQR 方法是基于迭代的方法，不需要对大型系数矩阵求逆，也不需要对大型系数矩阵进行 SVD 分解，节省了计算时间和计算开销；而 TSVD 方法需要对大型系数矩阵进行 SVD 分解；Tikhonov 正则化方法需要对大型矩阵进行求逆运算，SVD 分解和求逆运算都会增加计算时间和计算开销，尤其是矩阵规模越大则增加越多。

此外，这里给出不同测量误差下的 Picard 图来观察不同测量误差下对于不适定问题的影响，如图 1-18～图 1-21 所示，相应的 Matlab 程序代码如下：

```
error1 = 1e-6;
e1 = error1*randn (size (b));
b_error1 = b + e1;
error2 = 3e-3;
e2 = error2*randn (size (b));
b_error2 = b + e2;
error3 = 1e-1;
e3 = error3*randn (size (b));
b_error3 = b + e3;
error4 = 2e-0;
e4 = error4*randn (size (b));
b_error4 = b + e4;
```

可以看出，随着测量误差的增大，可用于计算的奇异值数量在减少，也就是符合离散 Picard 条件的一段奇异值在减小，在测量误差达到一定大的程度时，如图 1-20 所示，几乎所有奇异值段都不满足离散 Picard 条件，这样即使使用正则化方法也可能得不到合理有意义的解。

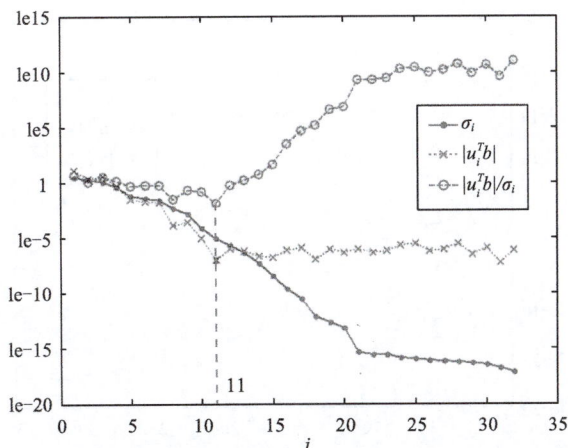

图 1-18 误差为 1e-6 时 Picard 图

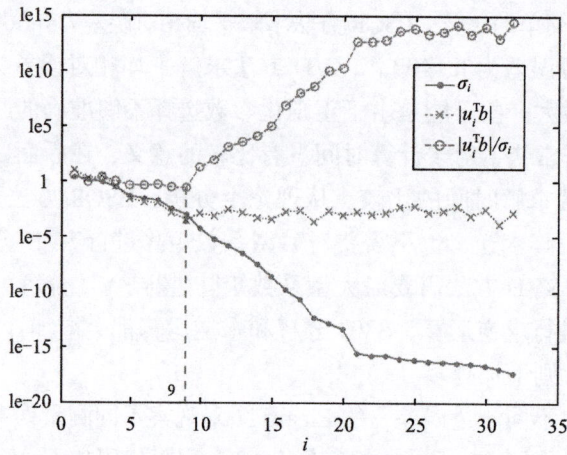

图 1-19　误差为 3e-3 时 Picard 图

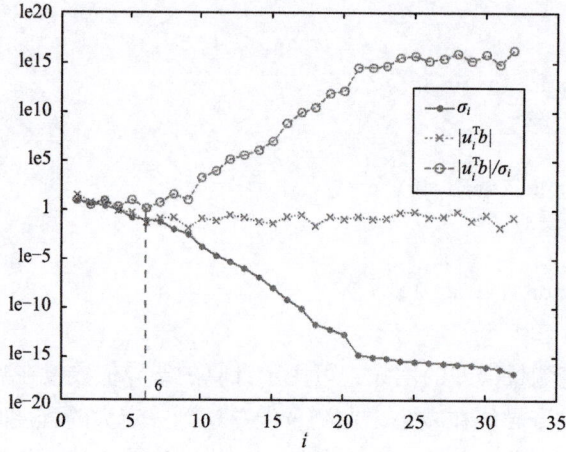

图 1-20　误差为 0.1 时 Picard 图

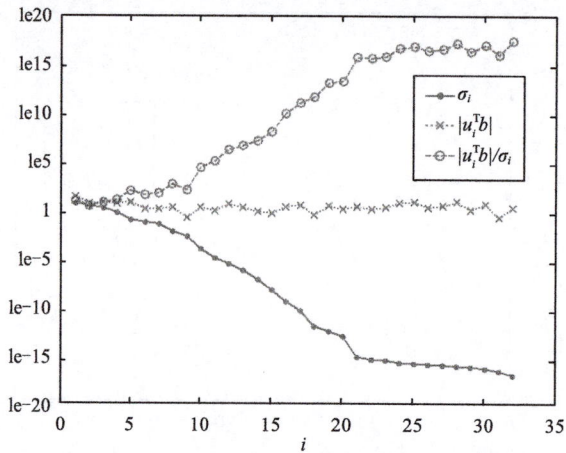

图 1-21　误差为 2.0 时 Picard 图

1.6　炉膛三维温度场重建反问题求解

由以上讨论可以知道，LSQR 算法具有与直接正则化方法相当的计算准确度，甚至会更好一些。LSQR 算法是一种迭代算法，不需要对系数矩阵进行求逆运算或者进行 SVD 分解，在计算时间、计算效率及计算开销方面都有优势，更适合于大型矩阵方程的求解。

炉内火焰温度场对于锅炉控制和燃烧诊断具有重要的意义。近些年来，基于火焰图像的电站锅炉燃烧温度场重建技术得到了广泛的重视和发展。在利用 CCD 摄像机拍摄的辐射能图像进行炉膛温度场重建过程中，会涉及大型病态方程组的求解问题，这使得温度场重建问题成为一个病态问题。

在辐射能图像含有测量误差的情况下，一般广泛用于最小二乘问题求解的正交化方法对温度场重建过程中的病态超定方程组的求解得不到令人满意的结果，甚至与真实的温度场相差巨大，这是由于原矩阵方程的系数矩阵的条件数数值很大，使得求解问题成为一个严重的病态问题。

有研究者提出采用 LSQR 算法及阻尼 LSQR 算法对三维炉膛温度场重建过程中出现的大型病态矩阵方程进行求解，进而得到三维温度分布。

1.6.1　系统描述及重建条件

系统的尺寸为 $0.4m \times 0.4m \times 0.4m$，被划分为 $7 \times 7 \times 7$ 的体元，如图 1-22 所示，系统的每个侧面放置 2 个 CCD 摄像机，一共 8 个 CCD 摄像机（图 1-22 中只标出 4 个）。

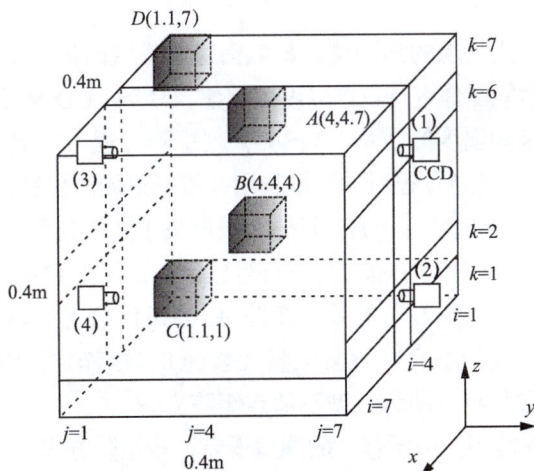

图 1-22　模拟炉膛系统图

CCD 摄像机靶面尺寸为 $10mm \times 10mm$，划分为 30×30 个像素，视场角为 $100°$。由于 CCD 摄像机响应的是可见光波段 $0.4 \sim 0.7\mu m$ 内的辐射，所以在可见光波段可认为 CO_2 的光谱吸收系数为 0。设置各个网格内的颗粒的平均吸收系数为 $0.152m^{-1}$（模拟碳粒的浓度大概为 2.0×10^8 个 $/m^3$），平均消光系数为 $0.32m^{-1}$。

假定本系统温度分布为

$$T(x,y,z) = T_0\left[\left(1-2\frac{|x|}{W}\right)\left(1-2\frac{|y|}{L}\right)\left(1-2\frac{|z|}{H}\right)+1\right] \tag{1-21}$$

式中：T_0=750K。

假定温度场中系统中心截面上（即水平截面 k=4）的温度分布如图 1-23 所示。

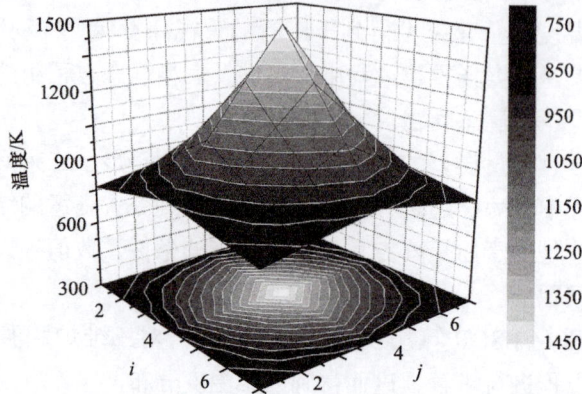

图 1-23　假定温度场中系统中心截面上温度分布

进行温度场重建得到大型矩阵方程：

$$A_E T = E, \quad E \in R^M, A_E \in R^{M \times N}, T \in R^N \tag{1-22}$$

式中：T 为温度向量，为待求的未知量；E 为辐射能量值向量；A_E 为系数矩阵。

如果仅用 1 幅辐射能图像进行三维温度场重建，M 为 CCD 靶面像素的总数，M=900，N 为体元的个数，即未知温度的数量，N=343，则矩阵方程（1-22）是一个包含 900 个方程、343 个未知数的大型超定方程组。如果利用 8 幅辐射能图像进行三维温度场重建，矩阵方程（1-22）的方程个数远大于 900（具体个数取决于如何利用 8 幅辐射能图像），这里使用 8 幅辐射能图像能够使用的全部方程进行重建研究，即 M=7200，N=343。

经过计算，矩阵方程（1-22）的系数矩阵 A_E 的条件数为 1.4351×10^6，系数矩阵中的元素最大值的数量级仅为 10^{-21}，而且大量元素为 0，矩阵方程所表示的方程组为严重病态的大型稀疏线性方程组，即为大型不适定矩阵方程。

为了模拟实际辐射能图像中所包含的测量误差，将矩阵方程（1-22）中的辐射能量值 E 加上均值为 0、均方差为 σ 的正态分布的随机误差，得到用于重建的辐射能量值 E_{err} 为

$$E_{err} = (\mu + \sigma\xi)E + E \tag{1-23}$$

式中：均值 μ=0；ξ 为符合标准正态分布的随机变量，$-2.576 < \xi < 2.576$。

由于矩阵方程（1-22）为严重病态的线性方程组，求解后仍会出现温度向量中值为负值的情况，所以对所求得的温度进行修正，修正方法为

$$\begin{cases} T_i' = T_i, & T_i \geqslant T_{\min} \\ T_i' = T_i + T_{\min}, & 0 < T_i < T_{\min} \\ T_i' = T_{\min}, & T_i \leqslant 0 \end{cases} \qquad (1\text{-}24)$$

式中：T_i 为求得温度向量中的元素值；$T_{\min}$ 为温度下限；T_i' 为修正后温度向量中的元素值。将修正后的温度作为重建后的温度，这些温度值可能并不是原重建问题的最优解。由于原方程组的病态特性，并且加上了测量误差，负值一般出现在系统的低温区域，所以修正的主要对象是针对低温区域的温度，其温度较低，所以修正后的温度与真实温度值相差不会很大，总体的重建误差在不同大小的模拟测量误差下能够保持在一个较低的水平。

1.6.2　重建结果及讨论

1．$\sigma = 0.01$

$\sigma = 0.01$ 时，加上随机误差后，能量值 E_{err} 与原始 E 之间平均相对误差为 0.80%，最大相对误差为 4.06%。

图 1-24 给出普通正交化方法的求解结果及与原始假定温度场的对比。图 1-25 给出系统的中心截面上的温度分布结果。图 1-24 中的横坐标表示系统的各个体元的编号，编号是按照 (i, j, k) 的顺序，(1,1,1)→(2,1,1)→…(7,1,1)→(1,2,1)→(2,2,1)→…→(7,7,1)→(1,1,2)→…(7,7,7)，依次设为体元 1,2,…,343，典型的体元如图 1-22 所示。

从图 1-24 和图 1-25 中可以看出，一般用于求解最小二乘问题的方法重建出的温度场与假定温度场相差巨大，在病态求解问题上数值稳定性较差。图 1-26 为系统重建温度场与假定温度场的对比结果，图 1-27 给出了中心截面上的重建温度分布。可见，LSQR 算法重建出的温度场与原始假定温度场符合较好。

计算可知，重建的平均相对误差为 7.81%，系统中心最高温度相对误差为 0.0020%，重建时间为 2.88s（Pentium Ⅳ CPU 2.66GHz，512MB 内存）。

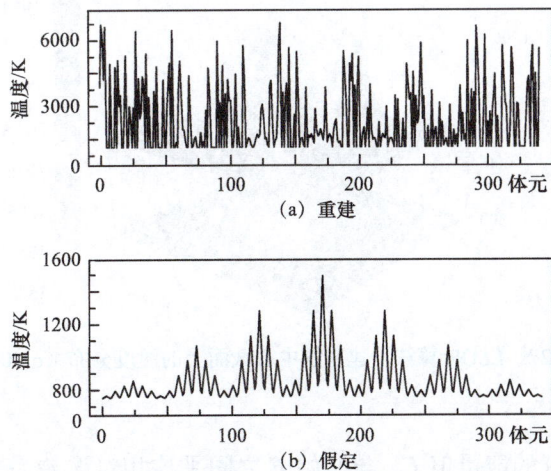

图 1-24　正交化方法重建温度场与假定温度场 ($\sigma = 0.01$)

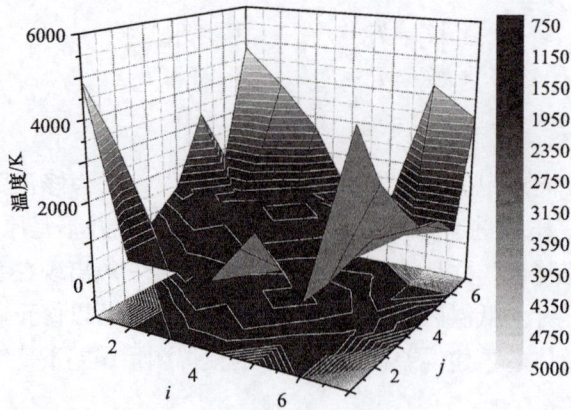

图 1-25　正交化方法重建系统中心截面上温度分布（σ=0.01）

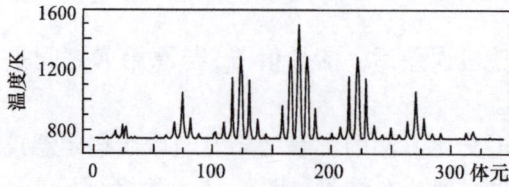

(a) 重建

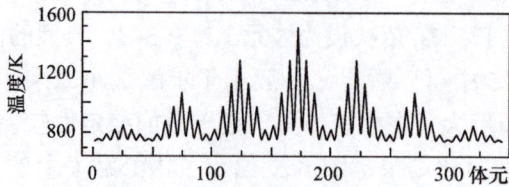

(b) 假定

图 1-26　LSQR 算法重建温度场与假定温度场（σ=0.01）

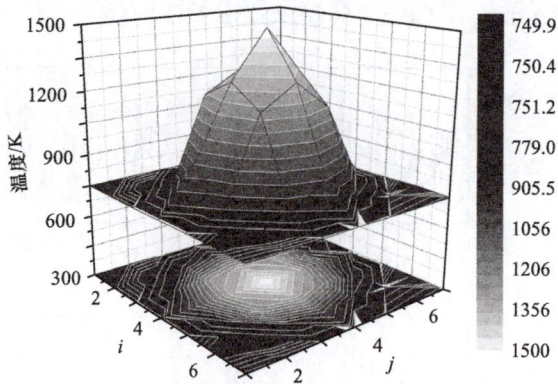

图 1-27　LSQR 算法重建系统中心截面上的温度分布（σ=0.01）

2．σ=0.05

σ=0.05 时，对应的能量值 E_{err} 与原始 E 之间平均相对误差为 3.99%，最大相对误差为 19.5%。

图 1-28 是系统重建温度场与假定温度场的对比结果，图 1-29 给出的是中心截面上的重建温度分布。

此时，重建的平均相对误差为 8.41%，系统中心最高温度相对误差为 0.0138%，重建时间为 2.78s。

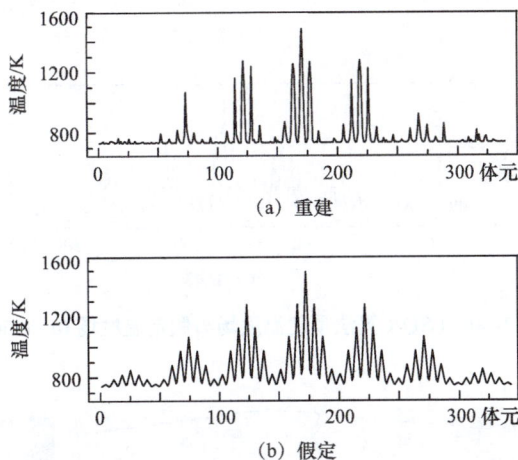

图 1-28　LSQR 算法重建温度场与假定温度场（σ=0.05）

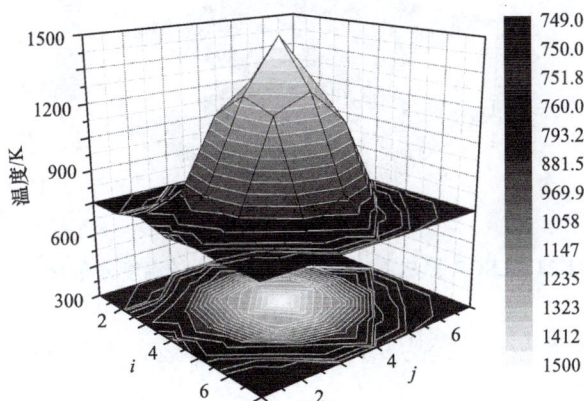

图 1-29　LSQR 算法重建系统中心截面上的温度分布（σ=0.05）

3. σ=0.50

σ=0.50 时，对应的能量值 E_{err} 与原始 E 之间平均相对误差为 39.56%，最大相对误差为 185.83%。

由于测量误差很大，使用阻尼 LSQR 算法进行重建，选取 $\lambda=3.0\times10^{-21}$。$\lambda$ 值根据经验选取，过大会造成过度阻尼，去除一些有用的信息；过小则阻尼太小，使测量误差对解的影响过大，造成解的不稳定。

图 1-30 是系统重建温度场与假定温度场的对比结果，图 1-31 给出的是中心截面上的重建温度分布。

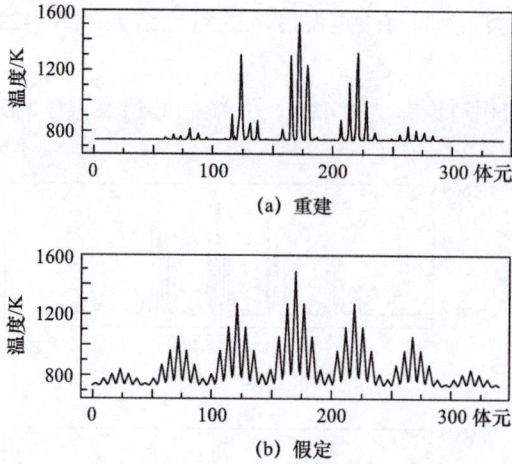

(a) 重建

(b) 假定

图 1-30　LSQR 算法重建温度场与假定温度场 (σ =0.50)

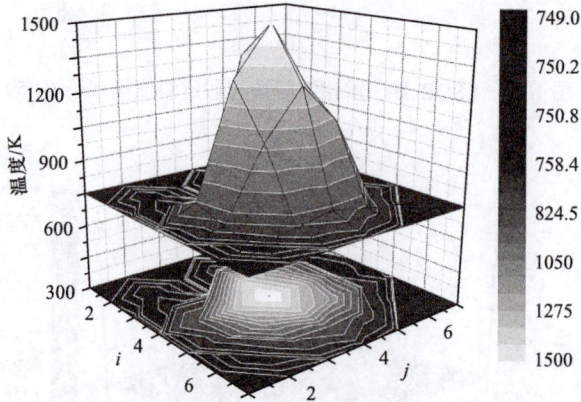

图 1-31　LSQR 算法重建系统中心截面上的温度分布 (σ =0.50)

此时，重建的平均相对误差为 9.97%，系统中心最高温度相对误差为 0.82%，重建时间为 2.19s。

4. 讨论

在模拟测量误差较小的情况下，使用 LSQR 算法对大型病态线性方程组进行求解，得到的重建温度场与假定温度场符合得较好，温度分布特征能够较好地表现出来。从图 1-26～图 1-31 可以看出，随着模拟测量误差的逐渐增大，整体重建效果变差，特别是低温区的重建上反映得最为明显。当 σ =0.50 时，从图 1-30 中可以看出，系统的最顶层（图 1-22 中的水平截面 k=7）及最底层（图 1-22 中的水平截面 k=1）上的温度分布已经无法重建出来，这里考虑是由于相当大的测量误差和原重建矩阵方程严重病态的综合效果所致。

在不同的模拟测量误差情况下，整体的重建平均误差能够比较稳定地维持在一个较低的水平，说明 LSQR 算法系列具有较好的数值稳定性，具有一定的抗测量误差的特性。

高温区域的重建效果较好，即使在误差很大的情况下（本书取均方差 σ =0.50），使用阻尼 LSQR 算法仍能把中心截面上的温度分布重建出来，中心最高温度重建的相对误差仅为 0.82%。

此外，对于上述问题求解规模（系数矩阵为 7200×343 维）下，重建时间一般在 2～3s，重建时间短，具有实时重建的潜力。

1.7 炉膛三维温度场重建反问题求解方法的比较

对两种温度场重建不适定矩阵方程的求解方法进行了比较研究，包括文献中经常使用的 Tikhonov 正则化方法及本书使用的 LSQR 方法，这里使用标准 Tikhonov 正则化方法。

1.7.1 系统描述

系统的尺寸设定为 0.4m×0.4m×0.4m，被划分为 7×7×7 的体元，如图 1-32 所示，为了减少系统的复杂度，这里采用 4 个 CCD 摄像机获取弥散介质辐射能信息。CCD 摄像机靶面尺寸设为 10mm×10mm，划分为 30×30 个像素，视场角为 100°。

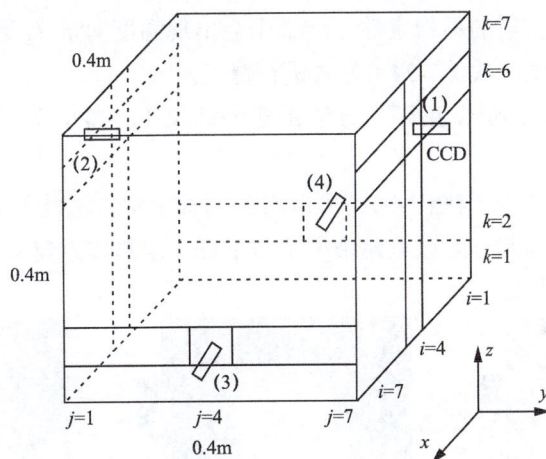

图 1-32 模拟系统图

1.7.2 系统介质描述

假设系统中弥散介质由 CO_2、N_2 和碳粒组成。由于 CCD 摄像机响应的是可见光波段 0.4～0.7μm 内的辐射，所以在可见光波段可认为 CO_2 的光谱吸收系数为零。碳粒假设为统一的直径 30μm。碳颗粒在波长为 2μm 时，复折射率为 1.93（1−0.53i），而 2μm 是煤粉燃烧时辐射的平均波长，这个复折射率的值对于碳颗粒来说，在其整个燃烧过程中都是可以使用的[125]。有研究者采用 Mie 理论[126]详细计算了在 0.4～0.7μm 内的碳颗粒的辐射特性参数，发现碳颗粒的辐射特性参数几乎不随波长变化，与文献[2]所示规律一致。

为了节省计算时间，本节采用了较小的系统尺寸。假设碳粒浓度均匀，为 $2.0×10^{10}$ 个 /m^3，经过计算，此浓度下的颗粒群符合独立散射的条件[126]。计算可得，系统的消光系数为 29.24m^{-1}，以系统边长为特征尺寸下的光学厚度为 11.7，因此模拟系统中介质为光学厚。

1.7.3 系统假设温度场

在图 1-32 中，模拟系统分为 7 层，这里给出 4、5 层和 6 层的假设温度分布，如图 1-33 所示，可见假设温度分布较为复杂，以此来检验算法的正确性。

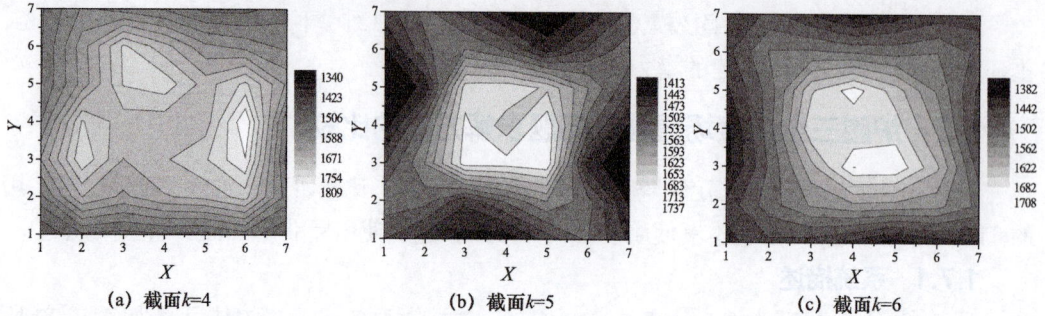

(a) 截面k=4　　　　　　　(b) 截面k=5　　　　　　　(c) 截面k=6

图 1-33　假设温度分布（单位：K）

1.7.4 重建结果与讨论

重建矩阵方程如式（1-22）所示，为了模拟实际测量中的误差，这里按照式（1-23）加入测量误差。由于求解的不稳定性，结果中会出现温度向量 T_E 元素值为负值的情况，这是不合理的，需要使用式（1-24）方式进行修正。

图 1-34 给出了 Tikhonov 正则化方法重建的结果（$\sigma = 0.01$），图 1-35 给出了 LSQR 方法重建结果（$\sigma = 0.01$）。

比较图 1-34、图 1-35 与图 1-33，可以看出两种求解方法均能够成功获得合理的温度分布，在靠近壁面的部分区域重建结果不是很好，但总体重建温度场较好地再现了原假设温度分布的主要特征。

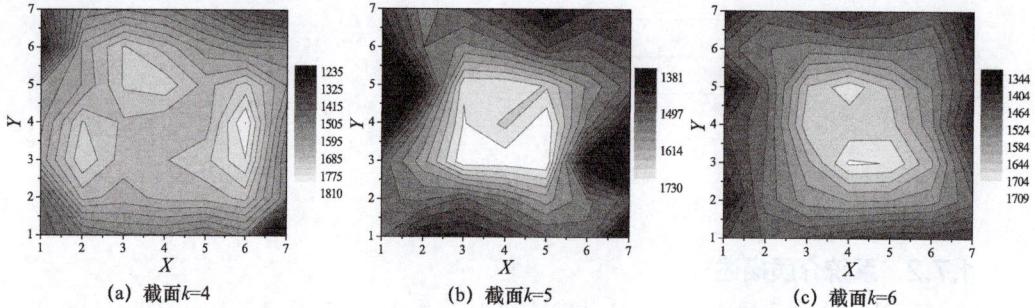

(a) 截面k=4　　　　　　　(b) 截面k=5　　　　　　　(c) 截面k=6

图 1-34　Tikhonov 正则化方法重建温度分布（单位：K）（$\sigma = 0.01$）

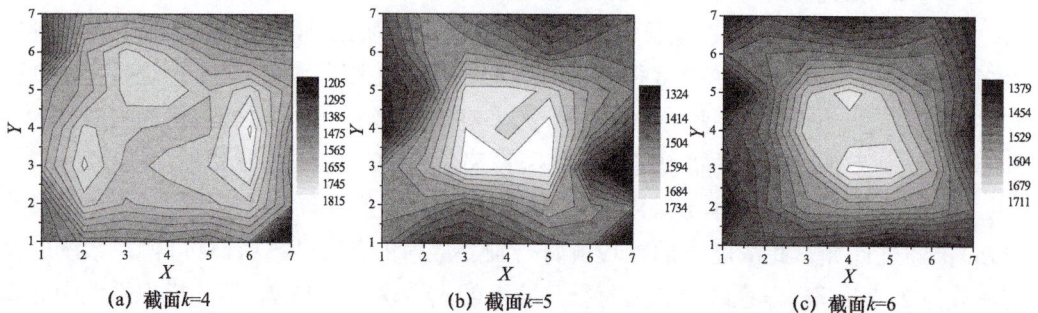

(a) 截面k=4　　　　　　　(b) 截面k=5　　　　　　　(c) 截面k=6

图 1-35　LSQR 方法重建温度分布（单位：K）（$\sigma = 0.01$）

定义重建误差为

$$\varepsilon = \frac{\sqrt{\dfrac{1}{N}\displaystyle\sum_{i=1}^{N}(T_i^{\text{recon}}-T_i^{\text{exact}})^2}}{\left(\dfrac{1}{N}\displaystyle\sum_{i=1}^{N}T_i^{\text{exact}}\right)} \tag{1-25}$$

式中：T_i^{recon} 为重建温度，K；T_i^{exact} 为假设温度，K。

表 1-1 给出了两种方法的比较总结结果，表中的重建时间是指求解重建矩阵方程（1-22）的时间。

在表 1-1 中，从重建误差方面来说，Tikhonov 正则化方法和 LSQR 方法相差不大。随着测量误差的增大，两种方法的重建误差均有所增加。最高温度的重建结果令人满意，在三种不同大小的模拟测量误差下，两种方法的重建相对误差均很小，而且重建出的位置正确。重建时间方面，LSQR 方法重建时间较短，因其是一种迭代方法，迭代次数不同，计算时间也有所不同，一般只需 0.5s 左右。Tikhonov 正则化方法重建时间较长，为 2 ～ 3s。这里使用的摄像机数量为 4 个，如果摄像机数量增加则重建系数矩阵的规模将会更大，重建时间将会变得更长。

如果误差比较大的情况下，Tikhonov 正则化方法和 LSQR 方法同样都比较适用。但如果对重建时间有很高的要求，LSQR 方法计算效率高，是个较好的选择。

表 1-1　　　　　　　　　　　　　　求解方法重建结果总结

σ	求解方法	重建误差 /%	最高温度重建相对误差 /%	重建最高温度所在体元编号	假设最高温度所在体元编号	重建时间 /s
0.01	Tikhonov 正则化	6.6478	0.1590	174	174	2.493165
	LSQR 方法	6.4725	0.1821	174	174	0.412728
0.03	Tikhonov 正则化	10.2655	0.5622	174	174	2.505580
	LSQR 方法	10.3763	0.1904	174	174	0.331011
0.05	Tikhonov 正则化	13.6472	0.6596	174	174	2.485180
	LSQR 方法	13.7902	0.9919	174	174	0.293442

第2章

弥散介质辐射传递与成像原理

2.1 弥散介质辐射传递的 Monte Carlo 方法

Monte carlo 方法作为一种数值概率模拟的计算方法，应用于辐射传热计算领域已有很长的一段时间，其基本思想是把辐射传热模拟成大量的能量束或者光子的运动，通过概率模拟跟踪光子或者能束的发射、吸收和散射的情况，直到它们被完全吸收为止，并且统计每个微元体所吸收的光子能量[127,128]。下面基于文献[127-131]对一般形式的 Monte Carlo 方法进行详细讨论。

2.1.1 对象网格划分及介质描述

把对象划分成许多小的微元体，把壁面划分为许多小的微元面。在每个微元体内，可以认为其中的温度、压力、浓度等是均匀的，而在整个对象内，温度、压力和浓度等参数可以是不均匀的。射线的发射数量要达到足够多，这样才能满足整个方法模拟的精确度，一般地，选取 1.0×10^6 条射线，用这个数值来计算可以达到较好的精确度，系统示意如图 2-1 所示。系统内部为高温弥散介质，介质包含氮气和二氧化碳的混合气体、浓度变化的碳粒，壁面为冷黑壁面，X、Y、Z 方向划分网格为 $NX \times NY \times NZ$。

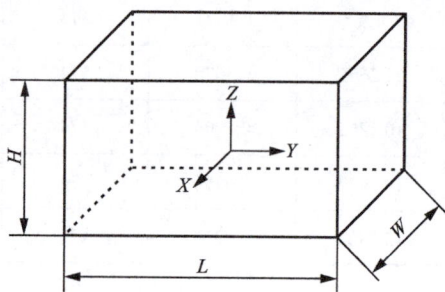

图 2-1 系统示意

2.1.2 发射位置的确定

一般来说，有两种发射位置，一是微元体的中心，另一种是微元体内随机发射位置。本书选取第二种。

设微元体为 V_{ijk}，整个对象的坐标系为固定坐标系 X、Y、Z，每个微元体中的坐标系为 x'、y'、z'，微元体边长的一半为 DX、DY、DZ。

选取三个随机数 R_1、R_2、R_3，它们在 [0,1] 上均匀分布，则在 x'、y'、z' 坐标系中可以得到射线的发射位置：

$$\begin{cases} x' = \text{pos}(1) = (1 - 2R_1) \cdot DX \\ y' = \text{pos}(2) = (1 - 2R_2) \cdot DY \\ z' = \text{pos}(3) = (1 - 2R_3) \cdot DZ \end{cases} \tag{2-1}$$

2.1.3　发射方向的确定

设 θ 为极角，φ 为周角，选取两个在 [0,1] 上均匀分布的随机数 R_4、R_5，那么可以得到射线的发射方向

$$\begin{cases} \theta(R_4) = \arccos(1 - 2R_4) \\ \varphi(R_5) = 2\pi R_5 \end{cases} \qquad 0 \leqslant \theta \leqslant \pi, 0 \leqslant \varphi \leqslant 2\pi \tag{2-2}$$

单位方向向量表达为

$$\boldsymbol{x} = \begin{bmatrix} \sin\theta\cos\varphi \\ \sin\theta\sin\varphi \\ \cos\theta \end{bmatrix}_{(x',y',z')} \tag{2-3}$$

即在程序中可以设置为

$$\begin{cases} xk(1) = \sin\theta\cos\varphi \\ xk(2) = \sin\theta\sin\varphi \\ xk(3) = \cos\theta \end{cases} \tag{2-4}$$

2.1.4　发射能量及波长的确定

设 N 为总的射线数，E_{tot} 为微元体中发射的辐射能量，每条射线携带相同的能量 e，则

$$e = E_{\text{tot}} / N \tag{2-5}$$

$$E_{\text{tot}} = 4\alpha_{\text{p}}\sigma T^4 \mathrm{d}V$$

$$\alpha_{\text{p}} = \frac{\int_0^{\eta = \eta_x} (\alpha_\eta + \alpha_{\eta c}) e_{b\eta} \mathrm{d}\eta}{\sigma T^4} \tag{2-6}$$

式中：α_{p} 为普朗克平均吸收系数，m^{-1}；α_η 为 CO_2 的光谱吸收系数（介质是由吸收性气体 CO_2 和颗粒组成），m^{-1}；$\alpha_{\eta c}$ 为碳粒的光谱吸收系数，m^{-1}。

为了得到发射射线的波长，使用下面这个公式：

$$R(\eta) = \frac{\int_0^\eta (\alpha_\eta + \alpha_{\eta c}) e_{b\eta} \mathrm{d}\eta}{\int_0^{\eta x} (\alpha_\eta + \alpha_{\eta c}) e_{b\eta} \mathrm{d}\eta} \tag{2-7}$$

式中：η 为波数，cm^{-1}。

对一个范围的波数进行离散，得到对应于一个离散波数 η 的 R 值，这样就建立起了 η 与 R 的联系 $\eta(R)$。

选取随机数 R_6，然后根据 η 与 R 所对应的关系可以得到 η。如果产生的随机数 R_6 落在两个 R 值之间，这时候可以采用插值计算得到所要的波数 η。波数得到之后，则射线的发射波长也就立即得到了。

2.1.5　射线追踪过程

射线从发射位置开始发射，在充满弥散颗粒的介质微元体内穿行，这时可能发生下列三种情况：

（1）在未穿出微元体或未与颗粒碰撞之前，射线的能量在行进的过程中被 CO_2 气体连续地吸收而衰减。在此设定一个截止能量，值为射线初始能量的 0.001%，如果射线能量减少到截止能量，则可认为此条射线被 CO_2 气体完全吸收，接着下条新射线开始发射。

（2）在未被气体完全吸收和未穿出微元体之前，射线与颗粒碰撞，这时候又可以分成两种情况：一种是射线能量被颗粒完全吸收，另一种是射线被颗粒散射。

（3）射线未被气体完全吸收和未与颗粒碰撞，直接穿出微元体。

具体判断过程及计算公式：设置三个变量 r_c、r_i、r_{min}。其中，r_c 为射线在充满弥散颗粒的介质中穿行，它碰到颗粒前走过的距离：

$$r_c = -\frac{1}{K_{ext}} \ln(R_7) \tag{2-8}$$

式中：R_7 为在 [0,1] 上均匀分布的随机数；K_{ext} 为颗粒群的消光系数。

r_i 为射线直接穿出微元体之前所走的距离，根据几何关系来判断计算。

$r_{min} = \min(r_c, r_i)$，r_{min} 为 r_c 和 r_i 两者之间的较小值，射线行进 r_{min} 之后所剩下的能量可以由 Bouger-Lambert 定律进行计算：

$$W_r = W_0 \cdot e^{(-k_g \times r_{min})} \tag{2-9}$$

式中：W_r 为射线剩余的能量；W_0 为射线的初始能量；k_g 为气体的吸收系数。

1）若此时 $r_{min} = r_i$ 且 $W_r > 0.001\% W_0$，则可以认为射线穿出当前微元体，下个微元体自动设置为当前微元体，重新确定微元体中的射线发射位置和射线的发射方向。

对这部分进行了均匀性检验，结果如下：

a. 立方体大小 $2.0 \times 2.0 \times 2.0$，发射点在立方体的几何中心，随机方向发射，不划分网格，如图 2-2 所示。

b. 立方体大小 $2.0 \times 2.0 \times 2.0$，发射点在立方体的几何中心，随机方向发射，划分网格，$5 \times 5 \times 5$，如图 2-3 所示。

c. 立方体大小 $2.0 \times 2.0 \times 2.0$，发射点随机位置，随机方向发射，不划分网格，如图 2-4 所示。

d. 立方体大小 $2.0 \times 2.0 \times 2.0$，发射点随机位置，随机方向发射，划分网格，$5 \times 5 \times 5$，如图 2-5 所示。

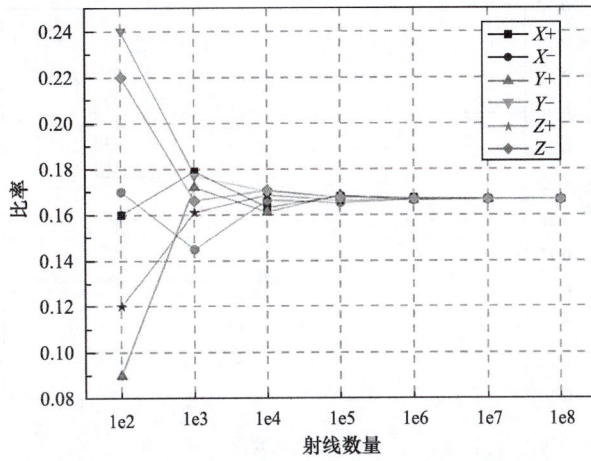

图 2-2   不同射线数下到达各个壁面的射线的比率

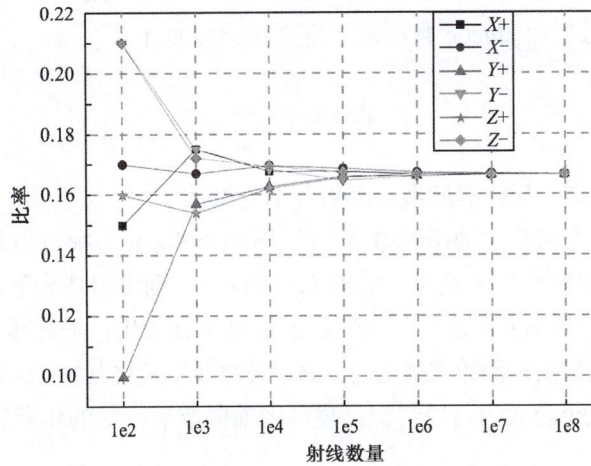

图 2-3   不同射线数下到达各个壁面的射线的比率

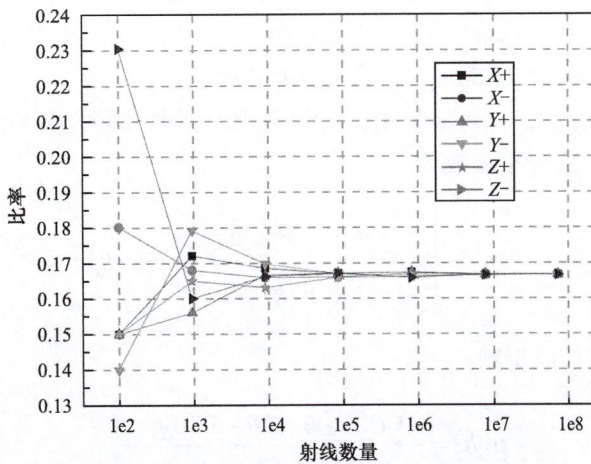

图 2-4   不同射线数下到达各个壁面的射线的比率

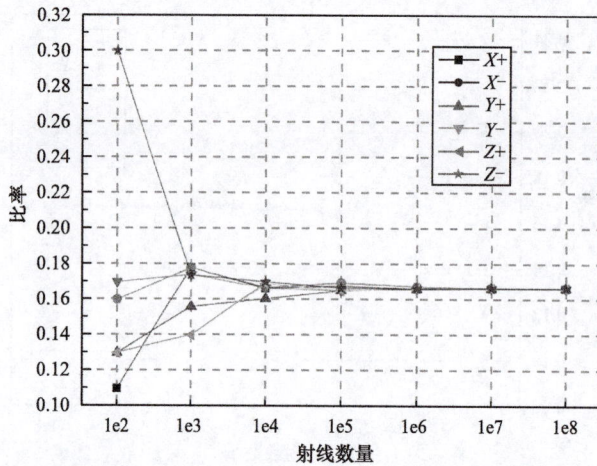

图 2-5 不同射线数下到达各个壁面的射线的比率

2）若此时 $r_{\min}=r_c$ 且 $W_r>0.001\%W_0$，则可以认为射线与颗粒发生碰撞，射线是被颗粒吸收还是被颗粒散射由 albedo 数决定。定义 albedo 如下：

$$albedo = \frac{K_{sca}}{K_{ext}} \qquad (2\text{-}10)$$

式中：K_{sca} 和 K_{ext} 分别为颗粒群的散射系数和消光系数。

选取在 [0,1] 上均匀分布的随机数 R_8，如果 $R_8>albedo$，则可以认为射线能量被颗粒吸收，这时下条新射线开始发射；如果 $R_8 \leqslant albedo$，则可以认为射线被颗粒散射，认为射线被颗粒散射后只是方向改变，该射线的能量未有变化，全部转移到散射方向上。

散射的角度是由散射相函数来确定的，这里设散射相函数由如下的灰体 δ-Eddington 公式[132]来决定。这个公式为可以近似描述高度前向散射行为的相函数：

$$\Theta(\theta) = 2f\delta(1-\cos\theta) + (1-f)(1+3g\cos\theta) \qquad (2\text{-}11)$$

式中：θ 为散射角，也就是射线原来的方向与散射之后方向的夹角。当 $\cos\theta=1$ 时，$\delta(1-\cos\theta)=1$；对于其他的 $\cos\theta$ 值，$\delta(1-\cos\theta)=0$。$f=0.111$，$g=0.215$。

图 2-6 为计算得到的 δ-Eddington 散射相函数示意。

设散射角度（θ_s, φ_s），θ_s 为天顶角，φ_s 为周角，原射线的方向角为（θ, φ），根据文献[129]可得散射的累积分布函数为

$$R(\mu) = \frac{\int_{-1}^{\mu}(1-f)(1+3g\mu)\mathrm{d}\mu}{\int_{-1}^{1}(1-f)(1+3g\mu)\mathrm{d}\mu} , \ \mu=\cos(\theta_s) \qquad (2\text{-}12)$$

转化式（2-12）可以得到：

$$\mu(R) = \frac{-1+\sqrt{1-6g(2R-1-3g/2)}}{3g} \qquad (2\text{-}13)$$

选取在 [0,1] 上均匀分布的随机数 R_9，代入式（2-13）可以得到 $\mu(R_9)$，进而得到 θ_s。对于周角 φ_s，同样选取在 [0,1] 上均匀分布的随机数 R_{10}，由下式确定周角：

$$\varphi_s = 2\pi R_{10} \tag{2-14}$$

这样就得到了散射后的角度（θ_s, φ_s），但必须再计算在当前坐标系中的散射后的单位方向向量 $\vec{x}'_k$。

散射位置和散射方向确定之后，就可以重新计算 $r_{\min}$ 的值，然后再进行判断直至该射线穿出该微元体或者能量完全被气体吸收或者碰到壁面被壁面吸收。

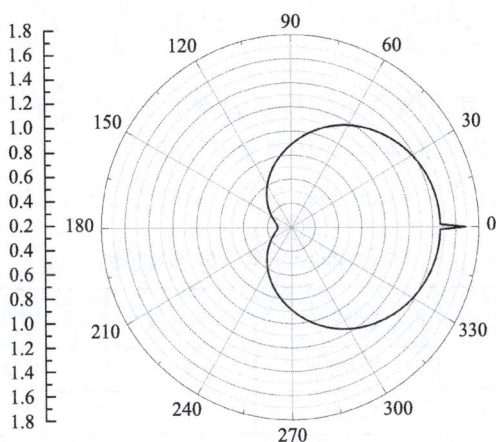

图 2-6　δ-Eddington 散射相函数示意

2.1.6　单颗粒辐射性质的计算

根据文献[127]的讨论：

$$\text{吸收效率因子} \quad Q_{\mathrm{abs}} = \frac{C_{\mathrm{abs}}}{\pi a^2} \tag{2-15}$$

$$\text{散射效率因子} \quad Q_{\mathrm{sca}} = \frac{C_{\mathrm{sca}}}{\pi a^2} \tag{2-16}$$

$$\text{消光效率因子} \quad Q_{\mathrm{ext}} = \frac{C_{\mathrm{ext}}}{\pi a^2} \tag{2-17}$$

$$Q_{\mathrm{ext}} = Q_{\mathrm{abs}} + Q_{\mathrm{sca}}$$

式中：C_{abs}、C_{sca}、C_{ext} 为吸收截面、散射截面和消光截面。

颗粒的辐射特性可以由 Mie 理论来计算：

$$Q_{\mathrm{sca}} = \frac{2}{x^2} \sum_{n=1}^{\infty} (2n+1)\left(\left|a_n\right|^2 + \left|b_n\right|^2\right) \tag{2-18}$$

$$Q_{\mathrm{ext}} = \frac{2}{x^2} \sum_{n=1}^{\infty} (2n+1) Re(a_n + b_n) \tag{2-19}$$

Mie 散射系数 a_n、b_n 是 $x=\pi D/\lambda$，$y=mx$ 的复函数，可由下式表示：

$$a_n = \frac{\psi'_n(y)\psi_n(x) - m\psi_n(y)\psi'_n(x)}{\psi'_n(y)\xi_n(x) - m\psi_n(y)\xi'_n(x)} \quad (2-20)$$

$$b_n = \frac{m\psi'_n(y)\psi_n(x) - \psi_n(y)\psi'_n(x)}{m\psi'_n(y)\xi_n(x) - \psi_n(y)\xi'_n(x)} \quad (2-21)$$

$$m = n - ik$$

$$\psi_n(x) = \left(\frac{\pi x}{2}\right)^{1/2} J_{n+1/2}(z), \quad \xi_n(x) = \left(\frac{\pi x}{2}\right)^{1/2} H_{n+1/2}(x) \quad (2-22)$$

式中：m 为颗粒相对于其周围介质的复折射率；n 为折射率；k 为吸收率；ψ_n、ξ_n 为 Riccati-Bessel 函数，与 Bessel 和 Hankel 函数相关联。

文献[128]中给出了直径为 30μm 的碳粒的辐射特性，见表 2-1。

表 2-1　　　　　　　　　　　直径 30μm 的碳粒的辐射特性

波长 λ /μm	散射效率因子 Q_{sca}	消光效率因子 Q_{ext}	波长 λ /μm	散射效率因子 Q_{sca}	消光效率因子 Q_{ext}
1.0	1.16363	2.09287	7.0	1.21895	2.32287
1.5	1.17161	2.12077	7.5	1.23875	2.34059
2.0	1.17680	2.14549	8.0	1.23015	2.35180
2.5	1.18157	2.16843	8.5	1.27949	2.37534
3.0	1.18368	2.18941	9.0	1.30680	2.39128
3.5	1.18698	2.20853	9.5	1.31753	2.40501
4.0	1.18751	2.22588	10.0	1.32398	2.42856
4.5	1.19100	2.24290	10.5	1.32844	2.43151
5.0	1.18874	2.26063	11.0	1.33279	2.44393
5.5	1.18296	2.28103	11.5	1.33577	2.45601
6.0	1.18687	2.29533	12.0	1.33871	2.46775
6.5	1.21067	2.30932			

2.1.7　CO_2 吸收系数的计算

由文献[128,133]，根据 Elsasser 窄带模型计算 CO_2 吸收系数：

$$\alpha_\eta = \rho \frac{S_c}{\delta} \frac{\sinh(\pi\beta/2)}{\cosh(\pi\beta/2) - \cos[2\pi(\eta - \eta_c)/\delta]} \quad (2-23)$$

$$\frac{S_c}{\delta} = \left(\frac{C_1}{C_3}\right) e^{-a|\eta - \eta_c|/C_3} \quad (2-24)$$

式中：η 为波数；ρ 为密度；下标 c 为波段的中心；S_c/δ 为平均线强度与空间强度的比率。

式（2-24）中，$a=1$ 对应不对称的波段，$a=2$ 时为对称的波段。除了 4.3μm 的波段外，所有的 CO_2 波段都可看作对称的波段。

$$\beta = \frac{C_2^2 P_e}{4 C_1 C_3} \tag{2-25}$$

其中

$$P_e = \left[\frac{P_T}{P_0} + (b-1) \frac{P_a}{P_T} \right]^n \tag{2-26}$$

式中：P_a 为辐射性气体的分压力；P_T 为混合气体的总压力；P_0 为一个参考压力；C_1、C_2、C_3、n、b 为引入的修正系数，并且 C_3 当对应于 T_0 时，假设 $\delta = 30 C_3 cm^{-1}$，这些参数值可以从文献[128~133]中找到。

本节根据上面的模型方法计算了 CO_2 的吸收系数，如图 2-7 所示。

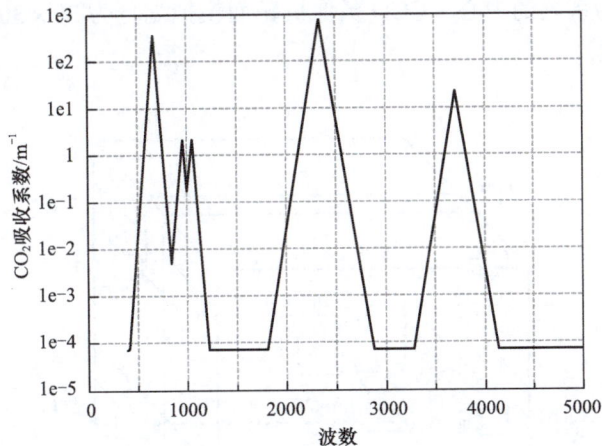

图 2-7　CO_2（21% 体积分数）和 N_2 混合气体吸收系数（1000K，1atm）

2.2　弥散介质燃烧火焰透镜光学成像

炉内燃烧火焰可以被认为是吸收、发射和散射性高温介质，在利用 CCD 摄像机检测炉内火焰时，在 CCD 摄像机前面充满着弥散介质，空间的几乎每个点都可以认为是发光点。在实际的工程应用中，CCD 摄像机的光学系统是固定的，不能被轻易地改变，这样就没有一个供弥散介质清晰成像的确定像面。

发射的能量射线在弥散介质中传播时，被气体和颗粒连续地吸收。射线的方向也可以被颗粒散射而改变。因此，原本可以到达 CCD 摄像机成像的射线由于颗粒的散射而改变方向，最后无法成像，反而一些原本无法成像的射线却因为散射而改变方向，最后可以成像，如图 2-8 所示。

采用 Monte Carlo 方法来模拟和追踪在弥散介质中传播的辐射能量射线，光学透镜成像原理用来计算成像过程。

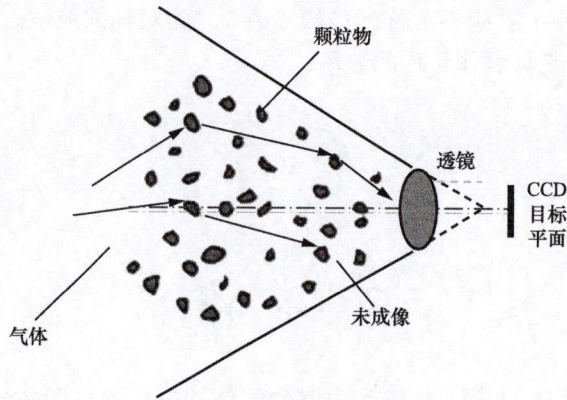

图 2-8　燃烧火焰成像

2.2.1　弥散介质系统描述

尺寸为 0.4m × 0.4m × 0.4m 的三维模拟炉膛被划分为 7×7×7 的网格，如图 2-9 所示。系统坐标设为系统的中心，CCD 摄像机靶面模拟划分为 30×30，采用 4 个摄像机来获取辐射能图像。

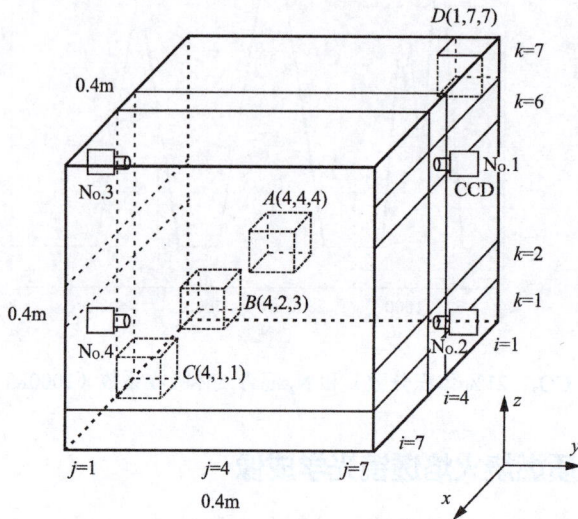

图 2-9　模拟系统示意

模拟系统充满 CO_2、N_2 和碳颗粒，壁面设置为黑壁面。CCD 摄像机相应的波长设为 0.4 ~ 0.7μm，为可见光波段，在这个波段，二氧化碳的吸收系数可以认为是零。在每个体元中平均散射系数和消光系数分别假设为 $0.18m^{-1}$ 和 $0.29m^{-1}$。

在计算燃烧火焰成像之前，先假设模拟系统的温度分布，这里使用的温度分布为文献上经常使用的温度分布并加以修改得到的。

$$T(x,y,z) = T_0 \left[\left(1 - 2\frac{|x - 0.4/7|}{W} \right) \left(1 - 2\frac{|y + 0.4/7|}{L} \right) \left(1 - 2\frac{|z|}{H} \right) + 1 \right] \qquad (2\text{-}27)$$

式中：T_0=950K。

2.2.2 成像计算

坐标系统划分为空间坐标系 XYZ 和图像坐标系 $X'Y'Z$，如图 2-10 所示。CCD 摄像机靶面在平面 $X'O'Y'$ 上，设 $|OO'|=L$。

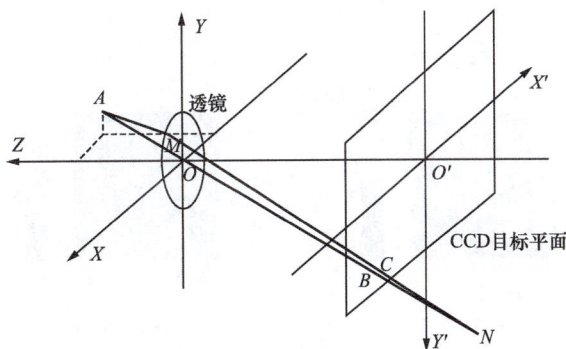

图 2-10 成像计算示意

（1）确定射线是否到达 CCD 摄像机透镜。如图 2-10 所示，当射线到达透镜时，接触点 M 可以由 Monte Carlo 方法确定。距离 $|MO|$ 可以由 M 点和 O 点的坐标确定。设透镜半径为 r，如果 $|MO|>r$，则射线无法达到透镜内部；如果 $|MO|\leqslant r$，则射线可以达到透镜。

（2）确定发光点（最后的散射点）是否在 CCD 摄像机的视场角内。设 AM 和 OZ 的夹角为 α，点 A 和点 M 可以由 Monte Carlo 方法得到。设 CCD 摄像机的视场角为 β。比较 α 和 $\beta/2$，可以确定发光点是否在 CCD 摄像机的视场角内。

（3）在射线进入透镜之后成像计算。射线的发射点设为点 A，发射的射线为 AM。在 CCD 摄像机靶面上成像过程如下：

1）点 A 成像的清晰像点假设为点 N，意味着发射点 A 的像点 N 在成像平面之后（其他的成像情况可以同样进行考虑）。MN 与成像平面之间的交点为点 C。

2）设焦距为 f，副焦距可以计算为 $f'=f/\cos\alpha$。像点 N 的像距为 d，可以由 $1/f'=1/d+1/s$ 计算得到，s 为物距，可以由点 A 计算得到。在像距 d 得到之后，点 N 的坐标可以计算获得。

3）入射点 M 的坐标可以由 Monte Carlo 方法获得，那么 MN 直线方程可以得到。所以根据直线 MN 方程和平面 $X'O'Y'$ 方程计算得到交点 C 的坐标。点 C 是在 CCD 摄像机靶面上的像点。这样发射点 A 的成像情况就已经计算获得。

2.2.3 辐射图像

根据上面讨论的原理和计算系统描述，可以计算得到四个 CCD 摄像机的辐射成像，如图 2-11 所示。

从图 2-11 可以看出，辐射图像不但表达了 CCD 摄像机靶面上的能量分布情况，而且可以反映出模拟系统内部的能量分布情况。值得注意的是，能量图像可以用来进行炉内三维温度场重建研究。

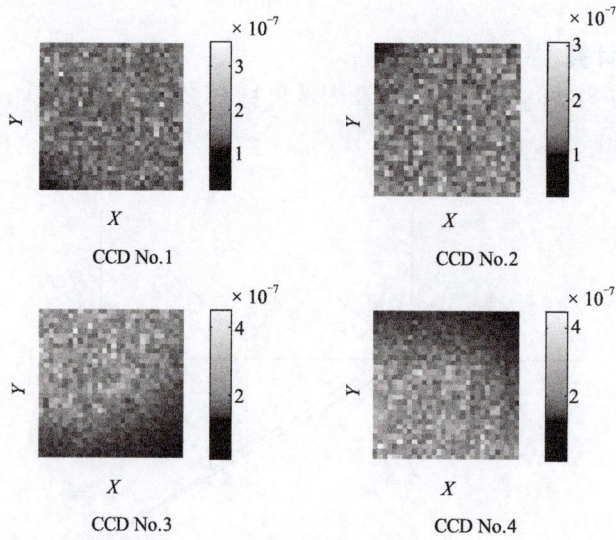

图 2-11　辐射图像

2.2.4　能量份额

能量份额 $\alpha_{i \to j}$ 可以定义为

$$\alpha_{i \to j} = \frac{E_{i \to j}}{E_i} \qquad （2-28）$$

式中：$E_{i \to j}$ 为由体元 i 发射的到达像素 j 的能量；E_i 为由体元 i 发射的能量。

能量份额描述了由体元 i 发射的能量中多少能量能够达到像素 j。图 2-9 中的四个典型的体元 A、B、C、D 在一号摄像机靶面上的能量份额 $\alpha_{i \to j}$ 计算如图 2-12 所示。

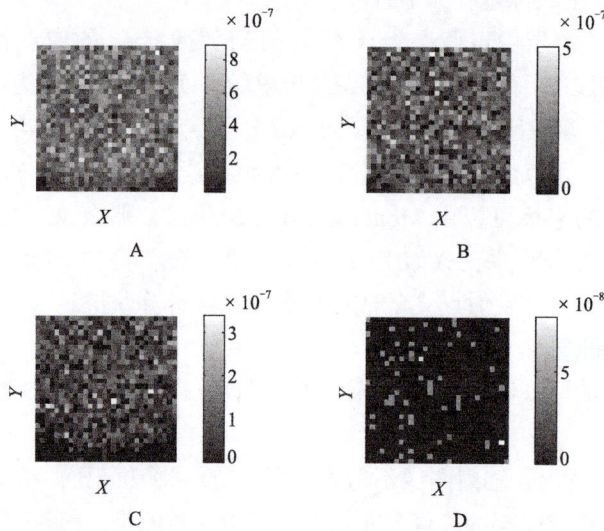

图 2-12　四个典型体元（A、B、C、D）的能量份额分布

如图 2-12 所示，随着体元和 CCD 摄像机的距离增加，能够接收到体元能量的像素数量减少。值得注意的是，体元 D 已在一号 CCD 摄像机视场角的外面，但是一号摄像机的像素仍然能够接收到由体元 D 发射的能量，这个应该是由散射作用引起的。从这个方面来看，散射对于利用 CCD 摄像机重建三维温度场是有利的。

同理计算另一个能量份额，称为平均能量份额 $\overline{\alpha_i}$：

$$\overline{\alpha_i} = \frac{\overline{E}}{E_i} \qquad （2-29）$$

式中：$\overline{E}$ 为各个像素所接收到的由体元 i 发射能量的能量平均值。

图 2-13 所示为截面 $i=4$ 上的典型体元（位置见图 2-9）。

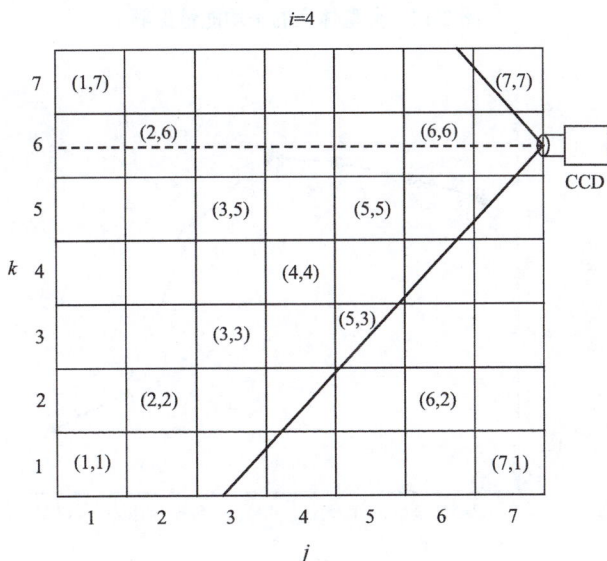

图 2-13　截面 $i=4$ 上典型体元

图 2-13 中的体元不但包括了 CCD 摄像机视场角内的体元，而且包括了 CCD 摄像机视场角外的体元。通过计算在两个对角线上典型的体元的平均能量份额，可以得到一般的变化规律，如图 2-14 和图 2-15 所示。

从图 2-14 和图 2-15 可以看出，当体元在 CCD 摄像机视场角内，平均能量份额随着体元与 CCD 摄像机距离的减少而增大，因为随着距离的增大，更多的体元发射能量被弥散介质所吸收。当体元部分或者全部在 CCD 摄像机视场角外，平均能量份额随着体元与 CCD 摄像机距离增大而减小得很快，说明了随着体元与 CCD 摄像机距离的增大，更多的体元发射能量被弥散介质所散射。

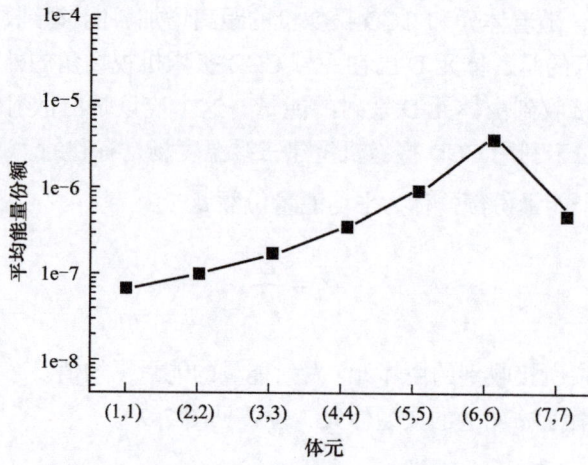

图 2-14　典型体元的平均能量份额

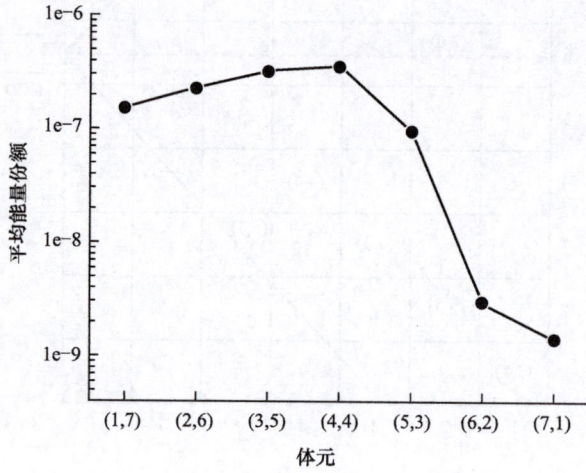

图 2-15　典型体元的平均能量份额

第 3 章

基于正向 Monte Carlo
方法的三维温度场重建反问题

3.1　可见光波段基于正向 Monte Carlo 方法的三维温度场重建模型

考虑如图 3-1 所示的系统，设置系统四周为冷、黑壁面，坐标中心在系统的几何中心。介质含有气体和浓度可变化的碳颗粒，这里采用了三种浓度分布的碳颗粒。碳颗粒设置为同一粒径，30μm。八个 CCD 摄像机安放在如图 3-1 中的位置上，系统划分为 $7 \times 7 \times 7$ 的体元。

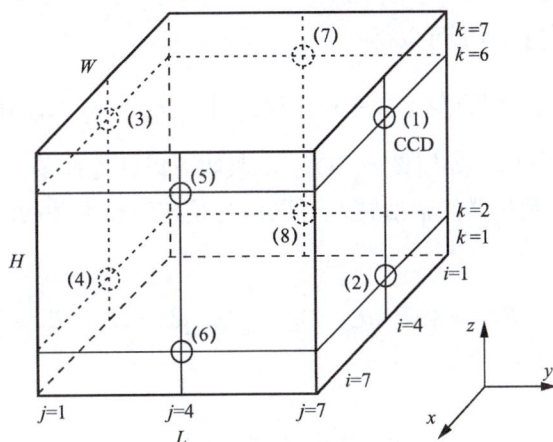

图 3-1　系统图及 CCD 摄像机布置

碳颗粒的辐射特性参数可以由 Mie 理论计算得到。散射相函数设为

$$\Phi(\psi) = 2f\delta(1 - \cos\psi) + (1 - f)(1 + 3g\cos\psi) \qquad (3\text{-}1)$$

式中：f 和 g 分别取 0.111 和 0.215。

把三维的炉膛空间划分为 N 个网格，由于壁面的温度远远低于炉膛内的温度，壁面的辐射相比炉膛内火焰的辐射是很小的，这里忽略炉膛壁面的辐射，因此有 N 个未知温度要求解。假设 CCD 摄像机靶面上划分为 M 个像素，则可以得到 M 个方程

$$
\begin{aligned}
f_1(T_1, T_2, \cdots, T_N) &= P_1 \\
f_2(T_1, T_2, \cdots, T_N) &= P_2 \\
\vdots \quad &\quad \vdots \\
f_M(T_1, T_2, \cdots, T_N) &= P_M
\end{aligned}
\qquad (3\text{-}2)
$$

式中：P_j 为 CCD 摄像机靶面上每个像素接收到的辐射能；f_j 为能束由发射到在 CCD 摄像机靶面上成像的过程。

在 CCD 摄像机响应波长范围内，煤粉火焰中第 i 个网格发射的能量 E_i 由下式计算：

$$E_i = 4\alpha_i\sigma_0\Delta V_i \cdot T_i^4$$

$$\alpha_i = \frac{\int_{\lambda_1}^{\lambda_2}\left(\alpha_{g,i}+\alpha_{p,i}\right)e_{b\lambda,i}\mathrm{d}\lambda}{\sigma_0 T_i^4} \tag{3-3}$$

式中：σ_i、σ_0 为黑体辐射常数；λ_1、λ_2 为 CCD 响应波长的上限和下限；T_i 为第 i 个网格内的温度，K；ΔV_i 为网格的体积；$\alpha_{g,i}$ 和 $\alpha_{p,i}$ 为气体和粒子群的吸收系数；$e_{b\lambda}$ 为黑体单色辐射力；$i=1,2,\cdots,N$。

煤粉火焰中第 i 个体元发出的到达 CCD 靶面上第 j 个像素的辐射能为

$$E_{i\to j} = E_i \cdot D_{i\to j} \tag{3-4}$$

式中：$D_{i\to j}$ 为煤粉火焰中第 i 个微元发出的到达 CCD 靶面上第 j 个像素的辐射能的份额。

由式（3-3）和式（3-4）可以得到

$$E_{i\to j} = E_i \cdot D_{i\to j} = 4\Delta V_i \cdot D_{i\to j} \cdot \int_{\lambda_1}^{\lambda_2}\left(\alpha_{g,i}+\alpha_{p,i}\right)e_{b\lambda,i}\mathrm{d}\lambda \tag{3-5}$$

在可见光波段，气体（如假设为 CO_2）的吸收可以认为是零，而对于较大颗粒（如假设碳颗粒）来说，颗粒群的辐射特性可以认为是与波长无关的。这样，式（3-5）可简化为

$$E_{i\to j} = 4\Delta V_i \cdot \alpha_{p,i} \cdot D_{i\to j} \cdot \int_{\lambda_1}^{\lambda_2} e_{b\lambda,i}\mathrm{d}\lambda = A_{i\to j} \cdot T_{Ei} \tag{3-6}$$

其中

$$A_{i\to j} = 4\Delta V_i \cdot \alpha_{p,i} \cdot D_{i\to j} \tag{3-7}$$

$$T_{Ei} = \int_{\lambda_1}^{\lambda_2} e_{b\lambda,i}\mathrm{d}\lambda \tag{3-8}$$

根据式（3-2）和式（3-6），可以得到下式：

$$\begin{aligned}
\sum_{i=1}^{N}\left(A_{i\to 1} \cdot T_{Ei}\right) &= P_1 \\
\sum_{i=1}^{N}\left(A_{i\to 2} \cdot T_{Ei}\right) &= P_2 \\
\vdots \qquad &\vdots \quad \vdots \\
\sum_{i=1}^{N}\left(A_{i\to M} \cdot T_{Ei}\right) &= P_M
\end{aligned} \tag{3-9}$$

把式（3-9）改写成矩阵方程的形式为

$$AT_E = E \quad A \in R^{M \times N}, T_E \in R^N, E \in R^M \tag{3-10}$$

式中：A 为系数矩阵；T_E 为待求向量值；E 为 CCD 摄像机靶面上像素能量值向量。

式（3-10）为可见光波段三维温度场重建矩阵方程，由式（3-10）可以得到 T_E，然后再求解（3-8）就可以获得整体三维温度分布。采用 LSQR 算法对式（3-10）进行求解。

3.2　典型算例及结果

误差不但可能存在于能量向量 E 中，也有可能存在于系数矩阵中，主要是由于辐射特性参数的扰动、计算不精确等因素造成。所以均值为 0、均方差为 σ_1 和 σ_2 的正态分布的随机误差分别加到能量向量 E 和系数矩阵 A 中，可得

$$E_{\text{measured},j} = (\mu + \sigma_1 \xi) E_j + E_j \tag{3-11}$$

$$A_{\text{err},n} = (\mu + \sigma_2 \xi) A_n + A_n \tag{3-12}$$

式中：$E_{\text{measured},j}$ 为加入误差后的能量向量元素；$A_{\text{err},n}$ 为加入误差之后的系数矩阵的元素；μ（均值）为 0；ξ 为标准正态分布的随机变量，在 $-2.576 < \xi < 2.576$ 中的概率为 99%；$j=1,2,\cdots,M$；$n=1,2,\cdots,M \times N$。

为了检验本方法的正确性，采用如图 3-2 的温度分布作为假定精确温度分布。横坐标表示系统体元的编号，顺序为 (i, j, k): (1,1,1), (2,1,1),$\cdots$, (7,1,1), (1,2,1), (2,2,1),$\cdots$, (7,7,1), (1,1,2),$\cdots$, (7,7,7)。取 W、L、H 均为 0.4m，CCD 摄像机的靶面划分为 30×30 的像素元素。

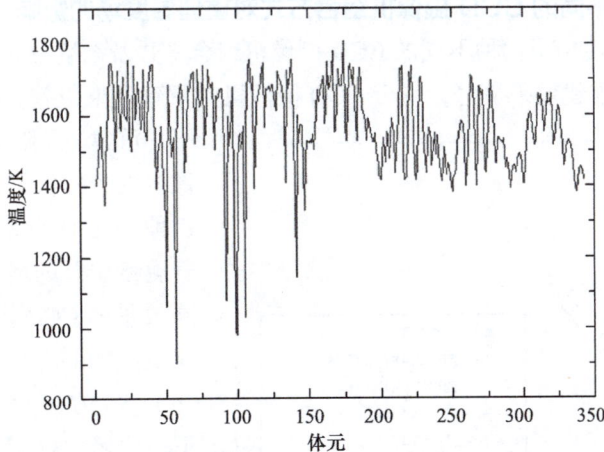

图 3-2　假定精确温度分布

以上的假定精确温度分布并不是随意假设的。第一，对一台实际的燃煤锅炉进行 CFD 数值模拟温度场可以得到；第二，在燃烧器附近的温度场作为精确温度场。采用了三种假定浓度分布，如图 3-3 所示。

温度场的重建误差和每个体元的温度相对误差分别定义为

$$E_{\text{recon}} = 100\sqrt{\frac{1}{N}\sum_{i=1}^{N}(T_i^{\text{recon}} - T_i^{\text{exact}})^2} \bigg/ \left(\frac{1}{N}\sum_{i=1}^{N}T_i^{\text{exact}}\right) \qquad (3\text{-}13)$$

$$E_{\text{rel},i} = 100\frac{\left|T_{\text{recon},i} - T_{\text{exact},i}\right|}{T_{\text{exact},i}} \qquad (3\text{-}14)$$

式中：T_i^{recon} 和 T_i^{exact} 分别代表重建温度场和精确温度场；$i = 1, 2, \cdots, N$。

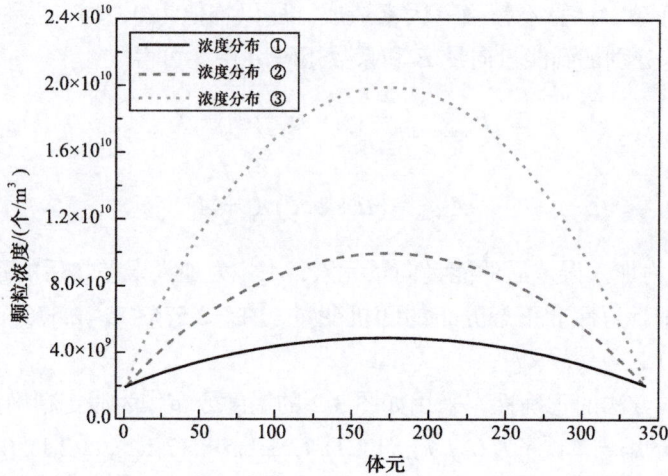

图 3-3　非均匀颗粒浓度分布

3.2.1　各种不同的 CCD 摄像机组合方式对重建温度场的影响

图 3-4 所示为使用了六种不同的 CCD 摄像机组合方式及浓度分布②，结果发现，八个 CCD 摄像机的重建效果最好，一个 CCD 摄像机的重建效果最差。在一定的测量误差下，重建误差随着所使用的 CCD 摄像机的个数的增加而减少。但对于六种 CCD 组合来说，重建误差均随着测量误差的增大而增大。对于相同数量的 CCD 摄像机，如 CCD 摄像机（1）（2）（3）（4）和（1）（3）（6）（8）在不存在测量误差的情况下，两者之间的重建误差有差别，但是在测量误差的均方差为 0.005 和 0.01 时，两者的重建误差没有明显的差异。但使用更多的 CCD 摄像机的，可以期望得到更好的结果。

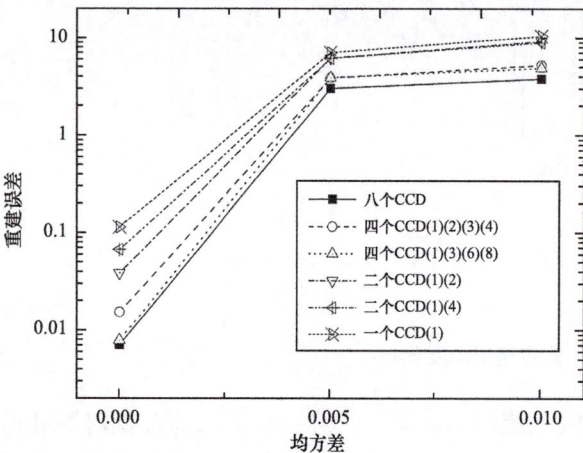

图 3-4　不同 CCD 摄像机组合下的重建误差

3.2.2　八个 CCD 摄像机的重建结果

下面仔细讨论使用八个 CCD 摄像机重建的结果，使用浓度分布②。LSQR 算法是一种迭代算法，每一次迭代下的重建误差计算得到之后可以确定最优的迭代次数，结果如图 3-5 所示。可以看到，每条曲线都有一个最低点，这个最低点所对应的迭代次数就是所需要的最优迭代次数。

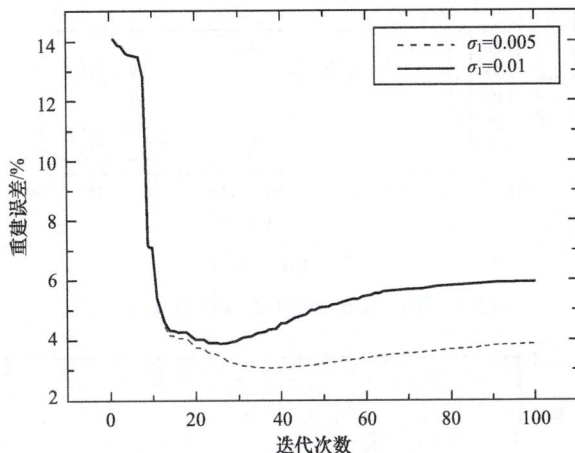

图 3-5　最优迭代次数的确定

重建的温度场如图 3-6 所示，在不存在测量误差时，重建温度场与精确温度场吻合得非常好，当测量误差的均方差为 0.01 时，只可以看出有一些不同之处。每个体元的相对误差计算结果如图 3-7 所示。一些体元的温度重建得不是很好，原因主要是这些点位于系统的低温区，这些点发射的辐射能相比高温区的点所发射的辐射能要小得多，在重建过程中，测量误差对这些点的影响较大，因此低温区的温度重建较容易受到测量误差的影响。但总体来说，即便是有测量误差的情况下重建结果还是能够较好地表现出原有的精确温度场的特征。

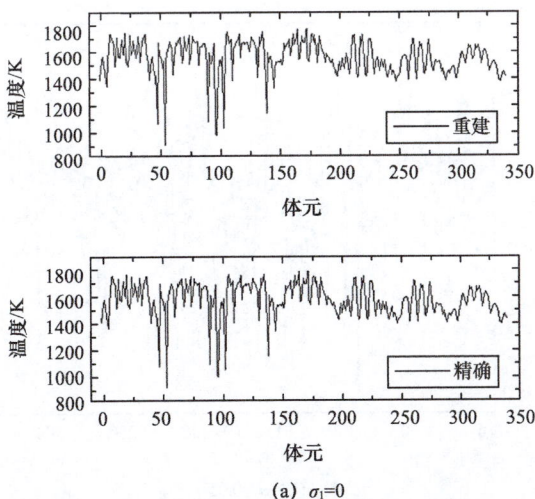

(a)　$\sigma_1 = 0$

图 3-6　不同测量误差下的重建温度场（一）

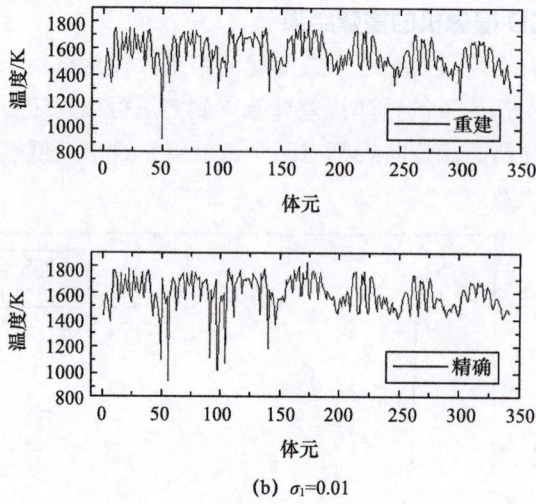

(b) $\sigma_1=0.01$

图 3-6　不同测量误差下的重建温度场（二）

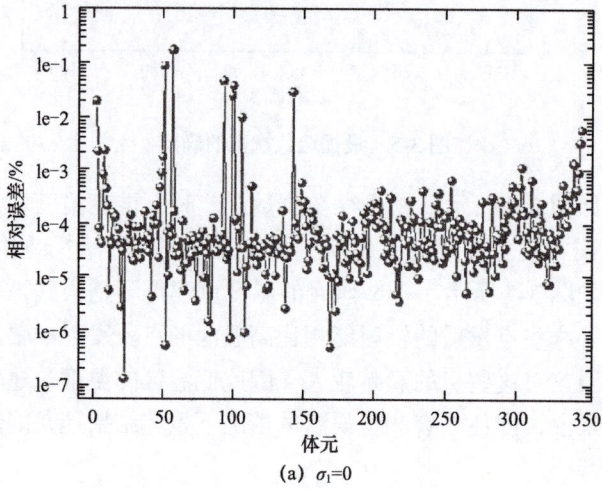

(a) $\sigma_1=0$

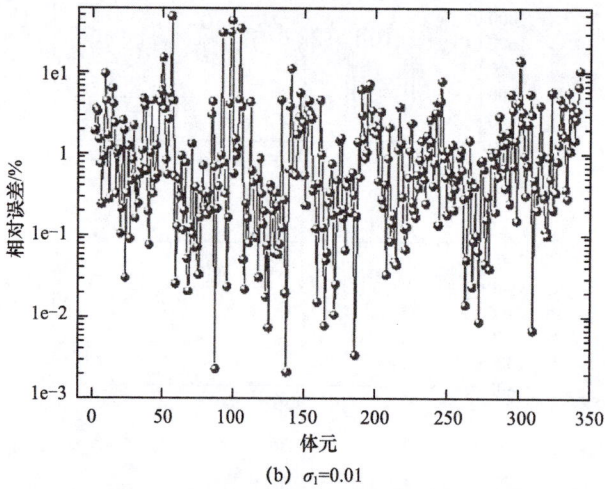

(b) $\sigma_1=0.01$

图 3-7　不同测量误差下的重建相对误差

3.2.3　系数矩阵误差对重建温度场的影响

这里假设仅存在系数矩阵波动误差，不存在测量误差，使用浓度分布②和八个 CCD 摄像机。不同均方差下的重建误差如图 3-8 所示，为了对比，一些 3.2.1 部分中的结果也表示在图中。可以看出，随着均方差的增加，仅存在测量误差时的重建误差比仅存在系数矩阵误差时的重建误差增加得更快而且更大，这表明系数矩阵误差相对于测量误差来说对温度场重建的影响要小一些。而且也说明，为了得到更好的重建结果，测量误差必须限制在一定的范围内。

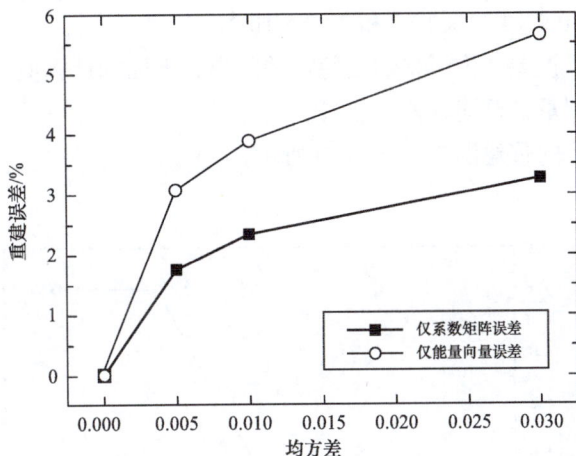

图 3-8　不同误差种类下的重建误差

3.2.4　测量误差和系数矩阵误差同时存在对重建温度场的影响

使用浓度分布②，这里考察了测量误差和系数矩阵误差同时存在对温度场重建的影响，结果如图 3-9 所示。可以看到，在两种不同的测量误差下，重建误差随着系数矩阵误差增加而增大，但是 $\sigma_1=0.005$ 和 $\sigma_1=0.01$ 下的重建误差变得越来越小，这说明对于较大的系数矩阵误差，测量误差对于重建的影响变得相对较小。这对于较大的测量误差来说同样成立，表明 LSQR 算法对较大误差具有较好的抑制作用，重建误差不会随着测量误差和系数矩阵误差增加而增大得很快。

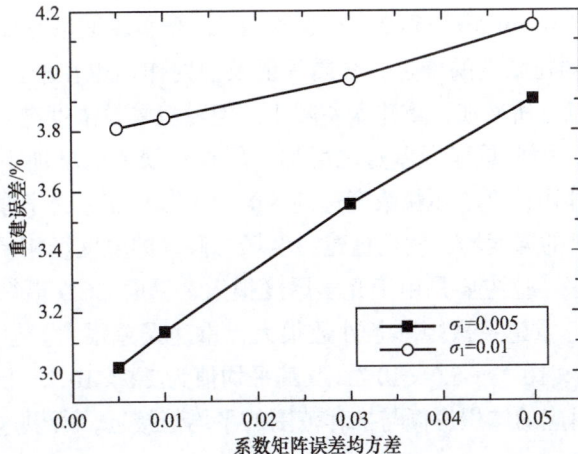

图 3-9　测量误差和系数矩阵误差同时存在对重建温度场的影响

3.2.5　颗粒浓度对于重建温度场的影响

这里使用了 CCD 摄像机（1）（3）（6）（8），仅存在测量误差。

1. 均匀颗粒浓度下重建结果及讨论

采用了五种均匀颗粒浓度分布，分别为 2.0×10^8、2.0×10^9、5.0×10^9、1.0×10^{10} 个 /m^3 和 2.0×10^{10} 个 /m^3。经过计算当颗粒浓度为 2.0×10^{10} 个 /m^3 时，颗粒群散射可以认为是独立散射。如果以模拟系统边长为特征尺寸计算光学厚度，分别对于不同的颗粒浓度为 0.116、1.160、2.924、5.848 和 11.696，相对应的体积份额为 2.83×10^{-6}、2.83×10^{-5}、7.07×10^{-5}、1.41×10^{-4} 和 2.82×10^{-4}。

由于采用了随机误差，为了得到更稳定的结果，下面的计算值均是 100 次重建结果的平均值。计算取测量误差均方差为 0.01。

均匀颗粒浓度下的重建误差如图 3-10 所示。

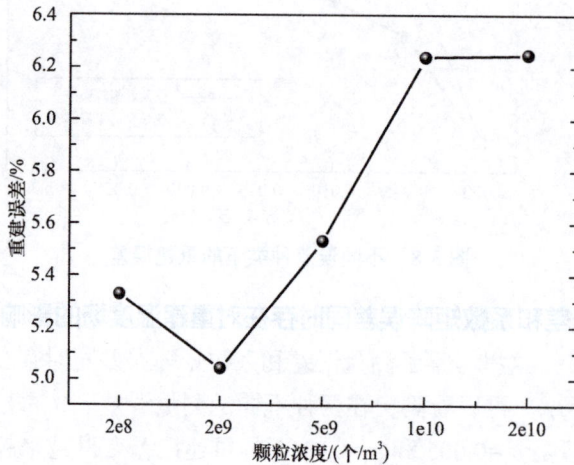

图 3-10　不同均匀颗粒浓度下的重建误差

从图 3-10 中可以看出，随着颗粒浓度的增加，重建误差先减小后增大。可能原因考虑为，从 2.0×10^8 个 /m^3 增加到 2.0×10^9 个 /m^3，光学厚度虽然增加，介质的消光作用增强，但是随着颗粒浓度的增加，介质辐射及散射作用也在增强，CCD 摄像机可接收到的三维辐射信息有所增加，重建误差减小。但随着颗粒浓度进一步增加，介质的消光作用进一步增强，因此重建误差随之增加，但重建误差的增加不大，能够维持在一个较低的水平。另外还计算了颗粒浓度达到 5.0×10^{10} 个 /m^3、光学厚度为 29.256、体积份额为 7.05×10^{-4} 时的温度场，发现重建温度场与假设的温度场相差较大，仅仅少数高温区域可以重建出来，这主要是由于光学厚度很大，壁面 CCD 摄像机能够接收到的三维辐射信息非常少，重建系数矩阵条件数很大，重建误差很大。但炉内碳粒的体积份额的推荐范围为 2.0×10^{-5} ～ 5.0×10^{-4}，取其平均值为 2.6×10^{-4}，上述假设的颗粒浓度 2.0×10^{10} 个 /m^3 所对应的体积份额与推荐范围的平均值接近，所以这里重点关注此时的重建效果。颗粒浓度为 2.0×10^{10} 个 $/m^3$ 时的三维重建温度场如图 3-11 所示，重建效果较好。

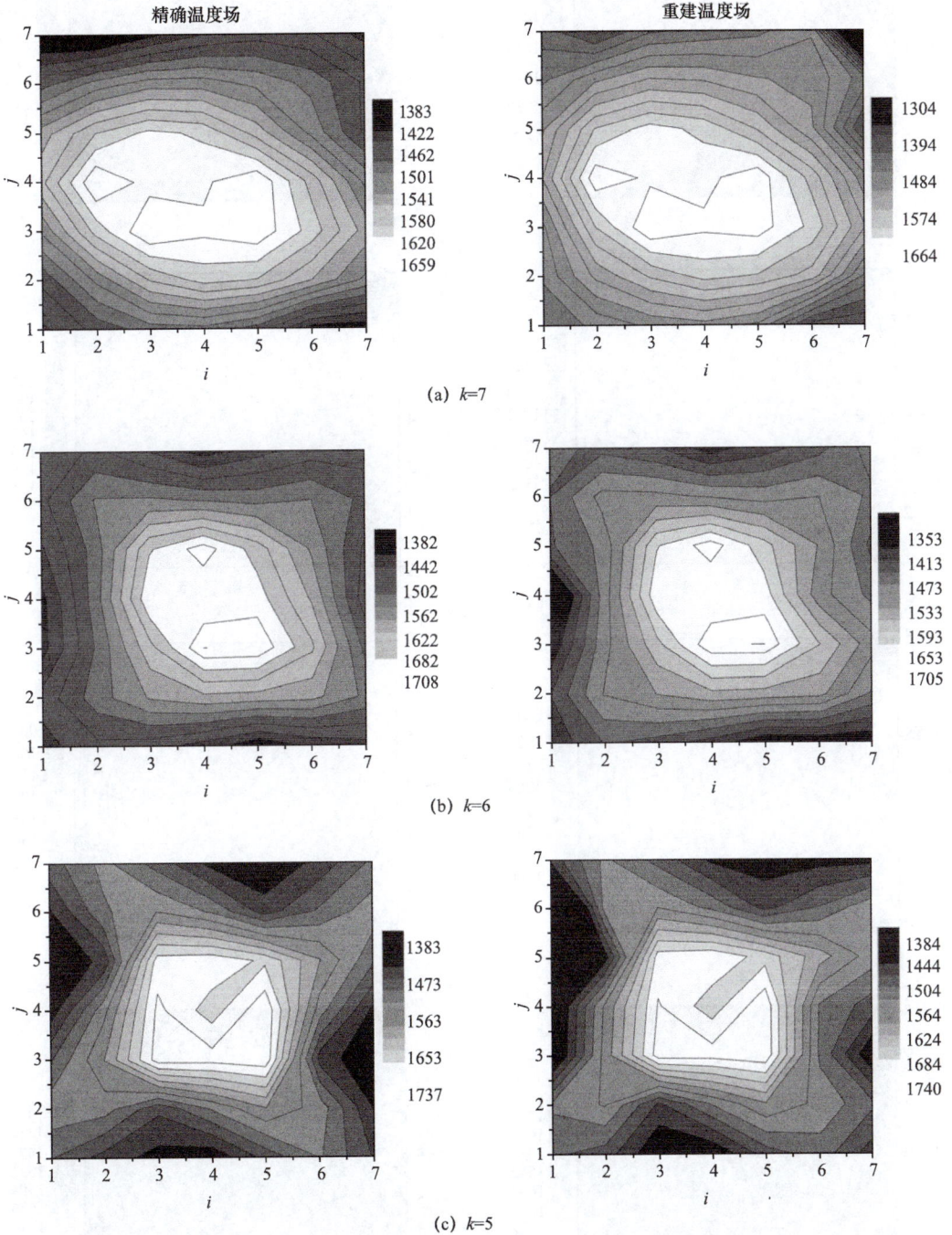

图 3-11　颗粒浓度为 2.0×10^{10} 个/m^3 时重建温度场效果（温度单位：K）（一）

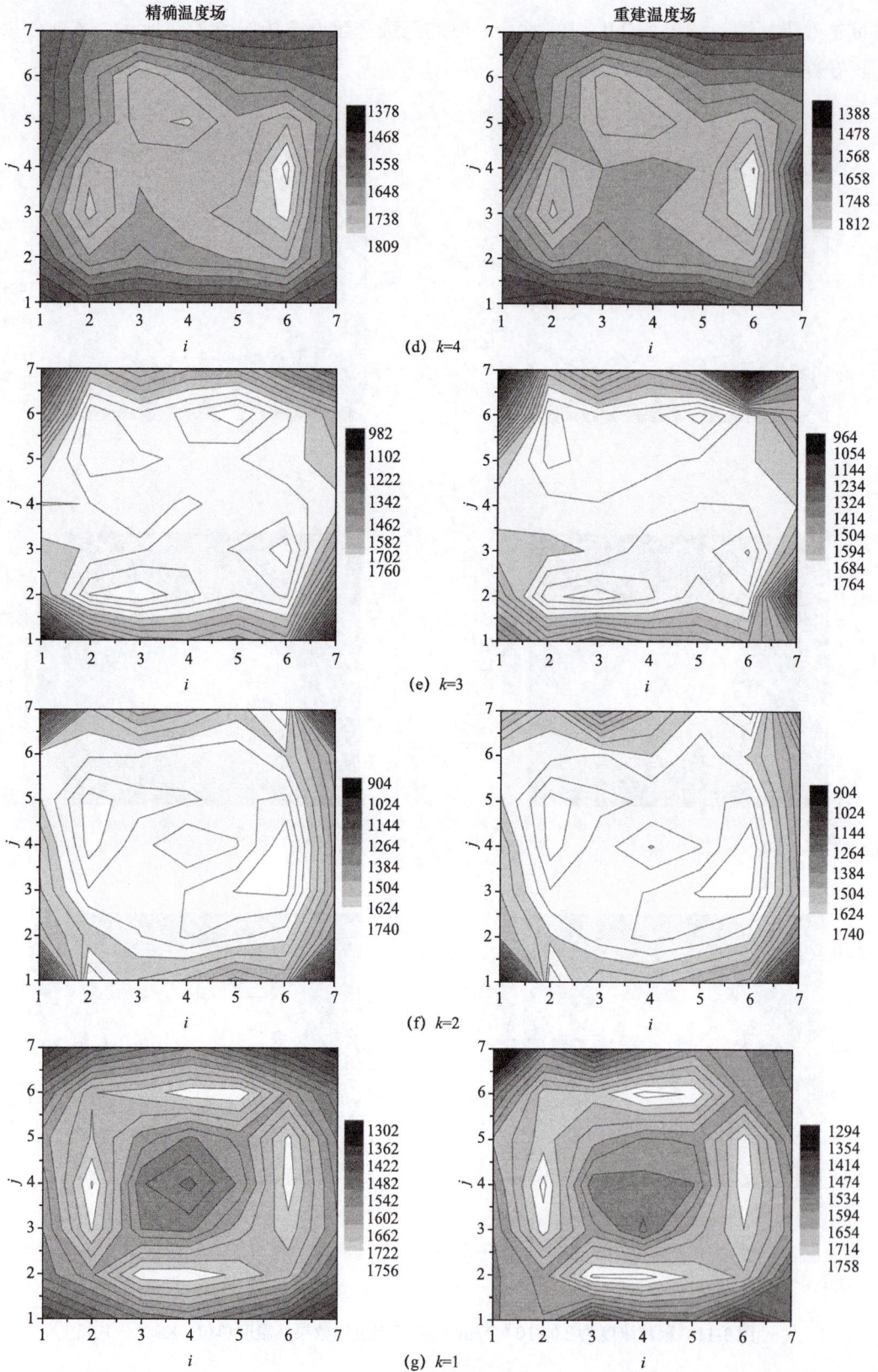

图 3-11　颗粒浓度为 2.0×10^{10} 个/m^3 时重建温度场效果（温度单位：K）（二）

2．非均匀颗粒浓度下重建结果及讨论

非均匀颗粒浓度分布如图 3-3 所示，重建计算中取测量误差的均方差为 0.01。

从表 3-1 可以看出，随着颗粒浓度峰值的增大，重建误差呈现了先减小后增大的趋势，与均匀颗粒浓度下所得到的结果相类似。

由均匀与非均匀颗粒浓度下重建结果可以看出，在所假设的中间颗粒浓度附近下重建温度场，误差较小，重建效果较好。

表 3-1　　　　　　　　　　　　　　非均匀颗粒浓度重建误差

颗粒浓度分布	①	②	③
重建误差 /%	5.9980	4.9089	6.2733

第 4 章

基于逆向 Monte Carlo 方法的三维温度场重建反问题

4.1 基于逆向 Monte Carlo 方法的三维温度场快速重建模型及数值模拟

现有的利用 CCD 摄像机进行三维温度场重建的研究均建立在正向 Monte Carlo 方法上或者在不考虑散射的基础上，利用射线法或者层析成像的方法。而电站锅炉炉内介质一般为吸收、发射和散射性介质，不考虑介质的散射则会带来误差。对于利用 CCD 摄像机进行炉内温度场重建，需要计算从大空间（炉内空间）到小接收器（CCD 摄像机）的辐射传递，正向 Monte Carlo 方法需要追踪大量无法达到 CCD 摄像机的射线，因此对于此类的辐射传递计算效率比较低，一般不能满足实时在线建立重建矩阵的要求。而逆向 Monte Carlo 方法所追踪的射线每条都对于 CCD 摄像机成像有贡献，因此这里基于逆向 Monte Carlo 方法建立了适合于吸收、发射和散射性介质，同时又适合于快速计算从大空间到小接收器的辐射传递的三维温度场重建模型。

4.1.1 基于逆向 Monte Carlo 方法的三维温度场重建模型

对逆向 Monte Carlo 方法进行简要的介绍[134]。如图 4-1 所示，对于一个特定的介质系统，设 $I_{\lambda 1}$ 和 $I_{\lambda 2}$ 是辐射传递方程的两个不同的解，则有

$$
\begin{aligned}
\hat{s} \cdot \nabla I_{\lambda j}(\boldsymbol{r}, \hat{s}) = & S_{\lambda j}(\boldsymbol{r}, \hat{s}) - \beta_\lambda(\boldsymbol{r}) I_{\lambda j}(\boldsymbol{r}, \hat{s}) \\
& + \frac{\sigma_{s\lambda}(\boldsymbol{r})}{4\pi} \int_{4\pi} I_{\lambda j}(\boldsymbol{r}, \hat{s}') \Phi_\lambda(\boldsymbol{r}, \hat{s}', \hat{s}) \mathrm{d}\Omega, \quad j = 1, 2
\end{aligned}
\tag{4-1}
$$

边界条件

$$
\begin{aligned}
I_{\lambda j}(\boldsymbol{r}_{\mathrm{w}}, \hat{s}) &= I_{\mathrm{w}\lambda j}(\boldsymbol{r}_{\mathrm{w}}, \hat{s}), \quad j = 1, 2 \\
\beta_\lambda &= \kappa_\lambda + \sigma_{s\lambda}
\end{aligned}
\tag{4-2}
$$

式中：$\boldsymbol{r}$ 为位置向量；$\hat{s}$ 为单位方向向量；$S_{\lambda j}$ 为当地辐射源项；β_λ 为消光系数；$\sigma_{s\lambda}$ 为散射系数；κ_λ 为吸收系数；Φ_λ 为散射相函数；Ω 为立体角。

根据互易原理[134-136]，两个解 $I_{\lambda 1}$ 和 $I_{\lambda 2}$ 可以通过下式相联系：

$$
\begin{aligned}
& \int_A \int_{\hat{n} \cdot \hat{s} > 0} \left[I_{\mathrm{w}\lambda 2}(\boldsymbol{r}_{\mathrm{w}}, \hat{s}) I_{\lambda 1}(\boldsymbol{r}_{\mathrm{w}}, -\hat{s}) - I_{\mathrm{w}\lambda 1}(\boldsymbol{r}_{\mathrm{w}}, \hat{s}) I_{\lambda 2}(\boldsymbol{r}_{\mathrm{w}}, -\hat{s}) \right] (\hat{n} \cdot \hat{s}) \mathrm{d}\Omega \mathrm{d}A \\
& = \int_V \int_{4\pi} \left[I_{\lambda 2}(\boldsymbol{r}, -\hat{s}) S_{\lambda 1}(\boldsymbol{r}, \hat{s}) - I_{\lambda 1}(\boldsymbol{r}, \hat{s}) S_{\lambda 2}(\boldsymbol{r}, -\hat{s}) \right] \mathrm{d}\Omega \mathrm{d}V
\end{aligned}
\tag{4-3}
$$

式中：A 和 V 分别为在系统表面上和体上进行积分；$\hat{n} \cdot \hat{s} > 0$ 为在表面上点指向介质内部的半球进行积分；$\hat{n}$ 为表面单位法向向量。

如果要求位置为 r_i（传感器所在位置）方向为 $-\hat{s}_i$（由系统介质指出向壁面）的辐射强度 $I_{\lambda 1}$，可以选择一个位置为 r_i 但方向为 $+\hat{s}_i$ 的单位强度平行点源问题的解 $I_{\lambda 2}$。这样从相对简单问题的解 $I_{\lambda 2}$ 来求得所要的解 $I_{\lambda 1}$。

相对简单问题的解 $I_{\lambda 2}$ 可以在数学上表达为

$$I_{w \lambda 2}(r_w, \hat{s}) = 0 \tag{4-4}$$

$$S_{\lambda 2}(r, \hat{s}) = \delta(r - r_i)\delta(s - \hat{s}_i) \tag{4-5}$$

式中：δ 为对体积和立体角的 Dirac-delta 函数。δ 定义为

$$\delta(r - r_i) = \begin{cases} 0, & r \neq r_i \\ \infty, & r = r_i \end{cases} \tag{4-6}$$

$$\int_V \delta(r - r_i)\mathrm{d}V = 1 \tag{4-7}$$

对于立体角可以有类似的定义。

使用标准的 Monte Carlo 射线追踪，位置 r_i（CCD 摄像机的位置）方向为 $-\hat{s}_i$（由系统介质指向表面）的辐射强度 I_λ 可以由下面的方程得到：

$$I_\lambda(r_i, -\hat{s}_i) = \begin{cases} \int_0^{l_\kappa} \kappa_\lambda(r')I_{b\lambda}(r')\mathrm{d}l', & l_\kappa < l \\ \varepsilon_\lambda(r_w)I_{b\lambda}(r_w) + \int_0^l \kappa_\lambda(r')I_{b\lambda}(r')\mathrm{d}l', & l_\kappa \geqslant l \end{cases} \tag{4-8}$$

式中：ε_λ 为局部的发射率；$I_{b\lambda}$ 为系统内部的黑体辐射强度，如果发射的射线在系统的边界上被吸收，那么总的路径长度定义为 l，否则如果发射的射线在介质内部被吸收，那么总的路径长度定义为 l_κ。

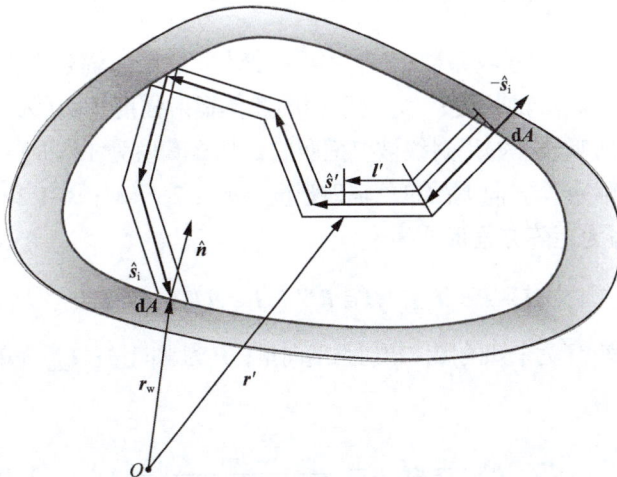

图 4-1　逆向 Monte Carlo 法中典型的射线路径

现在考虑如图 4-2 所示的大型重建模拟系统。八个 CCD 摄像机分别安装在系统的四个壁面上，CCD 摄像机的标号从 CCD（1）到 CCD（8）。系统内充满吸收、发射和散射性介质，系统划分为 $N=NX \times NY \times NZ$ 个体元，壁面温度和发射率设为已知。

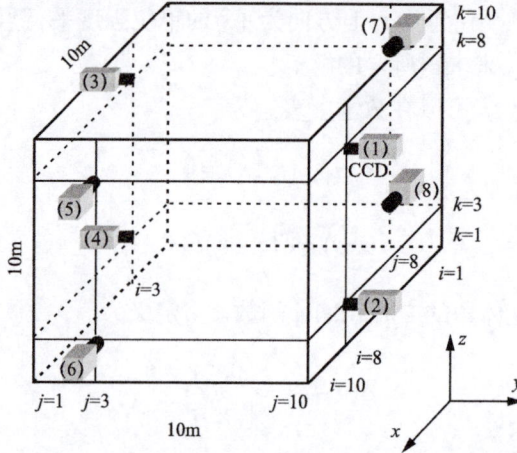

图 4-2 重建系统示意图

在 CCD 摄像机的位置，射线发射的方向设为 M，每个方向发射的射线数量为 S。根据式（4-8）可以得到下面的方程组：

$$\begin{cases} \dfrac{1}{S}\sum_{s=1}^{S}\left[\sum_{n=1}^{N}(\kappa_{\lambda n}I_{b\lambda n}l_{1sn})+w_{1s}\varepsilon_{w\lambda}I_{wb\lambda}\right]=I_{\lambda 1} \\ \qquad\vdots\qquad\qquad\vdots\qquad\qquad\vdots \\ \dfrac{1}{S}\sum_{s=1}^{S}\left[\sum_{n=1}^{N}(\kappa_{\lambda n}I_{b\lambda n}l_{msn})+w_{ms}\varepsilon_{w\lambda}I_{wb\lambda}\right]=I_{\lambda m} \\ \qquad\vdots\qquad\qquad\vdots\qquad\qquad\vdots \\ \dfrac{1}{S}\sum_{s=1}^{S}\left[\sum_{n=1}^{N}(\kappa_{\lambda n}I_{b\lambda n}l_{Msn})+w_{Ms}\varepsilon_{w\lambda}I_{wb\lambda}\right]=I_{\lambda M} \end{cases} \qquad (4\text{-}9)$$

式中：$\kappa_{\lambda n}$ 为第 n 个体元的吸收系数；$I_{b\lambda n}$ 为第 n 个体元的黑体辐射强度；l_{msn} 为第 n 个体元中方向 m 上第 s 条射线的长度；$I_{wb\lambda}$ 为壁面的黑体辐射强度；w_{ms} 为 m 方向上第 s 条射线是否被系统壁面所吸收（如果射线被壁面吸收，那么其值为 1；否则为 0）；$I_{\lambda m}$ 为 CCD 摄像机所接收到的第 m 个方向上的单色辐射强度：$m=1,2,\cdots,M$；$s=1,2,\cdots,S$；$n=1,2,\cdots,N$。

式（4-9）改写为矩阵方程形式为

$$\boldsymbol{AI}+\boldsymbol{P}=\boldsymbol{I}_{ccd} \quad \boldsymbol{A}\in\boldsymbol{R}^{M\times N},\boldsymbol{I}\in\boldsymbol{R}^{N},\boldsymbol{I}_{ccd}\in\boldsymbol{R}^{M} \qquad (4\text{-}10)$$

式中：$\boldsymbol{A}$ 为系数矩阵；$\boldsymbol{I}$ 为未知的黑体辐射强度向量；$\boldsymbol{P}$ 为常向量；$\boldsymbol{I}_{ccd}$ 为单色辐射强度向量。

根据维恩定律有

$$E_{b\lambda n}=\pi I_{b\lambda n}=\frac{c_1}{\lambda^5\exp\left[c_2/(\lambda T_n)\right]} \qquad (4\text{-}11)$$

式中：λ 为波长；T_n 为第 n 个体元的温度；c_1 和 c_2 为第一和第二辐射常数。

对于正问题来说，系统的温度分布是已知的，而 CCD 摄像机所接收到的辐射强度是未知的。CCD 摄像机所接收到的辐射强度可以利用逆向 Monte Carlo 方法计算得到。

然而，对于反问题来说，系统的温度分布是未知的，而 CCD 摄像机接收到的辐射强度是已知的。从测量的辐射强度反求系统的温度分布是典型的病态反问题，一般的求解方法得不到合理的结果。为了得到合理满意的解，采用 LSQR 方法来求解方程（4-10）。

具体的反问题求解步骤如下：

（1）使用逆向 Monte Carlo 方法求解各个方向上的各条射线在各个体元内的射线长度 l_{msn}。

（2）根据式（4-9）计算系数矩阵 A。

（3）基于 CCD 摄像机所接收到的辐射强度 I_{ccd} 及系数矩阵 A，使用 LSQR 方法对式（4-10）进行求解 I。

（4）根据求得的黑体辐射强度 I，求解式（4-11）可以得到系统的温度分布。

4.1.2　数值模拟算例及结果讨论

系统的尺寸设为 $10\text{m} \times 10\text{m} \times 10\text{m}$，划分为 $10 \times 10 \times 10$ 的网格。CCD 摄像机的视场角设为 $120°$，四周的壁面设为黑冷壁面，使用的波长为 560nm。每个 CCD 摄像机的摄像接收方向设为 1200，每个方向上的射线设为 2000。

为了检验发展的模型方法的正确性和计算效率，假设了如图 4-3 所示的温度分布。横坐标的序列 $1,2,\cdots,1000$ 是按照如下的顺序 (i, j, k): $(1,1,1)$，$(2,1,1)$，$\cdots$，$(10,1,1)$，$(1,2,1)$，$(2,2,1)$，$\cdots$，$(10,10,1)$，$(1,1,2)$，$\cdots$，$(10,10,10)$。

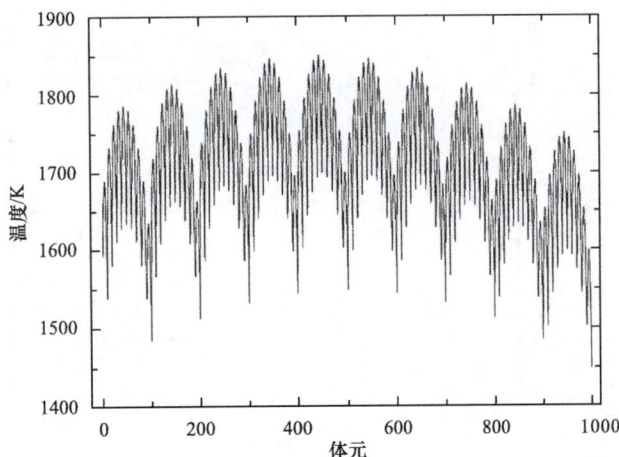

图 4-3　假设精确温度场

在反问题求解中，在利用逆向 Monte Carlo 方法由假设的精确温度场计算得到的精确辐射强度上加上均值为 0、均方差为 σ 的正态分布的随机误差，来模拟测量得到的辐射强度，则有

$$I_{\text{measured},j} = (\mu + \sigma\xi)I_j + I_j \tag{4-12}$$

式中：$I_{\text{measured},j}$ 为模拟测量的辐射强度向量的元素；I_j 为精确辐射强度向量的元素；平均值 μ 为 0；ζ 为标准正态分布的随机变量，$-2.576 < \zeta < 2.576$，$j=1,2,\cdots,M$。

温度场的重建误差和相对误差分别定义为

$$E_{\text{recon}} = 100\sqrt{\frac{1}{N}\sum_{i=1}^{N}(T_i^{\text{recon}} - T_i^{\text{exact}})^2 \Big/ \max\left(\boldsymbol{T}^{\text{exact}}\right)} \qquad (4\text{-}13)$$

$$E_{\text{rel},i} = 100\frac{\left|T_i^{\text{recon}} - T_i^{\text{exact}}\right|}{T_i^{\text{exact}}} \qquad (4\text{-}14)$$

式中：T_i^{recon} 和 T_i^{exact} 分别为重建和精确温度，$i=1,2,\cdots,N$。

1. 不同 CCD 摄像机组合对于重建的影响

基于系统边长的光学厚度和散射 albedo 数分别设为 5.0 和 0.5。由于使用了随机误差，所有重建结果是 10 次重建的平均值。图 4-4 给出了 5 种不同 CCD 摄像机组合的重建结果。

可以看出，对于每个组合来说，重建误差均随着测量误差的增加和增大。对于不同的测量误差，八个 CCD 摄像机的重建误差最小，而两个 CCD 摄像机的重建误差最大。在某一固定的测量误差下，重建误差随着 CCD 摄像机数量的增加而减小。对于相同数量的 CCD 摄像机，在均方差为 0.005 和 0.01 的情况下，重建误差之间差别不大。使用更多数量的 CCD 摄像机可以得到更多系统的辐射信息，从而得到更好的结果。

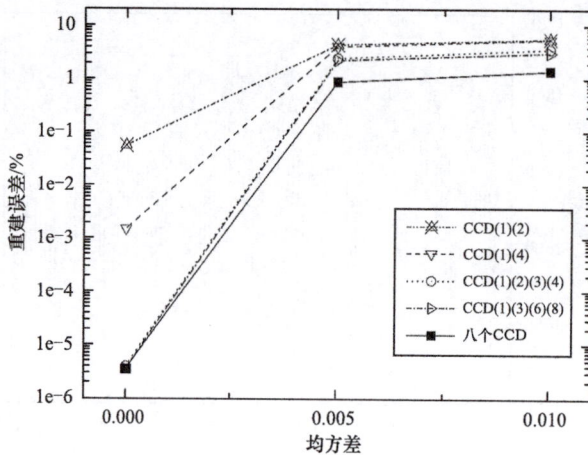

图 4-4　不同测量误差下不同 CCD 摄像机组合下的重建结果

2. 八个 CCD 摄像机重建结果

基于系统边长的光学厚度和散射 albedo 数分别设为 5.0 和 0.5。在没有测量误差的情况下，重建误差为 $3.48 \times 10^{-6}\%$；在测量误差的均方差为 0.01 时，重建误差为 1.43%。均方差为 0.01 时，每个体元温度的相对误差在图 4-5 中给出，平均相对误差大约为

0.74%。对于系统的 k=2,4,6 和 8 层，重建温度分布与精确温度分布进行了对比，如图 4-6 所示。可以看出，即使在有测量误差的情况下，这里发展的模型方法仍旧能够重建出合理的温度分布。

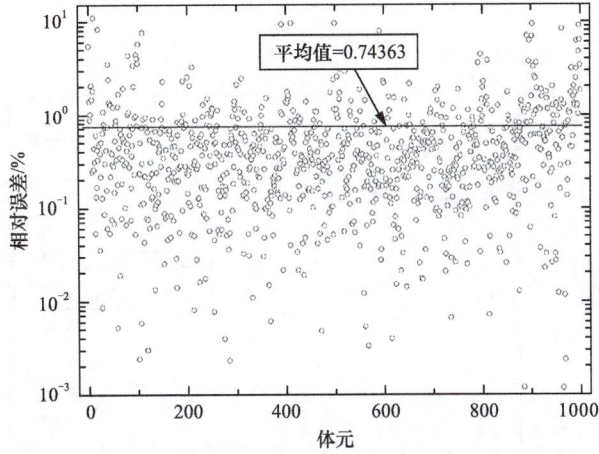

图 4-5　体元的相对重建误差

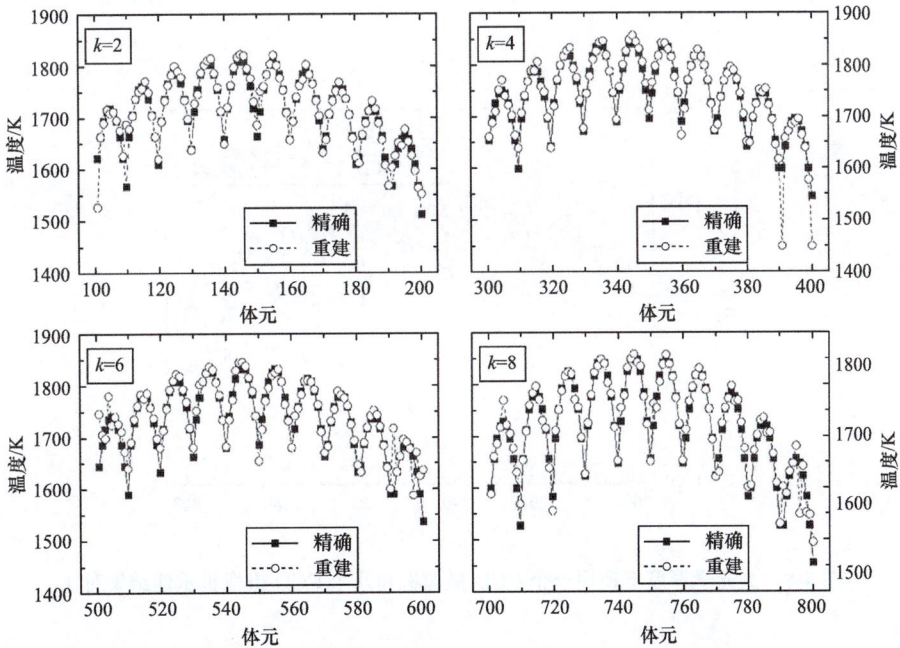

图 4-6　测量误差的均方差为 0.01 时，4 层重建温度与假设温度的对比

3. 光学厚度对于重建的影响

散射 albedo 假设为 0.5，光学厚度从 0.5 变化到 20，假设不存在测量误差。使用

CCD（1）和使用八个 CCD 摄像机进行重建的对比结果如图 4-7 所示，可以看出，只使用一个 CCD 摄像机的重建误差比使用八个 CCD 摄像机重建的误差大得多。图 4-8 给出了更为细致的比较，可以看出，即使光学厚度达到 20，使用八个 CCD 摄像机重建的结果仍比较好；而对于光学厚度 14，使用一个 CCD 摄像机重建的结果已经不够合理。

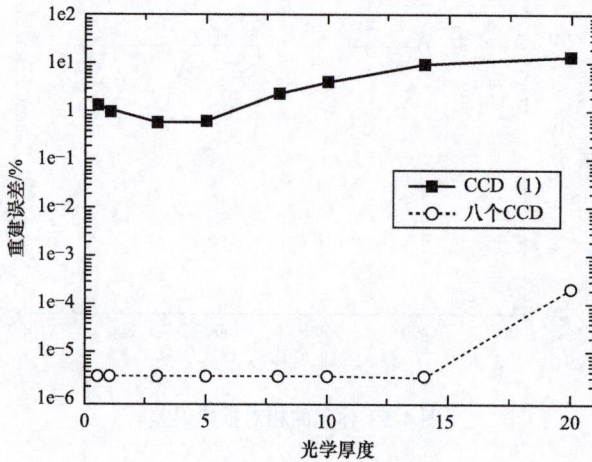

图 4-7　光学厚度对于重建的影响

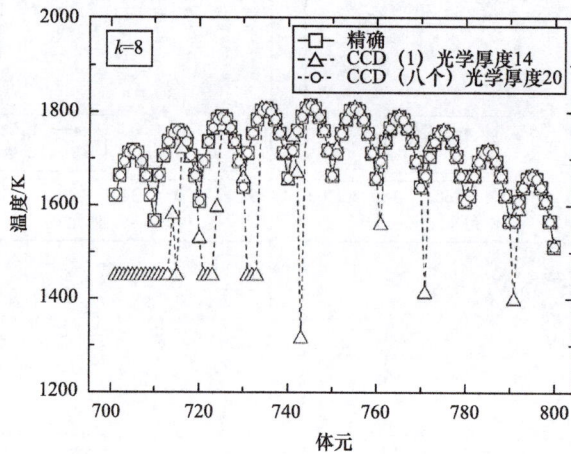

图 4-8　大光学厚度下使用一个 CCD 摄像机和八个 CCD 摄像机重建结果对比

4. 离散方向数对于重建的影响

以上重建中，离散方向数量假设为 1200。现在来检验不同离散方向数量对于重建的影响。基于系统边长的光学厚度和散射 albedo 数分别设为 5.0 和 0.5，使用 CCD 摄像机为（1）（3）（6）（8）。对于单个 CCD 摄像机，离散方向数设为 300、500、800、

1000、1200、1440 和 1800。每个方向上的射线数量为 2000。如图 4-9 所示，离散方向数从 300 增加到 800，重建误差在某一固定的测量下减少很多。而离散方向数从 1000 增加到 1800，重建误差减小不是很多，但是计算时间增加较多。可以认为离散方向数取 1200 是个比较优的点，平衡了重建误差和计算时间，这就是以上计算使用 1200 作为离散方向数的原因。

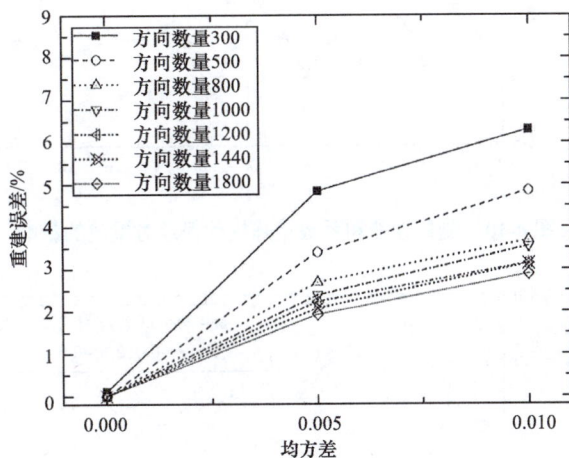

图 4-9　离散方向数量对于重建的影响

5. 系数矩阵扰动对于重建的影响

式（4-10）中，误差不仅可能存在于辐射强度向量 I_{ccd} 中，还可能存在于系数矩阵 A 中。由于测量的不精确、辐射参数的扰动、一些计算的不精确等原因，在实际应用中，测量误差和系数矩阵扰动误差可能是同时存在的。

基于系统边长的光学厚度和散射 albedo 数分别设为 5.0 和 0.5，使用 CCD 摄像机为 （1）（3）（6）（8）。扰动后的系数矩阵可以由精确的系数矩阵加上均值为 0、均方差为 η 的正态分布的随机误差而得到：

$$A_{err,k} = (\mu + \eta\xi)A_k + A_k \tag{4-15}$$

式中：$A_{err,k}$ 为存在扰动误差的系数矩阵的元素；A_k 为精确的系数矩阵的元素；均值 μ 为 0；ξ 为标准正态分布的随机变量，在 $-2.576 < \xi < 2.576$ 的概率为 99%，$k=1,2,\cdots,$ $M \times N$。

同时存在测量误差和系数矩阵扰动误差的重建结果如图 4-10 所示，为了进行对比，单独测量误差对于重建的影响结果在图 4-11 中给出。对比图 4-10 和图 4-11 可以看出，系数矩阵扰动误差对于重建的影响不是很明显，温度场重建误差主要是辐射强度测量误差所引起的。

而且可以进一步得出，如果想改进温度场重建的结果，辐射强度的测量误差必须限制在一定的范围内。

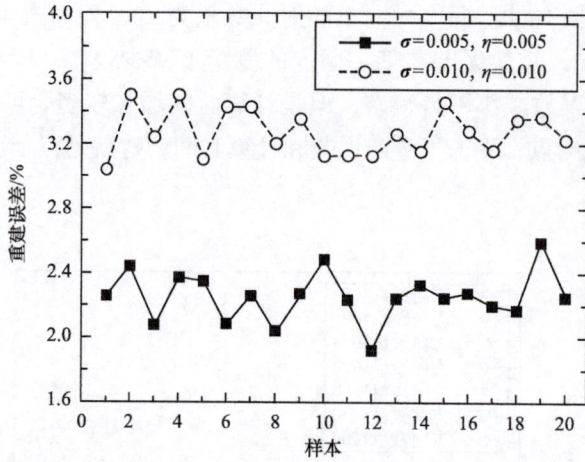

图 4-10　测量误差和系数矩阵扰动误差对重建的影响

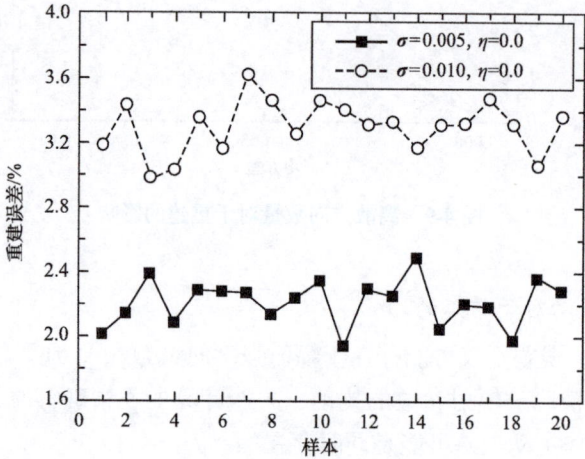

图 4-11　单独测量误差对于重建的影响

4.2　逆向与正向 Monte Carlo 方法辐射传热计算对比

如图 4-12 所示，利用此系统进行了正向 Monte Carlo 方法与逆向 Monte Carlo 方法的模拟计算对比，计算 CCD（1）所接收到的单色辐射热流。这里为了减少计算时间，设 CCD 摄像机的传感器接收面积为 10cm×10cm，基于系统边长的光学厚度和散射 albedo 数分别设为 5.0 和 0.5。

结果如图 4-12 所示，可以看出，由正向 Monte Carlo 方法计算得到的单色辐射热流在射线数达到 1.0×10^5 之前波动很大，而由逆向 Monte Carlo 方法计算的结果在射线数达到 1.0×10^4 之后波动很小。

在达到相同的热流密度时，逆向 Monte Carlo 法发射的总射线数仅为 1.0×10^4，而正向 Monte Carlo 法发射的总射线数为 1.0×10^9，计算时间为 7439s，而逆向 Monte Carlo 法的计算时间小于 1s，因此，逆向 Monte Carlo 法的效率是非常高的。对于这个算例而言，逆向 Monte Carlo 方法计算时间至少是正向 Monte Carlo 方法计算时间的

7439 倍。而实际 CCD 摄像机的接收面积将更小，逆向 Monte Carlo 方法在解决此问题上的优越性也将更大。

在逆向 Monte Carlo 方法中，每一条发射的射线对结果均有贡献，因此射线效率为100%；而在正向 Monte Carlo 方法中，大多数发射的射线无法到达接收区域，这些无法到达接收区域的射线对结果是没有贡献的，因此射线效率非常低。

从这个对比算例可以看出，如果需要进行从大空间到小接收体的辐射传热的计算，逆向 Monte Carlo 方法的效率要比正向 Monte Carlo 方法高很多。

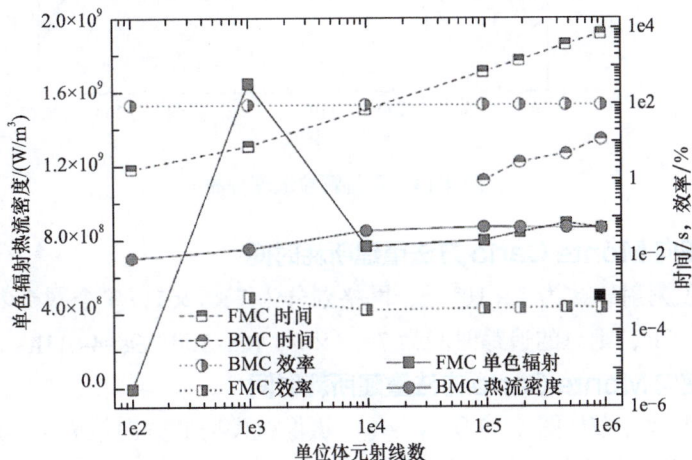

图 4-12 正向 Monte Carlo（FMC）与逆向 Monte Carlo（BMC）计算对比

4.3 正逆向 Monte Carlo 方法重建温度场结果对比

4.3.1 系统参数

采用四个摄像机同时重建，系统如图 4-13 所示。颗粒浓度为变化的浓度分布，峰值为 $1.0e \times 10$ 个 $/m^3$，设碳颗粒统一粒径为 $30\mu m$，如图 4-14 所示。考虑到基于正向 Monte Carlo 方法的重建需要大量的计算时间，所以重建系统尺寸选为 $0.4m \times 0.4m \times 0.4m$，设正向 Monte Carlo 方法中的镜头接收直径为 $30mm$，使用的计算机为 $2.66GHz$ Pentium 4 处理器和 $1GB$ 内存。

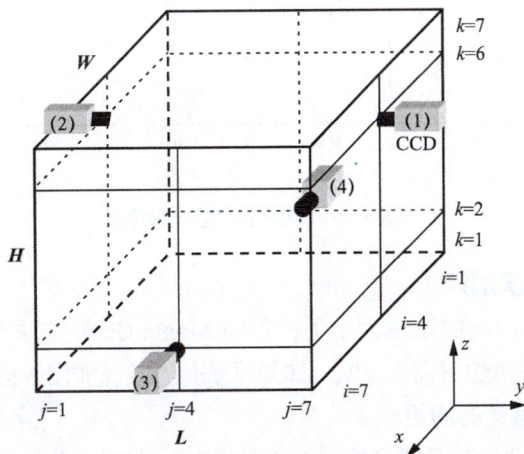

图 4-13 系统示意

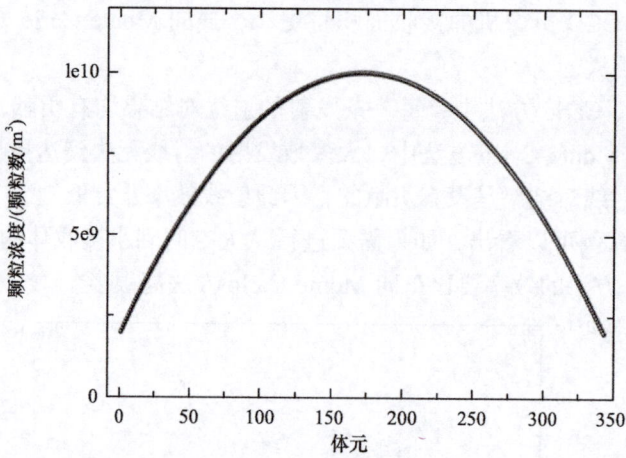

图 4-14　系统颗粒浓度分布

4.3.2　正向 Monte Carlo 方法重建所耗时间

每个网格发射射线数为 1×10^8 条，网格划分为 $7 \times 7 \times 7$，单个网格内发射射线的追踪所用时间为 463s，则总的追踪时间为 $7 \times 7 \times 7 \times 463 = 158809s = 44.11h$。

4.3.3　逆向 Monte Carlo 方法重建所耗时间

系统假定温度分布如图 4-15 所示。每个摄像机发射的方向数为 1200 个，每个方向发射射线 2000 条，单个摄像机发射射线的追踪所用时间为 15s，则总的追踪计算时间为 $4 \times 15 = 60s$。

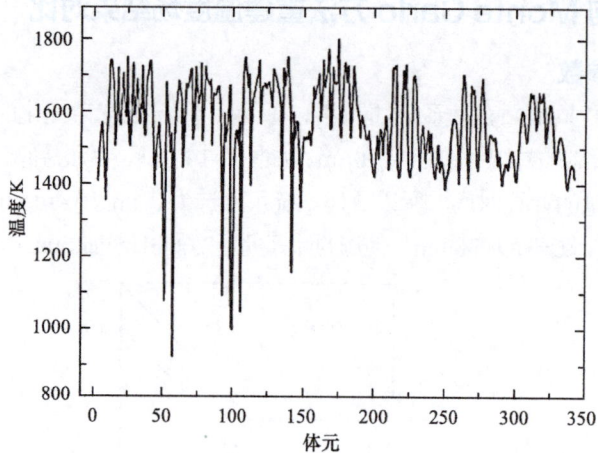

图 4-15　系统假定温度分布

4.3.4　重建误差对比

在 0.4m × 0.4m × 0.4m 的系统大小下，正向 Monte Carlo 方法重建需要大约 44h，而逆向 Monte Carlo 方法重建只需要 60s。如果系统尺寸变大则正向 Monte Carlo 方法需要发射更多的射线，则重建时间更长。

射线追踪计算时间和在不同测量误差下的重建误差对比如图 4-16 所示，可以看出，两种方法的计算时间（追踪射线时间）相差非常大，逆向 Monte Carlo 方法的计算效率很高，可以达到实时在线建立重建方程并进行求解，重建误差相差并不是很大。在此算例中，逆向 Monte Carlo 方法的重建误差要稍微小一点。

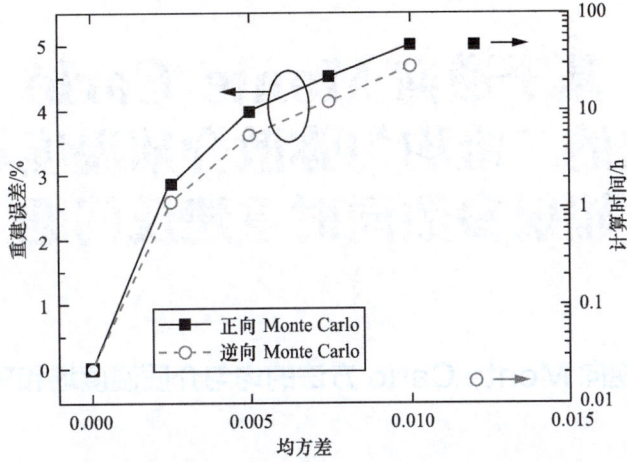

图 4-16　射线追踪计算时间和温度场重建误差对比

第 5 章

基于逆向 Monte Carlo 方法的二维均匀弥散介质温度场和辐射参数同时重建反问题

5.1 基于逆向 Monte Carlo 方法的均匀介质温度场和辐射参数同时重建模型

在第 4 章已建立了基于逆向 Monte Carlo 方法的三维温度场重建模型，重建方程如式（4-9）和式（4-10）所示。

现在考虑如图 5-1 所示的系统。四个 CCD 摄像机分别安装在系统的四个壁面上，CCD 摄像机的标号从 CCD(1) 到 CCD(4)。系统内充满吸收、发射和散射性介质，系统划分为 $N=NX \times NY$ 个体元，壁面温度和发射率设为已知。

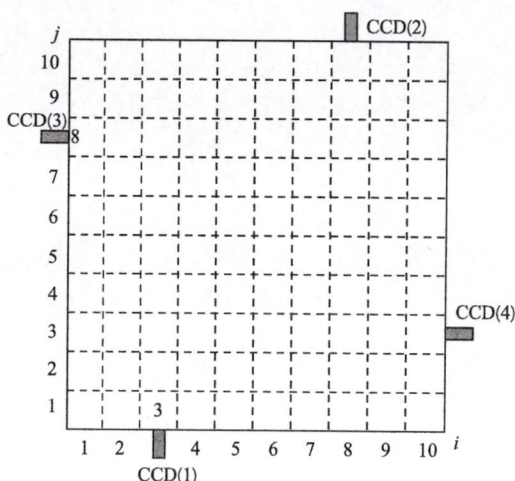

图 5-1　系统示意

这里重复写出重建矩阵方程：

$$AI_{b\lambda}+P=I_{CCD} \tag{5-1}$$

式中：A 为系数矩阵；$I_{b\lambda}$ 为未知的黑体辐射强度向量；P 为常向量；I_{CCD} 为单色辐射强度向量。

在正问题中，对于已知的温度分布和辐射参数（包括吸收系数和散射系数），CCD 摄像机所接收到的辐射强度可以通过逆向 Monte Carlo 方法由式（5-1）得到。

对于反问题，温度分布和辐射参数（包括吸收系数和散射系数）认为是未知的，而 CCD 摄像机所接收到的辐射强度是已知的，温度场和辐射参数可以通过 CCD 摄像机所接收到的辐射强度同时重建出来。

设系统介质为灰体，吸收系数 κ 和散射系数 σ_s 在以下范围内：

$$\begin{cases} \kappa_{\min} = \kappa_1 < \kappa_2 < \cdots < \kappa_i < \cdots < \kappa_I = \kappa_{\max} \\ \sigma_{s\min} = \sigma_{s1} < \sigma_{s2} < \cdots < \sigma_{sj} < \cdots < \sigma_{sJ} = \sigma_{s\max} \end{cases} \quad （5\text{-}2）$$

在同时重建温度场 T 和辐射参数（κ, σ_s）中，必须要定义一个目标函数如下：

$$R(T, \kappa, \sigma_s) = \|AI_{b\lambda} + P - I_{CCD}\| / \|I_{CCD}\| \quad （5\text{-}3）$$

实际上，目标函数就是解的残差。具体的反问题同时重建步骤如下。

步骤 1：根据假设的辐射参数（κ_i, σ_{sj}），可以利用逆向 Monte Carlo 方法和根据式（4-9）计算出系数矩阵 A_{ij}。根据得到的系数矩阵 A_{ij} 和 CCD 摄像机所接收到的辐射强度 I_{CCD}，利用 LSQR 方法对式（4-10）进行求解，得到温度分布 T，然后 R（T, κ_i, σ_{sj}）可以得到，计算出与式（5-3）对应的所有 R（T, κ_i, σ_{sj}）。

步骤 2：使用了两轮搜索（一轮以较大步长的全局搜索和一轮以较小步长的局部搜索）。在第一轮搜索中，找到 $R^{\mathrm{opt1}}(T, \kappa^{\mathrm{opt1}}, \sigma_s^{\mathrm{opt1}}) = \min_{i,j} R(T, \kappa_i, \sigma_{sj})$，把这个当作第一轮的最优点（$\kappa^{\mathrm{opt1}}, \sigma_s^{\mathrm{opt1}}$）。如果 $R^{\mathrm{opt1}}(T, \kappa^{\mathrm{opt1}}, \sigma_s^{\mathrm{opt1}})$ 比预先设定的一个很小的正数 δ 大，那么必须在（$\kappa^{\mathrm{opt1}}, \sigma_s^{\mathrm{opt1}}$）附近进行第二轮局部搜索，找到 $R^{\mathrm{opt2}}(T, \kappa^{\mathrm{opt2}}, \sigma_s^{\mathrm{opt2}}) = \min_{i',j'} R(T, \kappa_{i'}, \sigma_{sj'})$。一般来说，第二轮局部搜索得到的最优点具有较好的精度，可以当作优化问题的最优解（$\kappa^{\mathrm{opt}}, \sigma_s^{\mathrm{opt}}$）=（$\kappa^{\mathrm{opt2}}, \sigma_s^{\mathrm{opt2}}$）。在（$\kappa^{\mathrm{opt}}, \sigma_s^{\mathrm{opt}}$）已知后，温度场可以立刻根据式（4-9）和式（4-10）得到。

5.2　数值模拟及讨论

二维模拟系统的尺寸设为 10m×10m，划分为 10×10 的体元，CCD 摄像机的视场角假设为 120°，壁面设为黑冷壁面，使用的波长为 560nm，每个摄像机的离散方向数为 31，每个方向上的射线数为 2000。

测量得到的辐射强度根据式（4-12）模拟得到。

采用了一个假设的温度场和辐射参数来检验 5.1 算法的正确性。假设温度场如图 5-2 所示。散射 albedo 数假设为 0.5。三组吸收系数和散射系数分别假设为 $0.025\mathrm{m}^{-1}$ 和 $0.025\mathrm{m}^{-1}$，$0.05\mathrm{m}^{-1}$ 和 $0.05\mathrm{m}^{-1}$，$0.3\mathrm{m}^{-1}$ 和 $0.3\mathrm{m}^{-1}$。三组辐射参数对应的光学厚度 τ 分别为 0.5、1.0、6.0，包含了从光学薄到光学厚。

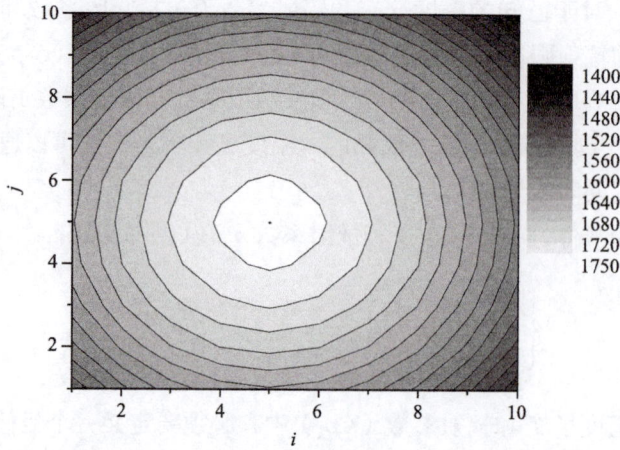

图 5-2　假设温度分布（单位：K）

在以图像传感器为基础的重建系统，三个主要噪声来源为光子噪声、暗噪声和读取噪声，都可以在系统的信噪比中进行考虑，表示为 SNR。系统的 SNR 定义如下[137]：

$$SNR = 20\lg\left(\frac{1}{\left[\frac{1}{M}\sum_{j=1}^{M}\sigma^2\xi_j^2\right]^{1/2}}\right) \qquad (5\text{-}4)$$

温度场的相对误差定义为

$$E_{\text{rel},i} = 100\frac{\left|T_i^{\text{recon}} - T_i^{\text{exact}}\right|}{T_i^{\text{exact}}} \qquad (5\text{-}5)$$

式中：T_i^{recon} 和 T_i^{exact} 分别为重建和精确温度，$i=1,2,\cdots,N$。

5.2.1　算例 1

在这个算例中，假设 CCD 摄像机所接收到的辐射强度的测量误差为零。对于三组辐射参数，定义搜索范围为 $[0.01\text{m}^{-1}, 0.40\text{m}^{-1}]$。第一轮搜索步长为 0.01m^{-1}。

1. 光学薄介质 $\tau = 0.5$

对于光学薄介质 $\tau = 0.5$，即假定的吸收系数 κ 为 0.025m^{-1}，散射系数 σ_s 也为 0.025m^{-1}，计算可以得，当 $\left(\kappa^{\text{opt1}}, \sigma_s^{\text{opt1}}\right) = (0.03\text{m}^{-1}, 0.02\text{m}^{-1})$ 时，目标函数 $R^{\text{opt1}}(\boldsymbol{T}, \kappa^{\text{opt1}}, \sigma_s^{\text{opt1}}) = 2.43\text{e}{-}3$。设定一个很小的正数 δ 为 $1.0\text{e}{-}3$，那么在第一轮搜索中 $R^{\text{opt1}}(\boldsymbol{T}, \kappa^{\text{opt1}}, \sigma_s^{\text{opt1}})$ ($=2.43\text{e}{-}3$) 比 δ ($=1.0\text{e}{-}3$) 大，因此需要在 $(0.03\text{m}^{-1}, 0.02\text{m}^{-1})$ 附近进行第二轮的搜索。

第二轮搜索范围设定为 $[0.01\text{m}^{-1}, 0.04\text{m}^{-1}]$，步长为小步长 0.005m^{-1}，计算可以得到，当 $\left(\kappa^{\text{opt2}}, \sigma_s^{\text{opt2}}\right) = (0.025\text{m}^{-1}, 0.025\text{m}^{-1})$ 时，$R^{\text{opt2}}(\boldsymbol{T}, \kappa^{\text{opt2}}, \sigma_s^{\text{opt2}}) = 2.74\text{e}{-}6$（比 $\delta = 1.0\text{e}{-}3$ 小）。可以看出，经过第二轮的搜索，重建的辐射参数值与假定的辐射参数值吻合得较好。两

轮搜索过程表示在图 5-3 中。在得到辐射参数后，可以直接计算得到温度分布，温度场重建相对误差如图 5-4 所示，可以发现重建温度场与假定温度场符合得较好。

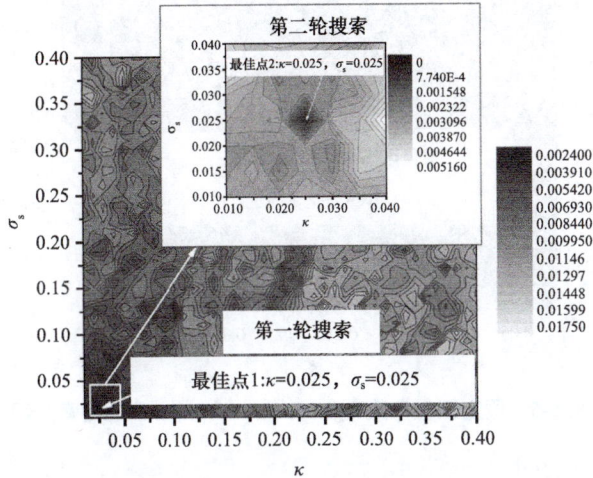

图 5-3　假定辐射参数 κ=0.025m^{-1}，σ_s=0.025m^{-1} 的搜索过程

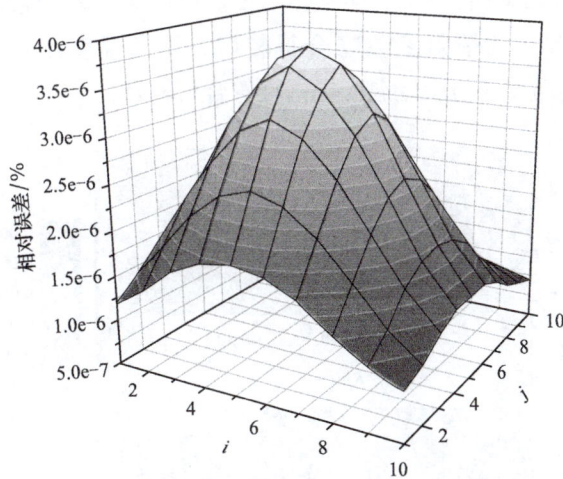

图 5-4　对于假定辐射参数 κ=0.025m^{-1}、σ_s=0.025m^{-1} 的温度场重建相对误差

2. 光学厚度 τ=1.0

对于光学厚度 τ=1.0，也就是假定的吸收系数为 0.05m^{-1}，散射系数也为 0.05m^{-1}，搜索结果如图 5-5 所示。可以看出，$R^{\mathrm{opt1}}(T,\kappa^{\mathrm{opt1}},\sigma_s^{\mathrm{opt1}})$ =4.34e-5，比 δ (=1.0e-3) 小，因此不再需要第二轮的搜索。同时第一轮搜索的结果 $(\kappa^{\mathrm{opt1}},\sigma_s^{\mathrm{opt1}})$ = (0.05m^{-1},0.05m^{-1}) 与假定的辐射参数吻合得较好。同样温度场重建平均相对误差为 2.09e-6%，重建温度场与假定温度场符合得较好。

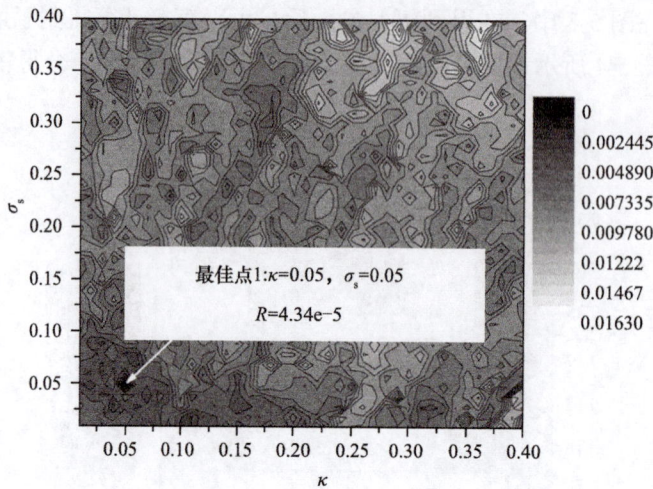

图 5-5　假定辐射参数 $\kappa=0.05\text{m}^{-1}$，$\sigma_s=0.05\text{m}^{-1}$ 的搜索过程

3. 光学厚介质 $\tau=6.0$

对于光学厚介质 $\tau=6.0$，也就是假定的吸收系数为 0.30m^{-1}，散射系数也为 0.30m^{-1}，搜索结果如图 5-6 所示。可以看出，只经过第一轮搜索 $R^{\text{opt1}}(\boldsymbol{T},\kappa^{\text{opt1}},\sigma_s^{\text{opt1}})=9.58\text{e}-5$，比 $\delta(=1.0\text{e}-3)$ 小，因此第二轮的搜索同样不再需要。同时第一轮搜索的结果 $\left(\kappa^{\text{opt1}},\sigma_s^{\text{opt1}}\right)=(0.30\text{m}^{-1},0.30\text{m}^{-1})$ 与假定的辐射参数吻合得较好。同样温度场重建平均相对误差为 $1.13\text{e}-5\%$，因此重建温度场与假定温度场同样符合得较好。

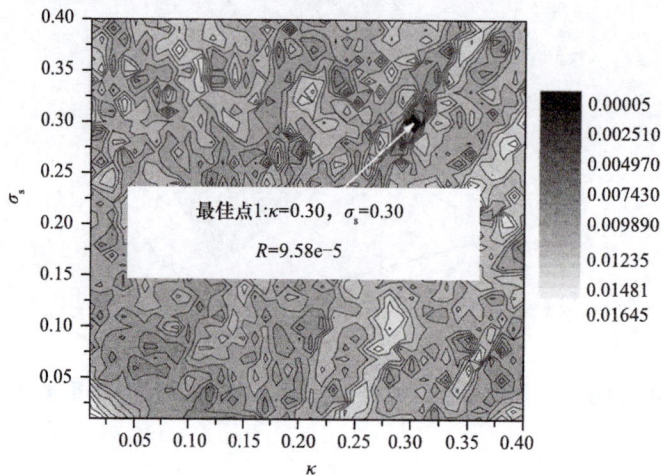

图 5-6　假定辐射参数 $\kappa=0.30\text{m}^{-1}$、$\sigma_s=0.30\text{m}^{-1}$ 的搜索过程

5.2.2　算例 2

因为在 CCD 摄像机所接收到的辐射强度上加入了均方差为 σ 随机测量误差，检验了不同测量误差下的重建情况，分别为 $\sigma=1.0\text{e}-4$（对应的 SNR 为 $79\sim81\text{dB}$）和 $\sigma=5.0\text{e}-4$（对应的 SNR 为 $65\sim66\text{dB}$）。使用的 CCD 摄像机的动态范围为 $80\sim100\text{dB}$，如果采用 4×4 图像像素组合来减少摄像机噪声影响，系统 SNR 可以达到 93dB。

为了减小计算时间，可选择相对较小的搜索范围。对于辐射参数 (κ,σ_s) =(0.025m^{-1}, 0.025m^{-1}) 和 (κ,σ_s) =(0.05m^{-1},0.05m^{-1})，第一轮搜索范围为 [0.01m^{-1}, 0.07m^{-1}]，步长为 0.01m^{-1}；对于辐射参数 (κ,σ_s) =(0.30m^{-1},0.30m^{-1})，第一轮搜索范围为 [0.10m^{-1},0.40m^{-1}]，步长为 0.05m^{-1}。

在测量误差 σ =1.0e−4 和 σ =5.0e−4 下，三种光学厚度搜索残差的 20 个样本计算结果如图 5-7 所示。可以看出，对于辐射参数 (κ,σ_s) =(0.025m^{-1},0.025m^{-1}) 的计算，在第一轮搜索后，残差 R 大于 δ，得到的辐射参数 (κ,σ_s) =(0.030m^{-1},0.020m^{-1})，所以必须进行第二轮搜索，得到最终的结果 (κ,σ_s) =(0.025m^{-1},0.025m^{-1})。而对于辐射参数 (κ,σ_s) = (0.05m^{-1},0.05m^{-1}) 和 (κ,σ_s) =(0.30m^{-1},0.30m^{-1}) 的计算，残差 R 在第一轮搜索后小于 δ，因此一轮搜索足够得到合理满意的结果。使用搜索得到的辐射参数进行三维温度场的计算，所得到的结果均与假定温度场符合得较好。

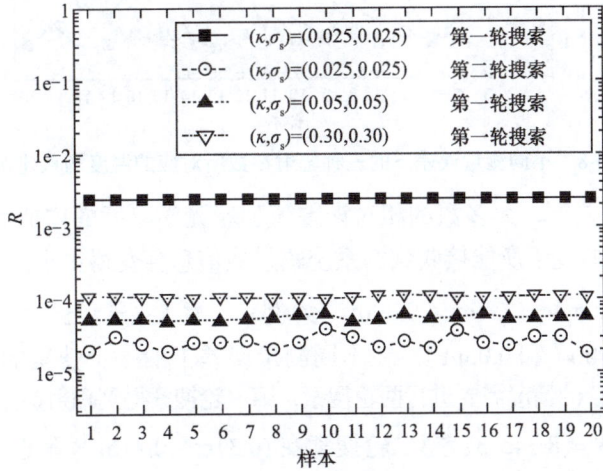

(a) σ=1.0e−4

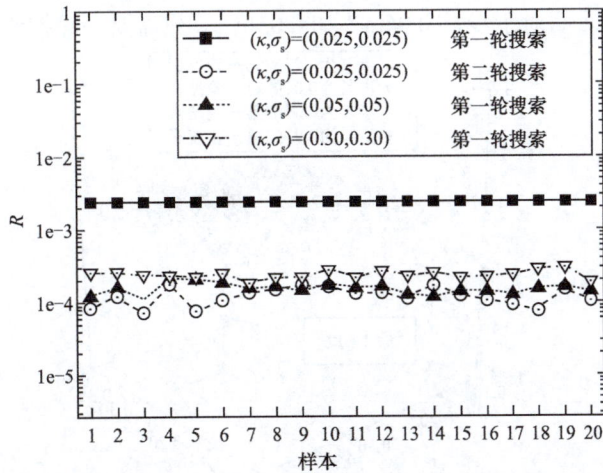

(b) σ=5.0e−4

图 5-7 不同测量误差下的 20 个样本的搜索残差

20个样本温度场重建相对误差表示在图 5-8 中。可以看出，对于较小的测量误差 $\sigma =$ 1.0e-4，20 个样本的重建相对误差的变化比较小；而对于较大的测量误差 $\sigma =$ 5.0e-4，20 个样本的重建相对误差波动比较大，同时相对误差的值也更大，但是仍保持在一个较低的水平上，说明了 LSQR 算法可以较好地处理病态问题。

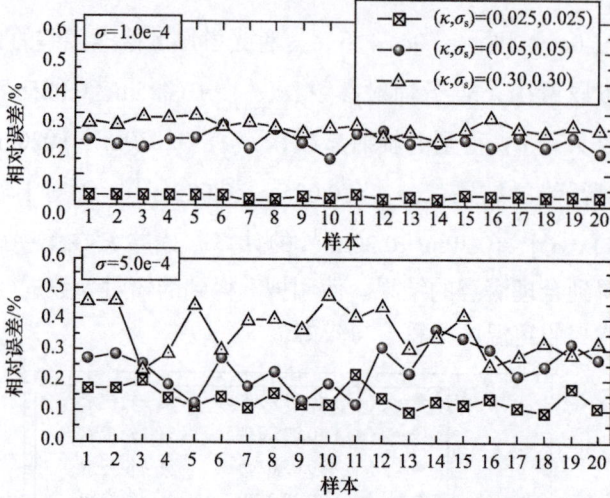

图 5-8　不同测量误差下的三种辐射参数所对应的温度场重建误差

在两种测量误差下，大多数的相对误差值随着光学厚度的增加而增大，因为 CCD 摄像机在大的光学厚度下所能接收到的系统辐射能信息会变得更小。

以辐射参数 $(\kappa,\sigma_s) = (0.30\mathrm{m}^{-1}, 0.30\mathrm{m}^{-1})$ 为例，考察了搜索步长对重建的影响。搜索步长假设为 0.03、0.04m^{-1} 和 0.05m^{-1}。在不同测量误差下的一个搜索的样本结果如图 5-9 所示，步长 0.03m^{-1} 的情况需要进行两轮搜索，第一轮搜索得到辐射参数 $(\kappa,\sigma_s) = (0.31\mathrm{m}^{-1}, 0.31\mathrm{m}^{-1})$，残差为 $R = 8.34\mathrm{e}{-3}$；第二轮搜索在 $(0.31\mathrm{m}^{-1}, 0.31\mathrm{m}^{-1})$ 附近，范围为 $[0.25\mathrm{m}^{-1}, 0.35\mathrm{m}^{-1}]$，使用更小的步长 0.01m^{-1}，可以得到最终的辐射参数 $(\kappa,\sigma_s) = (0.30\mathrm{m}^{-1}, 0.30\mathrm{m}^{-1})$，残差为 $R = 1.02\mathrm{e}{-4}$。而对于步长 0.04m^{-1} 和 0.05m^{-1}，只需要一轮搜索即可。

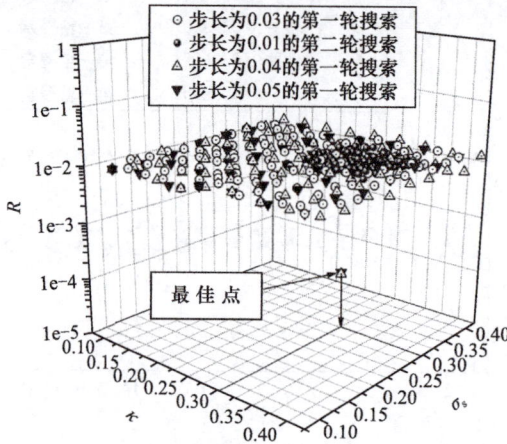

(a) σ=1.0e-4

图 5-9　不同搜索步长下的搜索结果（一）

(b) $\sigma=5.0e-4$

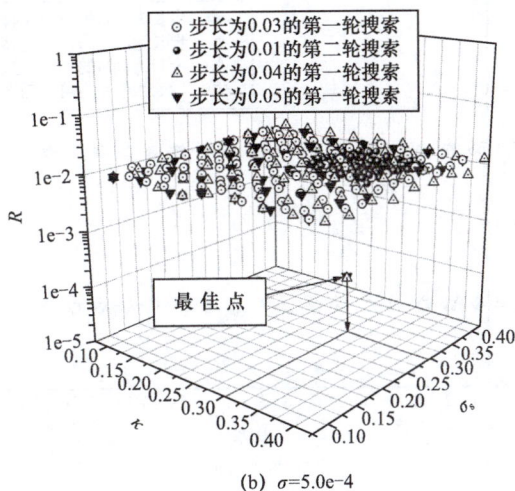

图 5-9　不同搜索步长下的搜索结果（二）

对应重建温度场的相对误差如图 5-10 所示。可以看出，绝大多数的重建相对误差是比较低的，但在一些系统角落部分重建相对误差较大，因为这些部分的温度通常较低，CCD 摄像机所能接收到这些部分的辐射信息较少，相对较容易受到测量误差的影响。

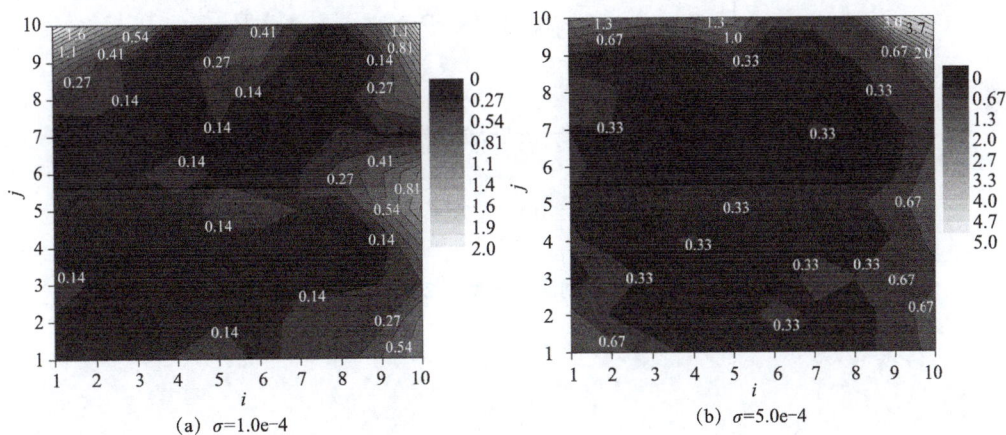

(a) $\sigma=1.0e-4$

(b) $\sigma=5.0e-4$

图 5-10　不同测量误差下重建温度场的相对误差（%）

不同搜索步长下的 20 个样本残差表示在图 5-11 中，可以看出 20 个样本均能得到合理的结果，对于较大的测量误差，残差的变化也相对较大一些。可以得出以下的一些结论，在测量误差 $\sigma=5.0e-4$（SNR 约为 65dB）下，可以同时重建出合理的辐射参数和温度场。因此，对于所使用的 CCD 摄像机（SNR 高于 69dB，如果采用 4×4 图像像素组合来减少摄像机噪声影响，SNR 可以达到 93dB），可以得到更好的结果。

73

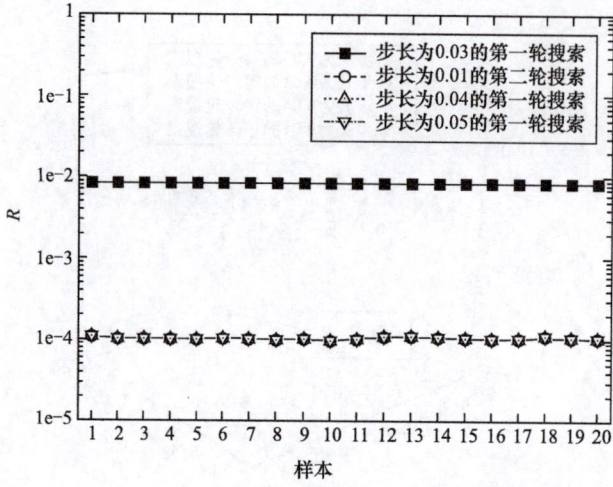

(a) $\sigma=1.0e-4$

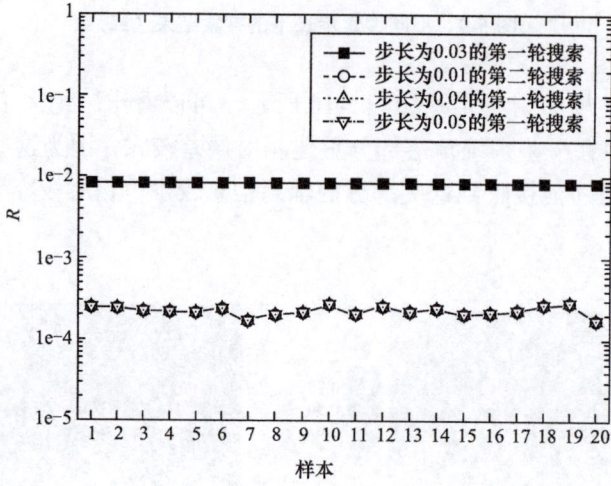

(b) $\sigma=5.0e-4$

图 5-11　不同步长不同测量误差下 20 个样本的搜索残差

第6章

三维火焰温度场与碳烟浓度场重建反问题

6.1 火焰三维碳烟的温度场和浓度场分布同时重建模型

重建系统如图 6-1 所示，标号从 CCD（1）到 CCD（4）的四个 CCD 摄像机布置在火焰四周，重建区域的尺寸为 $W \times L \times H$，从 CCD 摄像机到重建区域边沿的距离为 L_e。重建区域划分为 $NX \times NY \times NZ$ 体元，体元由以下顺序进行编号 1 到 $N = NX \times NY \times NZ$：$(i,j,k),(1,1,1),(2,1,1),\cdots,(NX,1,1),(1,2,1),\cdots,(NX,NY,1)$，$(1,1,2),\cdots,(NX,NY,NZ)$。两个 CCD 摄像机之间的连线与中心线夹角为 β。CCD 摄像机视场角火焰重建区域划分为 M_r 离散方向。

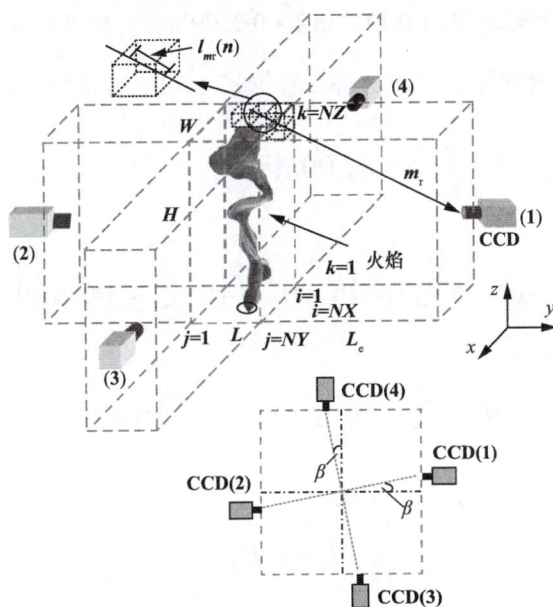

图 6-1　重建系统示意

根据文献[73,137]中的假设，背景辐射、自吸收和火焰组分的散射作用都可忽略，因此对于一条从火焰到 CCD 摄像机的辐射射线，可以得到下面的方程。

$$
\begin{aligned}
I_\lambda(m_r) &= \int_0^{s_f} \left[\kappa_\lambda(s) I_{b\lambda}(s) \right] \mathrm{d}s = \int_0^{s_f} \left[H_\lambda(s) \right] \mathrm{d}s \\
&= \sum_{n=1}^N \kappa_\lambda(n) I_{b\lambda}(n) l_{mr}(n) = \sum_{n=1}^N H_\lambda(n) l_{mr}(n)
\end{aligned}
\tag{6-1}
$$

式中：$I_\lambda(m_r)$ 为射线 m_r 到达 CCD 摄像机的单色辐射强度；$\kappa_\lambda(s)$ 为局部吸收系数；$I_{b\lambda}(s)$ 为局部单色黑体辐射强度；$H_\lambda(s)$ 为局部辐射源项；$\kappa_\lambda(n)$ 为体元 n 局部吸收系数；$I_{b\lambda}(n)$ 为体元 n 局部单色黑体辐射强度，体元 n 温度 $T(n)$ 可以由维恩定律求得，$I_{b\lambda}(n)=c_1/\{\lambda^5\pi\exp[c_2/(\lambda T_n)]\}$，$c_1$ 和 c_2 是第一和第二辐射常数；$H_\lambda(n)$ 为体元 n 局部辐射源项，$H_\lambda(n)=\kappa_\lambda(n)I_{b\lambda}(n)$；$l_{mr}(n)$ 为射线 m_r 在体元 n 中的射线长度；N 为总的体元个数，$N=NX\times NY\times NZ$。

碳烟局部吸收系数可以由 Rayleigh 近似表达[138]为

$$\kappa_\lambda(n)=6\pi f_v(n)E(m)/\lambda=\frac{36\pi nk}{\left(n^2-k^2+2\right)^2+4n^2k^2}\frac{f_v}{\lambda} \tag{6-2}$$

式中：$f_v(n)$ 为体元 n 局部碳烟浓度；$E(m\{\equiv\mathrm{Im}[(m^2-1)/(m^2+2)]\})$ 为随波长变化的碳烟复折射率 $m=n-ik$ 的函数。

n 和 k 可以从文献[139]中进行选择：

$$n=1.811+0.1263\ln\lambda+0.027\ln^2\lambda+0.0417\ln^3\lambda \tag{6-3}$$

$$k=0.5821+0.1213\ln\lambda+0.2309\ln^2\lambda-0.01\ln^3\lambda \tag{6-4}$$

设三维空间上离散方向数为 M_r，那么根据式（6-1）可以得到 M_r 个方程：

$$\begin{cases} I_\lambda(1)=\sum_{n=1}^{N}\kappa_\lambda(n)I_{b\lambda}(n)l_1(n)=\sum_{n=1}^{N}H_\lambda(n)l_1(n) \\ \quad\vdots \qquad\qquad \vdots \qquad\qquad\qquad \vdots \\ I_\lambda(m_r)=\sum_{n=1}^{N}\kappa_\lambda(n)I_{b\lambda}(n)l_{mr}(n)=\sum_{n=1}^{N}H_\lambda(n)l_{mr}(n) \\ \quad\vdots \qquad\qquad \vdots \qquad\qquad\qquad \vdots \\ I_\lambda(M_r)=\sum_{n=1}^{N}\kappa_\lambda(n)I_{b\lambda}(n)l_{Mr}(n)=\sum_{n=1}^{N}H_\lambda(n)l_{Mr}(n) \end{cases} \tag{6-5}$$

把式（6-5）改写为矩阵方程的形式：

$$\boldsymbol{I}_\lambda=\boldsymbol{l}\cdot\boldsymbol{H}_\lambda \tag{6-6}$$

式中：$\boldsymbol{I}_\lambda$ 为 CCD 摄像机接收到的单色辐射强度向量，$\boldsymbol{I}_\lambda\in R^{M_r}$；$\boldsymbol{l}$ 为每条射线在每个体元中的射线长度矩阵，$\boldsymbol{l}\in R^{M_r\times N}$；$\boldsymbol{H}_\lambda$ 为所要求的局部辐射源项，$\boldsymbol{H}_\lambda\in R^N$。

方程（6-6）是大型的稀疏矩阵，重建问题是一个严重的病态问题，这里使用 LSQR 系列算法对其进行求解。在求得两个波长下的 $\boldsymbol{H}_\lambda$ 之后，双色法可以用来得到碳烟温度和浓度，也就是对于体元 n，可以得到以下的方程

$$\begin{cases} f_1[T(n),f_v(n)]=H_{\lambda 1}(n) \\ f_2[T(n),f_v(n)]=H_{\lambda 2}(n) \end{cases} \tag{6-7}$$

在式（6-7）中，有两个方程和两个未知数，因此可以求解此式得到体元 n 的碳烟温度和浓度，进而可以得到三维的温度和浓度分布。

6.2　数值模拟及结果讨论

设重建系统的尺寸为 $W \times L \times H = 7\text{mm} \times 7\text{mm} \times 36\text{mm}$ 和 $L_e = 0.021\text{m}$。重建区域划分为 $N = NX \times NY \times NZ = 7 \times 7 \times 9 = 441$。CCD 视场角假设为 $80°$，两个 CCD 摄像机连线与中心线夹角设为 $\beta = 4.67°$。用来验证 6.1 的模型算法，必须假定一个三维温度场和一个三维浓度分布，因此假定碳烟温度和浓度分布如图 6-2 所示。横坐标标号 1,2,…,441 是按照以下的顺序 (i,j,k):(1,1,1),(2,1,1),…,(7,1,1),(1,2,1),(2,2,1),…,(7,7,1),(1,1,2),…,(7,7,9)，如图 6-1 所示。在系统截面 $k=5$ 上的碳烟温度和浓度分布如图 6-3 所示，数值模拟研究中考虑了对称火焰和非对称火焰，使用的重建波长为 0.7μm 和 0.53μm。

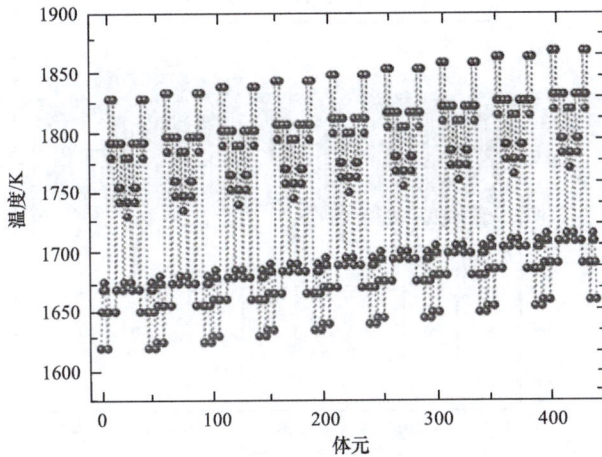

(a) 对称温度分布

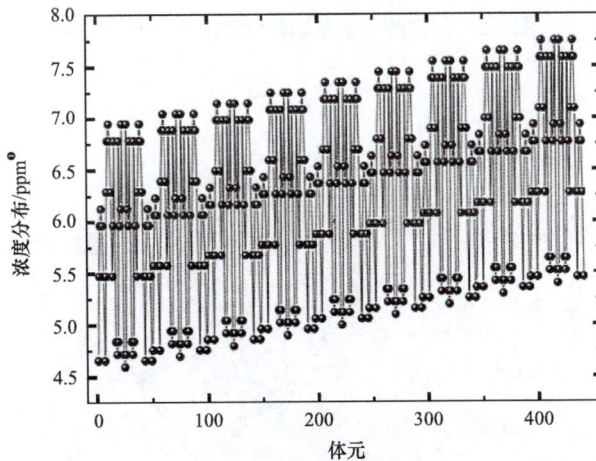

(b) 对称浓度分布

图 6-2　假定的三维碳烟温度和浓度分布（一）

---

❶ ppm（百万分之一），本书指某种气体在混合气体中的体积分数。

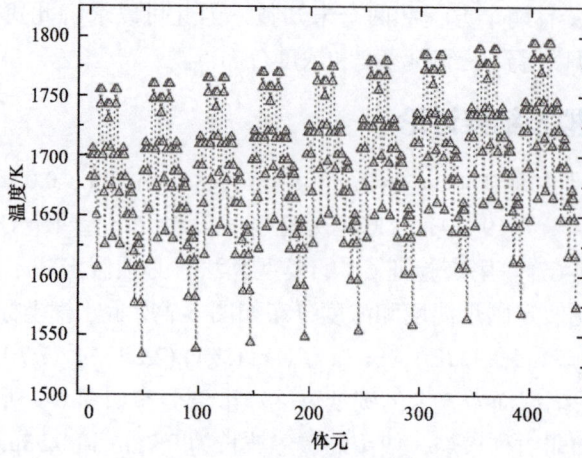

(c) 非对称温度分布

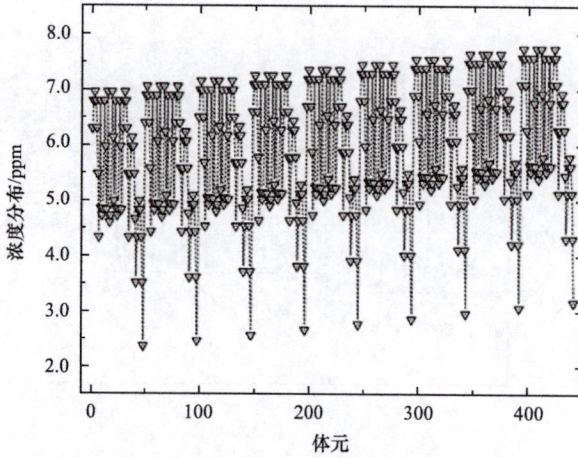

(d) 非对称浓度分布

图 6-2　假定的三维碳烟温度和浓度分布（二）

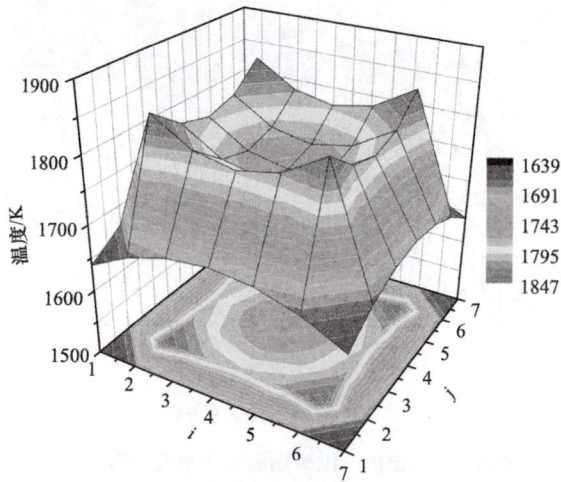

(a) 对称温度分布

图 6-3　假定碳烟温度和浓度分布 $k=5$（一）

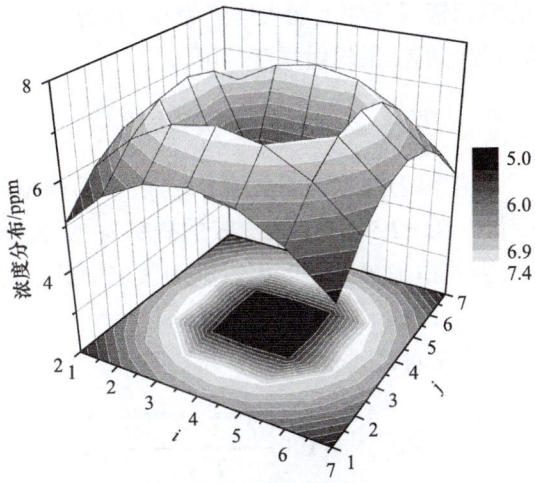

(b) 对称浓度分布

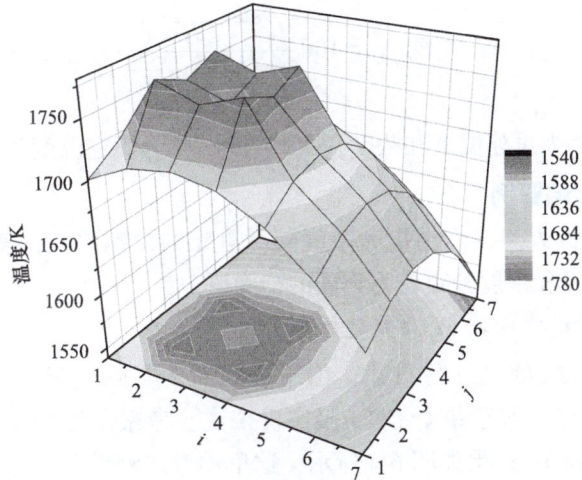

(c) 非对称温度分布

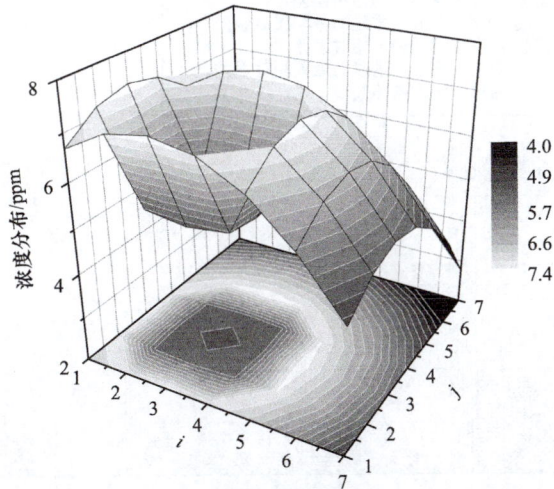

(d) 非对称浓度分布

图 6-3　假定碳烟温度和浓度分布 $k=5$（二）

在正问题中求得的精确辐射强度上加入均值为 0、均方差为 σ 正态分布的随机误差来模拟 CCD 摄像机所接收到的测量辐射强度，可得

$$I_{\lambda,\mathrm{measured},j} = (\mu + \sigma\xi)I_{\lambda,j} + I_{\lambda,j} \qquad (6\text{-}8)$$

式中，$I_{\lambda,\mathrm{maured},j}$ 表示模拟测量辐射强度向量元素；$I_{\lambda,j}$ 表示精确辐射强度向量元素；ξ 是标准正态分布的随机变量，在 $-2.576 < \xi < 2.576$ 的概率为 99%，$j = 1,2,\cdots,M_\mathrm{r}$。

CCD 摄像机所接收到的精确辐射强度可以利用假定的碳烟温度和浓度分布通过正问题来求得。

碳烟温度和浓度的重建相对误差表示如下：

$$E_{T,\mathrm{rel},i} = 100\frac{\left|T_i^{\mathrm{recon}} - T_i^{\mathrm{exact}}\right|}{T_i^{\mathrm{exact}}} \qquad (6\text{-}9)$$

$$E_{f_v,\mathrm{rel},i} = 100\frac{\left|f_{vi}^{\mathrm{recon}} - f_{vi}^{\mathrm{exact}}\right|}{f_{vi}^{\mathrm{exact}}} \qquad (6\text{-}10)$$

式中：T_i^{recon} 和 f_{vi}^{recon} 为重建温度和浓度；T_i^{exact} 和 f_{vi}^{exact} 为假定温度和浓度，$i = 1,2,\cdots,N$。

6.2.1 对称火焰算例

下面进行了对称火焰碳烟温度和浓度同时重建的模拟研究，使用如图 6-2（a）和（b）所示的假定温度和浓度分布作为验证的精确值。

1. 不同离散射线方向数 M_r 对重建的影响

使用四个 CCD 摄像机进行重建，由于火焰对，实际上只需要测得一个 CCD 摄像机的辐射强度即可。对于单个 CCD 摄像机来说，考察了四种不同射线数方向数 M_r（192，252，304 和 378），结果如图 6-4 所示（这里不考虑测量误差）。

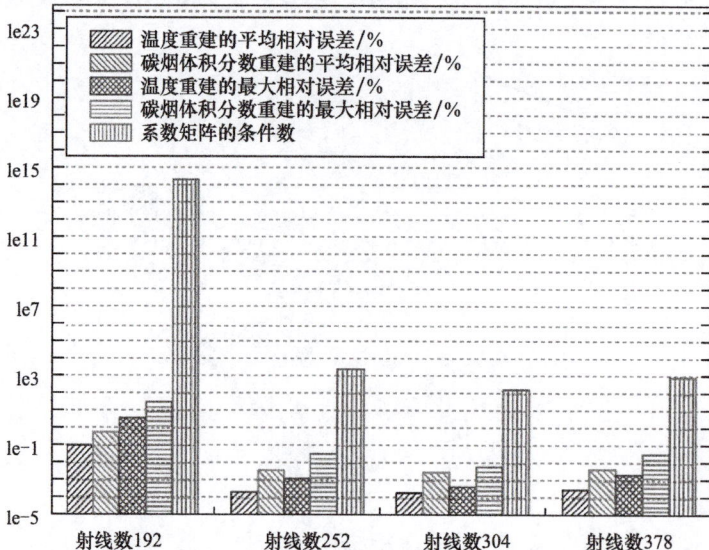

图 6-4　不同离散射线方向数 M_r 对重建的影响

可以看出，式（6-6）中系数矩阵 I 的条件数先减小后增大，相应地，重建反问题的病态性先减轻后加重。当射线数（射线方向数）为 192 时，系数矩阵的条件数为最大，这时的病态性也最严重，因为射线数量最小，相应的 CCD 摄像机所能接收到的辐射信息也最小。当射线数量增加，系数矩阵条件先减小，是因为 CCD 摄像机所接收到的系统辐射能信息在增加。当射线数增加到 378，条件数却不减反增，这可能是由于增加射线数量的同时，系数矩阵增加了大量零元素，这增加了系数矩阵的病态性，辐射信息增加对系数矩阵病态性的减轻作用变小，这时增加零元素对病态性的加重占有主导地位。

在四种射线数量中，当射线数量为 304 时，温度场平均重建相对误差为 2.07e-4%，浓度分布平均重建相对误差为 0.0032%，温度场最大重建相对误差为 4.56e-4%，浓度分布最大重建相对误差为 0.0067%。由此可以看出，当射线数为 304 时，同时重建的结果与假定值吻合得很好。在下面的研究中，取每个 CCD 摄像机的射线数量为 304。

2. 不同 CCD 摄像机组合对重建的影响

单个 CCD 摄像机射线数量为 304，在此不考虑测量误差。考察了 CCD（1）（2）、CCD（1）（3）、CCD（1）（2）（3）和 CCD（1）（2）（3）（4）的重建结果，如图 6-5 所示。

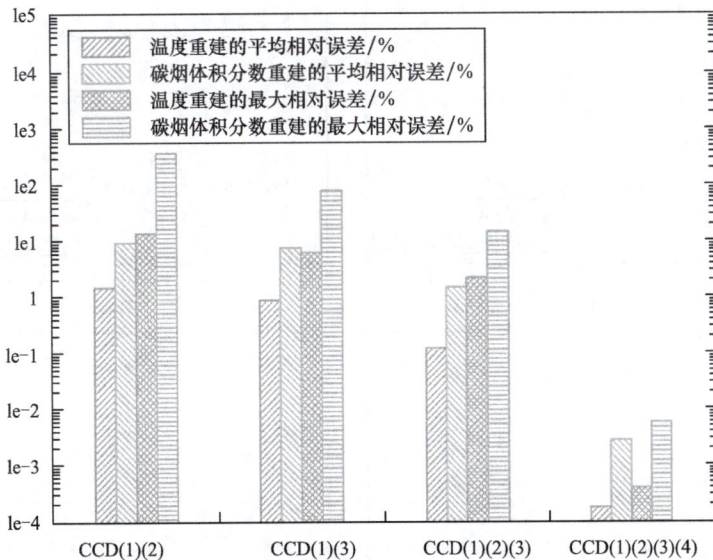

图 6-5　不同 CCD 摄像机组合对重建的影响

可以发现，当使用两个 CCD 摄像机进行重建时，CCD（1）（3）组合重建结果要比 CCD（1）（2）组合好一些，两种组合的温度场平均重建误差都小于 1.7%，但最大碳烟浓度重建相对误差都很大，不能得到满意的碳烟浓度重建结果。如果使用三个 CCD 摄像机 CCD（1）（2）（3），温度场平均和最大重建相对误差分别为 0.1395% 和 2.4291%，但浓度最大重建相对误差为 16.5673%，说明使用三个 CCD 摄像机不能重建出精确的碳烟浓度。当使用四个CCD摄像机CCD（1）（2）（3）（4），浓度最大重建相对误差为0.0067%，重建结果很好。

因此，如果只要求碳烟温度分布，可以使用CCD（1）（3）进行重建，温度场最大重建相对误差为6.92%，或者可以使用CCD（1）（2）（3）进行重建来得到更为精确的结果，温度场最大重建相对误差为2.42%。但如果要求准确的碳烟浓度分布，必须使用四个CCD摄像机。

3. 不同测量误差对重建的影响

这里使用四个CCD摄像机，单个CCD摄像机的射线数量为304。考察了四种不同的测量误差或者SNR，分别为σ=1e-4（SNR大约为80dB），σ=5e-4（SNR大约为65dB），σ=1e-3（SNR大约为60dB）和σ=2e-3（SNR大约为54dB）。

如图6-6所示，由于使用了测量误差，选取20个样本来检测重建方法的稳定性。可以发现，对于四种测量误差，温度场重建结果都比较满意。当SNR低到54dB时，对于20个检测样本，温度场重建最大相对误差和平均相对误差分别低于1.5%和0.12%。

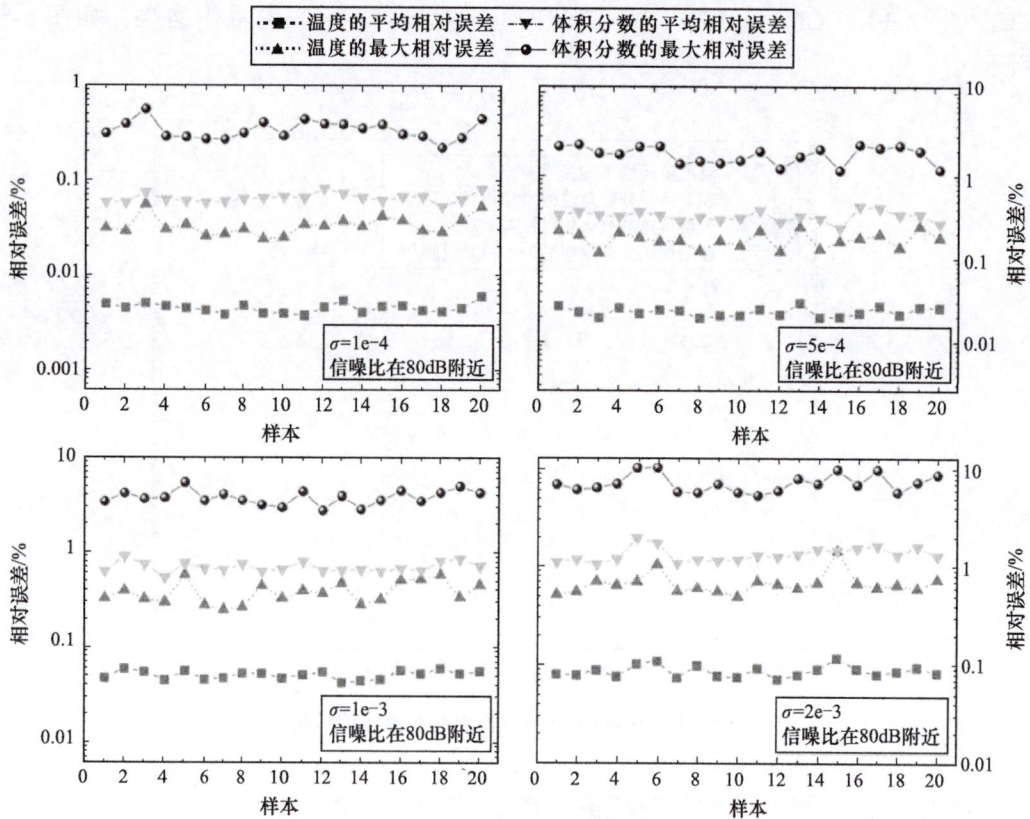

图6-6 不同测量误差下的重建误差结果

当SNR低到54dB时，对于20个检测样本，碳烟浓度分布重建最大相对误差低于11%。当SNR继续减小，碳烟浓度分布重建将失败，说明了如果要准确重建碳烟浓度分布，系统的 SNR 必须至少大于 54dB。然而，实验室使用的 CCD 摄像机的动态范围大于 80dB，典型图像像素对应的强度要小于图像像素对应的最大强度的 30%，因此摄像机系统 SNR 大于为 69.5dB，如果使用 4×4 图像组合，SNR 可以高于 93dB[137]。当 SNR 为 65dB 时，碳烟浓度分布重建最大相对误差低于 2.5%，平均相对误差仅为 0.3%，因此，在使用动态范围大于 80dB 的 CCD 摄像机时，可以预计会得到比 SNR 为 65dB 时更好的结果。

SNR 对重建影响的 20 个样本平均结果如图 6-7 所示，可以看出，随着 SNR 的增加，平均相对误差减小，当 SNR 低到 54dB 时，碳烟浓度分布重建的最大相对误差的平均值大约为 7.2%。

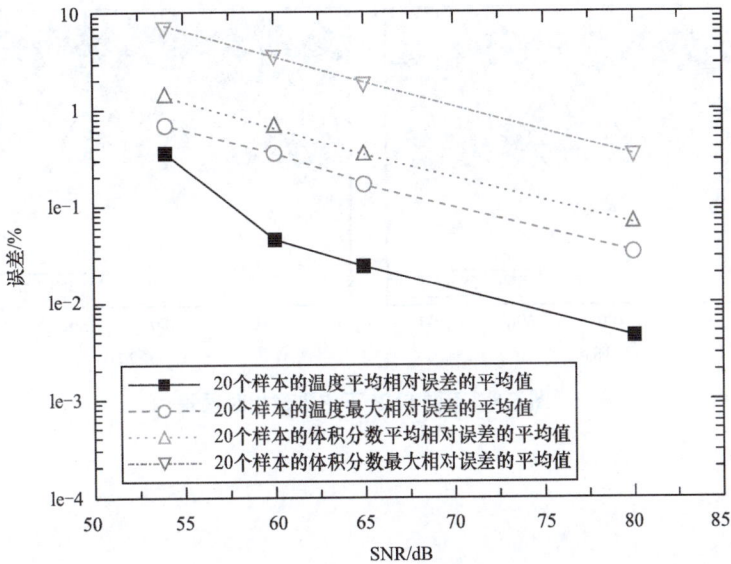

图 6-7　SNR 对重建精度的影响

6.2.2　非对称火焰算例

在对称火焰数值模拟研究的基础上，重建方法可以直接用到非对称火焰，使用图 6-2（c）和（d）作为数值模拟中的假定精确温度场和浓度分布，以此来检验重建方法的正确性。

使用四个 CCD 摄像机、四种不同的 SNR 来检验重建方法，每个体元的温度和浓度的重建相对误差如图 6-8 所示。

可以看出，在四种测量误差下，每个体元温度的重建相对误差可以保持在一个较低的水平。当 SNR 为 53.74dB 时，最大的温度重建相对误差大约为 1.07%，因此，温度场重建结果令人满意，而最大和平均浓度重建相对误差分别大约为 7.4% 和 1.27%，说明了当 SNR 即使低到 53.74dB 时，碳烟浓度分布还可以较好地重建出来，也可以降低对 CCD 摄像机的要求，减小设备的开支。

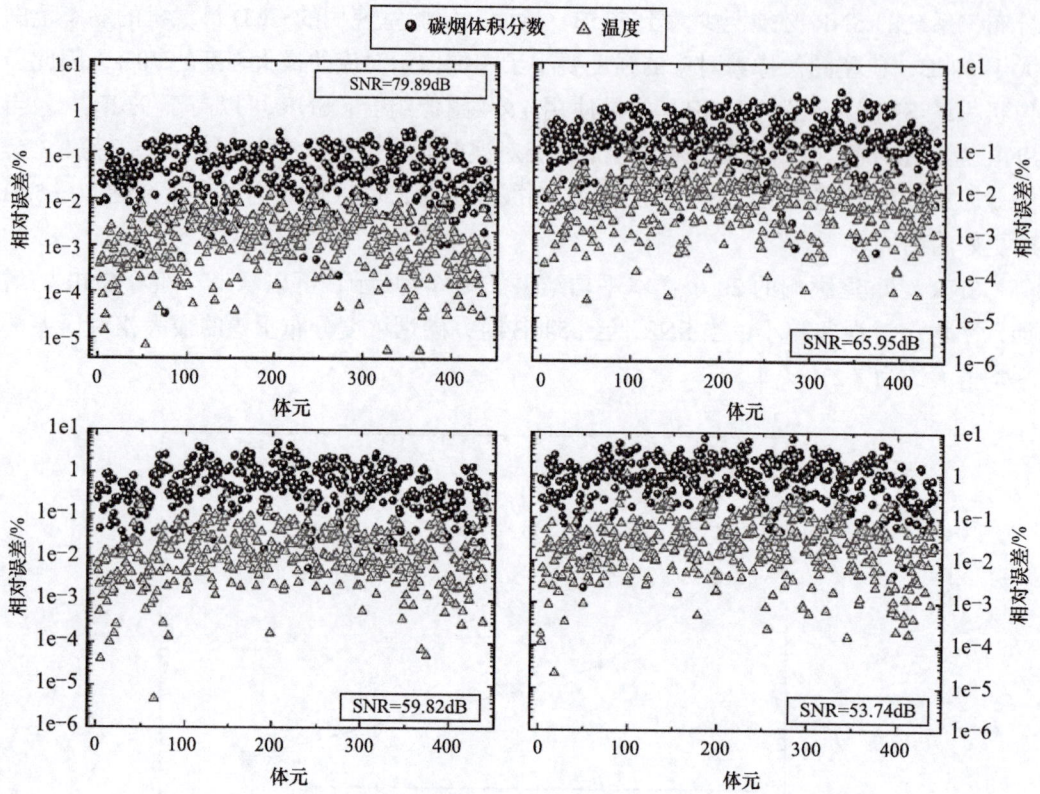

图 6-8 不同 SNR 下的重建相对误差

第 7 章

光学薄多颗粒燃烧体系
多颗粒温度与浓度重建反问题

7.1 温度场和浓度场同时重建

7.1.1 基于发射光谱的温度场和浓度场同时重建模型

1. 正问题求解模型

假设火焰是燃烧对称光学薄火焰，稀疏粒子系，无入射辐射，含碳烟和金属氧化物两种不同颗粒物，颗粒物的尺寸均在瑞利范围内。使用光纤光谱仪获取火焰的发射光谱，仅考虑 $400 \sim 700\text{nm}$ 可见光波段，因此忽略如 CO_2 等气体组分的作用。考虑如图 7-1 所示的重建系统，火焰横截面均分为 M 个环，外圈的半径为 r，其中环内局部的温度、碳烟体积分数（碳烟浓度）以及金属氧化物体积分数（金属氧化物浓度）是一致的，光纤光谱仪沿着 x 轴以相同间隔 Δx 扫描火焰区域，设穿过一半火焰横截面的总辐射射线数为 N，理论上，射线数 N 的数值应大于环的个数 M。

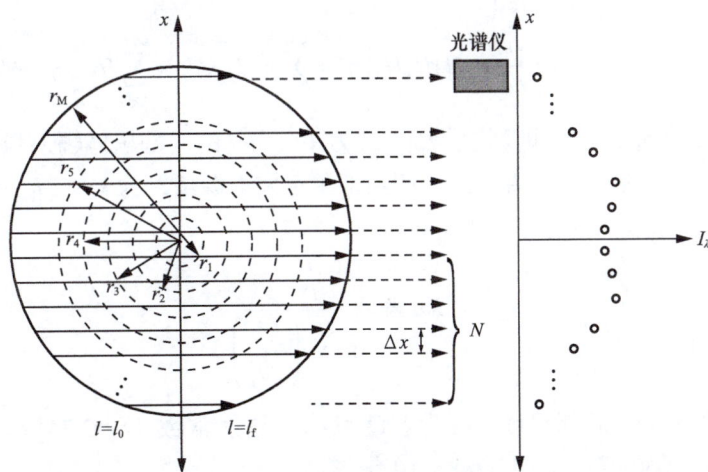

图 7-1 基于发射光谱的重建系统

基于第 6 章弥散介质辐射传输理论基础对沿任意辐射射线 j 的出射光谱辐射强度离散化表达式进行推导，具体的推导过程如下。

任意方向的辐射传输方程积分形式为

$$I_\lambda(\tau_\lambda) = \int_0^{\tau_\lambda} I_{b\lambda}(\tau_\lambda') \mathrm{e}^{-(\tau_\lambda - \tau_\lambda')} \mathrm{d}\tau_\lambda' \quad (7\text{-}1)$$

忽略散射下的光学厚度表示为

$$\tau_\lambda = \int \kappa_\lambda \mathrm{d}l \quad (7\text{-}2)$$

将式（7-2）代入式（7-1）中得

$$I_\lambda(l) = \int_0^l \kappa_\lambda(l') I_{b\lambda}(l') \mathrm{e}^{-\left[\int_0^l \kappa_\lambda(l')\mathrm{d}l' - \int_0^l \kappa_\lambda(l')\mathrm{d}l'\right]} \mathrm{d}l' \quad (7\text{-}3)$$

则射线 j 的边界出射光谱辐射强度表达式为

$$
\begin{aligned}
I_\lambda(l_{\mathrm{f}}) &= \int_{l_0}^{l_{\mathrm{f}}} \kappa_\lambda(l) I_{b\lambda}(l) \mathrm{e}^{-\left[\int_{l_0}^{l_{\mathrm{f}}} \kappa_\lambda(l')\mathrm{d}l' - \int_{l_0}^l \kappa_\lambda(l')\mathrm{d}l'\right]} \mathrm{d}l \\
&= \int_{l_0}^{l_{\mathrm{f}}} \kappa_\lambda(l) I_{b\lambda}(l) \mathrm{e}^{-\left[-\int_{l_{\mathrm{f}}}^{l_0} \kappa_\lambda(l')\mathrm{d}l' - \int_{l_0}^l \kappa_\lambda(l')\mathrm{d}l'\right]} \mathrm{d}l \\
&= \int_{l_0}^{l_{\mathrm{f}}} \kappa_\lambda(l) I_{b\lambda}(l) \mathrm{e}^{\int_{l_{\mathrm{f}}}^l \kappa_\lambda(l')\mathrm{d}l'} \mathrm{d}l \\
&= \int_{l_0}^{l_{\mathrm{f}}} \left\{ \kappa_\lambda(l) I_{b\lambda}(l) \exp\left[-\int_l^{l_{\mathrm{f}}} \kappa_\lambda(l')\,\mathrm{d}l'\right] \right\} \mathrm{d}l
\end{aligned}
\quad (7\text{-}4)
$$

式中：l_0 和 l_{f} 分别为辐射射线 j 穿越火焰横截面的入射交叉点和出射交叉点。

当火焰为光学薄火焰时，吸收项可忽略，则射线 j 的边界出射光谱辐射强度进一步简化为

$$
\begin{aligned}
I_\lambda(l_{\mathrm{f}}) &= \int_{l_0}^{l_{\mathrm{f}}} \left\{ \kappa_\lambda(l) I_{b\lambda}(l) \exp\left[-\int_l^{l_{\mathrm{f}}} \kappa_\lambda(l')\,\mathrm{d}l'\right] \right\} \mathrm{d}l \\
&= \int_{l_0}^{l_{\mathrm{f}}} [\kappa_\lambda(l) I_{b\lambda}(l)] \mathrm{d}l = \sum_{i=1}^{MM} \kappa_{\lambda i} I_{b\lambda i} \Delta l_i = \sum_{i=1}^{MM} H_{\lambda i} \Delta l_i
\end{aligned}
\quad (7\text{-}5)
$$

式中：$\kappa_{\lambda i}$ 为单元环 i 的局部吸收系数；$I_{b\lambda i}$ 为单元环 i 的局部黑体辐射强度；Δl_i 为射线穿越单元环 i 的长度；$H_{\lambda i}$ 为单元环 i 的局部单色发射源项，为 $\kappa_{\lambda i}$ 与 $I_{b\lambda i}$ 的乘积。黑体辐射强度 $I_{b\lambda i}$ 可以由以下维恩定律求得：

$$I_{b\lambda i} = \frac{c_1}{\lambda^5 \pi \exp\left(\dfrac{c_2}{\lambda T_i}\right)} \quad (7\text{-}6)$$

式中：T_i 为单元环 i 局部温度；c_1 为普朗克第一辐射常数，$c_1 = 3.7419 \times 10^{-16}\ \mathrm{W \cdot m^2}$；$c_2$ 为普朗克第二辐射常数，$c_2 = 1.4388 \times 10^{-2}\mathrm{m \cdot K}$。

假设粒子系为非均一的稀疏粒子系，存在两种光学常数不同的颗粒物，由粒子系的吸收系数公式可得环 i 局部吸收系数 $\kappa_{\lambda i w}$ 为

$$\kappa_{\lambda i} = \sum \frac{36\pi n_j k_j}{(n_j^2 - k_j^2 + 2)^2 + 4n_j^2 k_j^2} \frac{f_{vi,j}}{\lambda} \quad (7\text{-}7)$$

式中：n_j 和 k_j 分别为颗粒 j 复折射率的实部和虚部，仅与波长相关。此复杂燃烧体系中仅含碳烟和金属氧化物，因此式（7-7）可进一步表达为

$$\kappa_{\lambda i} = 1.5 \frac{\pi}{\lambda} \left[\begin{array}{c} \dfrac{24 n_{\lambda,\text{soot}} k_{\lambda,\text{soot}}}{(n_{\lambda,\text{soot}}^2 - k_{\lambda,\text{soot}}^2 + 2)^2 + 4 n_{\lambda,\text{soot}}^2 k_{\lambda,\text{soot}}^2} f_{vi,\text{soot}} \\ + \dfrac{24 n_{\lambda,\text{NPs}} k_{\lambda,\text{NPs}}}{(n_{\lambda,\text{NPs}}^2 - k_{\lambda,\text{NPs}}^2 + 2)^2 + 4 n_{\lambda,\text{NPs}}^2 k_{\lambda,\text{NPs}}^2} f_{vi,\text{NPs}} \end{array} \right] \tag{7-8}$$

式中：下标 soot 为碳烟；下标 NPs 为金属氧化物。由式（7-8）可以看出吸收系数与颗粒体积分数相关，而与颗粒粒径分布、形貌等几何特征参数无关。因此，重建需要两种颗粒物体积分数前的系数项，也即复折射率相关项，有较明显的差异。碳烟的 n_λ 和 k_λ 从文献[140]中获取，其表达式为

$$n_\lambda = 1.811 + 0.1263 \ln \lambda + 0.027 \ln^2 \lambda + 0.0417 \ln^3 \lambda \tag{7-9}$$

$$k_\lambda = 0.5821 + 0.1213 \ln \lambda + 0.2309 \ln^2 \lambda - 0.01 \ln^3 \lambda \tag{7-10}$$

2. 反问题求解模型

重建系统如图 7-1 所示，其中探测线依次穿越的单元环的数目为 MM，则根据式（7-5），得到如下方程组：

$$\begin{cases} I_\lambda(l_1) = \displaystyle\sum_{i=1}^{MM} \kappa_{\lambda i} I_{b\lambda i} \Delta l_{1i} = \sum_{i=1}^{MM} H_{\lambda i} \Delta l_{1i} \\ \qquad\qquad \vdots \\ I_\lambda(l_j) = \displaystyle\sum_{i=1}^{MM} \kappa_{\lambda i} I_{b\lambda i} \Delta l_{ji} = \sum_{i=1}^{MM} H_{\lambda i} \Delta l_{ji} \\ \qquad\qquad \vdots \\ I_\lambda(l_N) = \displaystyle\sum_{i=1}^{MM} \kappa_{\lambda i} I_{b\lambda i} \Delta l_{Ni} = \sum_{i=1}^{MM} H_{\lambda i} \Delta l_{Ni} \end{cases} \tag{7-11}$$

式中：l_j 为射线 j 穿越火焰横截面的出射交叉点；Δl_{ji} 为射线 j 穿越单元环 i 的长度。

将式（7-11）改写为矩阵形式

$$\boldsymbol{I}_\lambda = \boldsymbol{L} \cdot \boldsymbol{H}_\lambda \tag{7-12}$$

式中：$\boldsymbol{I}_\lambda$ 为光纤光谱仪接收到的单色辐射强度向量，$\boldsymbol{I}_\lambda \in R^N$；$\boldsymbol{L}$ 是每根探测线在每个环中的穿越长度矩阵，$\boldsymbol{L} \in R^{N \times MM}$；$\boldsymbol{H}_\lambda$ 是局部单色发射源项，$\boldsymbol{H}_\lambda \in R^{MM}$。

式（7-12）为线性方程，采用第 6 章中所介绍的正则化算法 LSQR 或 TSVD 求解 $\boldsymbol{H}_\lambda$。在单颗粒弥散火焰（如碳烟火焰）的温度分布和浓度分布同时重建中仅有两个未知场参数，温度分布和浓度分布可在两个波长的 $\boldsymbol{H}_\lambda$ 求解之后使用双色法同时获取。在复杂燃烧体系中，由于存在多个待求场参数无法使用碳烟火焰中常用的双色法重建方法进行反问题求解，本书针对复杂燃烧火焰的建模思路为：首先引入代表不同颗粒物之间体

积分数比值参数 Rt，即 $Rt=f_{v,NPs}/f_{v,soot}$，然后使用不同方法获取每个单元体的 Rt，进而对多颗粒温度分布和浓度分布进行同时求解。

本书编者在对比绪论所涉及的火焰颗粒物浓度场测量方法后，认为使用热泳探针采样及透射镜分析法（TSPD-TEM）获取不同颗粒物之间体积分数比 Rt 是简单可行的方法。接下来将基于文献[141,142]对 TSPD-TEM 的测量原理进行详细介绍，并对 TSPD-TEM 的使用方法进行阐释说明。

热泳探针采样及透射电镜分析法是基于热泳效应的快速取样方法，热泳现象是指颗粒物在温度梯度明显的气体氛围中趋向于温度较低的区域的现象。使用热泳扩散系数 D_T、气体温度 T_g、温度梯度 $\mathrm{grad}T_g$ 描述局部的移动速度 $\boldsymbol{u}_T$ 为

$$\boldsymbol{u}_T = D_T\left(-\frac{\mathrm{grad}T_g}{T_g}\right) \tag{7-13}$$

自由分子假设下的球形单颗粒的热泳扩散系数 D_T 可表达为

$$D_T = \frac{3}{4}\left(1+\frac{\pi}{8}\alpha_{\mathrm{mom}}\right)^{-1}v_g \tag{7-14}$$

式中：α_{mom} 为动量协调系数；v_g 为高温气体的运动黏度。

当铜网瞬间插入火焰中时，高温颗粒物在热泳作用下立即沉积在铜网上，其质量传输速率 j_w'' 可由下式估算：

$$j_w'' \cong D_T\frac{Nu_x}{2x}\left[1-\left(\frac{T_w}{T_g}\right)^2\right]\rho_p f_v \tag{7-15}$$

式中：x 为 TEM 观察的区域在采样探针的位置；Nu_x 为 x 处的局部努塞尔数；T_w 为探针的表面温度；ρ_p 为颗粒物的密度；f_v 为局部颗粒物体积分数。

沉积于 TEM 铜网中心的每单位采样时间、每单位图像面积的颗粒物总质量 $\dot{m}''$ 为

$$\dot{m}'' = \frac{\rho_p V_{p,soot}}{A_i t_e} \tag{7-16}$$

式中：A_i 为图像面积；t_e 为采样时间；$V_{p,soot}$ 为 TEM 图像中沉积在探针上的颗粒物总体积。

假设探针的表面温度 T_w 是常数，并假设颗粒物主要在热泳作用下进行质量传输，根据质量守恒可得 $j_w'' \approx \dot{m}''$，进一步根据式（7-15）和式（7-16）推导颗粒物的体积分数 f_v，表示为

$$f_v \cong \xi\frac{V_p}{A_i t_e} \tag{7-17}$$

又

$$\xi \equiv \frac{2}{D_T} \frac{x}{Nu_x} \left[1 - \left(\frac{T_w}{T_g} \right)^2 \right]^{-1} \tag{7-18}$$

式中：ξ 涉及的参数可基于经验相关性获得。基于式（7-18），复杂燃烧火焰中碳烟及金属氧化物的体积分数可分别表示为

$$f_{v,\text{soot}} = \frac{2xV_{p,\text{soot}}}{D_T Nu_x A_i t_e} \left[1 - \left(\frac{T_w}{T_g} \right)^2 \right]^{-1} \tag{7-19}$$

$$f_{v,\text{NPs}} = \frac{2xV_{p,\text{NPs}}}{D_T Nu_x A_i t_e} \left[1 - \left(\frac{T_w}{T_g} \right)^2 \right]^{-1} \tag{7-20}$$

式中：$V_{p,\text{soot}}$ 为 TEM 图像中沉积在探针上的碳烟颗粒物总体积；$V_{p,\text{NPs}}$ 为 TEM 图像中沉积在探针上的金属氧化物总体积。

根据式（7-19）和式（7-20），金属氧化物与碳烟的体积分数比 Rt 可以表达为

$$Rt = \frac{f_{v,\text{NPs}}}{f_{v,\text{soot}}} = \frac{V_{p,\text{NPs}}}{V_{p,\text{soot}}} \tag{7-21}$$

由式（7-21）可知体积分数比 Rt 可通过求解 TEM 图像中沉积在探针上不同颗粒物之间的总体积之比来获取。

热泳探针采样（TSPD）常将铜网作为取样探针，且为了防止过多的颗粒物聚集，取样时间通常较短。热泳探针采样后，使用透射电镜（TEM）检测区分不同种类的颗粒，同时获取各种颗粒沉积在探针上的总体积 $V_{p,\text{soot}}$ 和 $V_{p,\text{NPs}}$，进而根据式（7-21）计算体积分数比 Rt。虽然仅使用 TSPD-TEM 技术同样可以获取复杂燃烧火焰的多颗粒浓度场，但值得注意的是颗粒物体积分数求解公式中的气体温度通常使用热电偶测量，热电偶的使用不可避免地会对火焰流场造成二次干扰。另外，使用 TSPD-TEM 获取不同颗粒物之间的体积分数比而非某种颗粒物的体积分数，这在一定程度上避免了求解公式中某些经验估计参数对测量精度的影响。为了将发射光谱法与 TSPD-TEM 技术更好地结合，在重建结果与讨论部分详细分析了 TSPD-TEM 技术测量噪声对多颗粒温度场和浓度场重建精度的影响。

使用 TSPD-TEM 技术获取所有单元环中金属氧化物与碳烟体积分数比 Rt，并使用正则化算法分别求得两个波长下的发射源项 H_λ，则单元环 i 中的温度、碳烟体积分数、金属氧化物体积分数表达式推导为

$$T_i = \frac{c_2 \left(\dfrac{1}{\lambda_2} - \dfrac{1}{\lambda_1} \right)}{\ln \dfrac{H_{\lambda_1,i}}{H_{\lambda_2,i}} - \ln S + 5 \ln \dfrac{\lambda_1}{\lambda_2}} \tag{7-22}$$

$$S = \cfrac{\cfrac{n_{\lambda_1,\mathrm{soot}}k_{\lambda_1,\mathrm{soot}}}{(n_{\lambda_1,\mathrm{soot}}^2 - k_{\lambda_1,\mathrm{soot}}^2 + 2)^2 + 4n_{\lambda_1,\mathrm{soot}}^2 k_{\lambda_1,\mathrm{soot}}^2}\cfrac{1}{\lambda_1} + \cfrac{n_{\lambda_1,\mathrm{NPs}}k_{\lambda_1,\mathrm{NPs}}}{(n_{\lambda_1,\mathrm{NPs}}^2 - k_{\lambda_1,\mathrm{NPs}}^2 + 2)^2 + 4n_{\lambda_1,\mathrm{NPs}}^2 k_{\lambda_1,\mathrm{NPs}}^2}\cfrac{Rt_i}{\lambda_1}}{\cfrac{n_{\lambda_2,\mathrm{soot}}k_{\lambda_2,\mathrm{soot}}}{(n_{\lambda_2,\mathrm{soot}}^2 - k_{\lambda_2,\mathrm{soot}}^2 + 2)^2 + 4n_{\lambda_2,\mathrm{soot}}^2 k_{\lambda_2,\mathrm{soot}}^2}\cfrac{1}{\lambda_2} + \cfrac{n_{\lambda_2,\mathrm{NPs}}k_{\lambda_2,\mathrm{NPs}}}{(n_{\lambda_2,\mathrm{NPs}}^2 - k_{\lambda_2,\mathrm{NPs}}^2 + 2)^2 + 4n_{\lambda_2,\mathrm{NPs}}^2 k_{\lambda_2,\mathrm{NPs}}^2}\cfrac{Rt_i}{\lambda_2}}$$

$$f_{vi,\mathrm{soot}} = \frac{H_{\lambda_1,i}}{36\pi I_{\mathrm{b}\lambda_1,i}SS} \tag{7-23}$$

$$SS = \frac{n_{\lambda_1,\mathrm{soot}}k_{\lambda_1,\mathrm{soot}}}{(n_{\lambda_1,\mathrm{soot}}^2 - k_{\lambda_1,\mathrm{soot}}^2 + 2)^2 + 4n_{\lambda_1,\mathrm{soot}}^2 k_{\lambda_1,\mathrm{soot}}^2}\frac{1}{\lambda_1} + \frac{n_{\lambda_1,\mathrm{NPs}}k_{\lambda_1,\mathrm{NPs}}}{(n_{\lambda_1,\mathrm{NPs}}^2 - k_{\lambda_1,\mathrm{NPs}}^2 + 2)^2 + 4n_{\lambda_1,\mathrm{NPs}}^2 k_{\lambda_1,\mathrm{NPs}}^2}\frac{Rt_i}{\lambda_1}$$

$$f_{vi,\mathrm{NPs}} = Rt_i f_{vi,\mathrm{soot}} \tag{7-24}$$

含两种颗粒物的燃烧对称光学薄火焰温度分布、碳烟浓度分布、金属氧化物浓度分布的同时重建流程如图 7-2 所示。

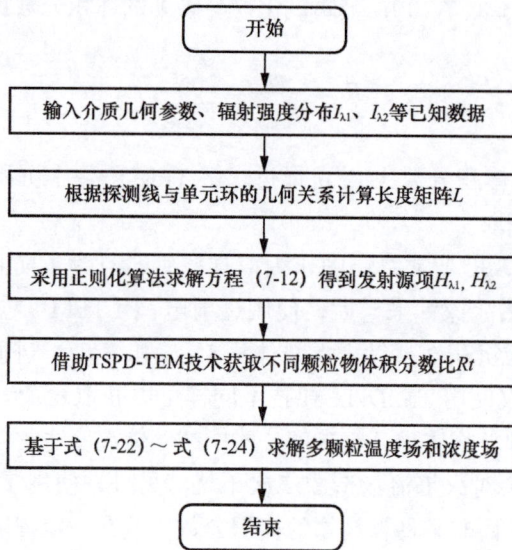

图 7-2　含两种颗粒物的燃烧对称光学薄火焰多颗粒温度场、浓度场重建流程图

7.1.2　实际测量值的获取及测量误差

设重建系统的火焰半径为 3mm，等距环的个数 M 为 30，探测线的数目 N 为 90。用于重建的辐射强度分布测量值（探测器光纤光谱仪接收到的辐射信息）是在已知温度分布、碳烟浓度分布及金属氧化物浓度分布的条件下，基于上述正问题求解模型采用视在光线法计算得到的。选取文献[64]中 10.9mm 管径的层流乙烯扩散火焰 30mm 高度处的温度分布和碳烟浓度分布作为重建对象，该温度分布和碳烟浓度分布分别采用 CARS 和 LII 测量得到，具有很强的代表性，广泛应用于很多重建问题。金属氧化物以氧化铝（Al_2O_3）为代表，由于未能获取 Al_2O_3 浓度分布，假设纳米流体燃料为乙醇基添加质量

分数为 0.05%Al_2O_3 的悬浮液，估算得到此燃料燃烧形成的扩散火焰中 Al_2O_3 的浓度分布范围为 0.1 ～ 1ppm，使用 Matlab 函数在此分布区间内获取随机的 Al_2O_3 浓度分布，理论上，随机分布场参数的反演难度大于规律分布场参数的反演难度。

输入的温度分布、碳烟浓度分布和 Al_2O_3 浓度分布如图 7-3 所示。Al_2O_3 的复折射率可由文献[143]中获取。

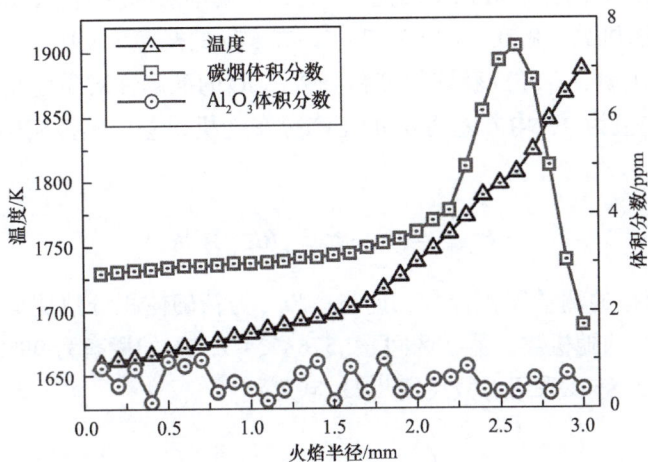

图 7-3　温度分布、碳烟浓度分布以及 Al_2O_3 浓度分布

由正问题计算得到的边界出射辐射强度分布如图 7-4 所示。由图可以观察，出射辐射强度随探测线由内环至外环均出现先增加再减小的趋势，且波长越短，出射辐射强度值越小。出射辐射强度的大小不仅与穿越环内的温度、碳烟浓度和 Al_2O_3 浓度有关，而且与探测线穿越环内的长度有关。结合图 7-3 可以发现，温度分布随火焰半径由中心向外逐渐增加，碳烟浓度呈现单峰分布，当 r=2.6mm 时，碳烟浓度出现最大值，这也解释了图 7-4 中辐射强度在探测线靠近外环处出现最大值。

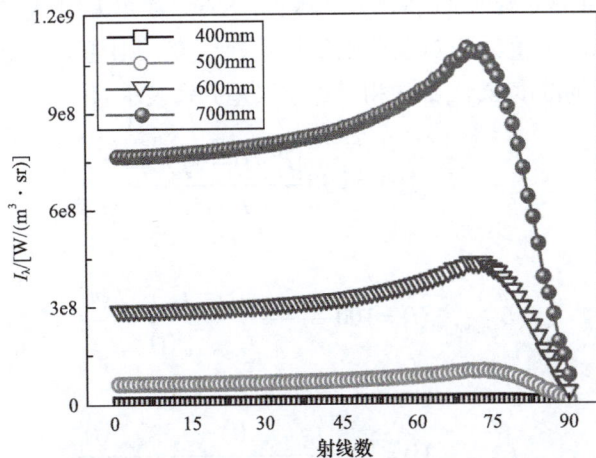

图 7-4　辐射强度分布

为了研究测量误差对重建精度的影响，在由正问题求得的出射辐射强度精确解的基础上添加均值为 0、均方差为 σ_1 的正态分布随机误差，模拟用于重建的实际测量辐射强度，可得

$$I_{\lambda,\mathrm{meas}} = (\mu_1 + \sigma_1 \xi_1) I_{\lambda,\mathrm{exa}} + I_{\lambda,\mathrm{exa}} \tag{7-25}$$

式中：$I_{\lambda,\mathrm{meas}}$ 为模拟的测量辐射强度向量；$I_{\lambda,\mathrm{exa}}$ 为精确辐射强度向量；μ_1 为均值 0；ξ_1 为标准正态分布的随机数，落在区间 $-2.576 < \xi < 2.576$ 的概率为 99%。

类似地，为了研究 TSPD 获取的体积分数比 Rt 的准确性对重建精度的影响，在精确的 Rt 上加入均值为 0、均方差为 σ_2 的正态分布随机误差，模拟实际中获取的 Rt 值，可得

$$Rt_{\mathrm{meas}} = (\mu_2 + \sigma_2 \xi_2) Rt_{\mathrm{exa}} + Rt_{\mathrm{exa}} \tag{7-26}$$

式中：Rt_{meas} 为模拟的测量体积分数比向量；Rt_{exa} 为精确体积分数比向量；μ_2 为均值 0；ξ_2 为标准正态分布的随机数，落在区间 $-2.576 < \xi < 2.576$ 的概率为 99%。

系统的信噪比 SNR 采用对数尺度[137]，定义为

$$\mathrm{SNR}_1 = 20\lg \left(\frac{1}{\left[\dfrac{1}{N} \sum_{j=1}^{N} \sigma_1^2 \xi_{1j}^2 \right]^{1/2}} \right) \quad j=1,2,\cdots,N \tag{7-27}$$

$$\mathrm{SNR}_2 = 20\lg \left(\frac{1}{\left[\dfrac{1}{M} \sum_{i=1}^{M} \sigma_2^2 \xi_{2i}^2 \right]^{1/2}} \right) \quad i=1,2,\cdots,M \tag{7-28}$$

式中：SNR_1 为模拟的测量辐射强度向量的信噪比；SNR_2 为模拟的测量体积分数比的信噪比。

使用重建值与输入值的相对误差来衡量重建精度，则局部的温度 $E_{T,\mathrm{rel}}$、碳烟浓度 $E_{fv,\mathrm{soot,rel}}$ 和金属氧化物浓度 $E_{fv,\mathrm{NPs,rel}}$ 的相对重建误差分别表示为

$$E_{T,\mathrm{rel}}(i) = 100 \frac{|T_{\mathrm{rec}}(i) - T_{\mathrm{exa}}(i)|}{T_{\mathrm{exa}}(i)} \tag{7-29}$$

$$E_{fv,\mathrm{soot,rel}}(i) = 100 \frac{|f_{v,\mathrm{soot,rec}}(i) - f_{v,\mathrm{soot,exa}}(i)|}{f_{v,\mathrm{soot,exa}}(i)} \tag{7-30}$$

$$E_{fv,\mathrm{NPs,rel}}(i) = 100 \frac{|f_{v,\mathrm{NPs,rec}}(i) - f_{v,\mathrm{NPs,exa}}(i)|}{f_{v,\mathrm{NPs,exa}}(i)} \tag{7-31}$$

式中：T_{rec} 和 T_{exa} 分别为重建的和准确的温度；$f_{v,soot,rec}$ 和 $f_{v,soot,exa}$ 分别为重建的和准确的碳烟浓度；$f_{v,NPs,rec}$ 和 $f_{v,NPs,exa}$ 分别为重建的和准确的金属氧化物浓度。

为了比较不同参数场之间的重建效果，温度场、碳烟浓度场以及金属氧化物浓度场的平均相对重建误差分别表示为

$$E_{T,\,rec} = \frac{\sum\limits_{i=1}^{M} E_{T,rel}(i)}{M} \tag{7-32}$$

$$E_{fv,soot,rec} = \frac{\sum\limits_{i=1}^{M} E_{f_{v,soot,rel}}(i)}{M} \tag{7-33}$$

$$E_{fv,NPs,rec} = \frac{\sum\limits_{i=1}^{M} E_{f_{v,NPs,rel}}(i)}{M} \tag{7-34}$$

式中：$E_{T,rec}$、$E_{fv,soot,rec}$ 和 $E_{fv,NPs,rec}$ 分别为温度场、碳烟浓度场、金属氧化物浓度场的平均相对重建误差。

7.1.3　基于发射光谱的重建结果与讨论

下面将基于 7.1.2 节所述的反问题求解模型，由计算得到的实际出射辐射强度分布同时重建温度分布、碳烟浓度分布及金属氧化物浓度分布。

1. 不同正则化算法对重建精度的影响

分别使用正则化方法中 LSQR 算法和 TSVD 算法进行温度场和浓度场的同时重建，并比较两种算法在计算精度和计算稳定性方面的优劣。

下面将讨论使用 LSQR 算法在不同辐射强度测量误差条件下平均相对重建误差以及最大相对重建误差随迭代次数的变化。同时，考虑到奇异值个数对 TSVD 算法的影响，分析奇异值个数的选择对通过 TSVD 计算的重建结果的影响。

以平均相对重建误差的最小值对应的最小迭代次数或最小奇异值个数定义为最佳迭代次数或最佳奇异值个数。辐射强度分布不存在测量误差时，温度分布、碳烟浓度分布及 Al_2O_3 浓度分布的平均及最大相对重建误差随 LSQR 算法迭代次数、TSVD 算法奇异值个数变化如图 7-5 所示。

由图 7-5 可知使用 LSQR 算法重建的温度场最佳迭代次数为 47，相应的平均和最大的相对重建误差分别为 $4.28 \times 10^{-14}\%$ 和 $1.356 \times 10^{-13}\%$；碳烟以及 Al_2O_3 浓度场的最佳次数均为 44，相应的平均和最大的相对重建误差分别为 $6.2 \times 10^{-13}\%$ 和 $3.1 \times 10^{-12}\%$。使用 TSVD 算法重建的温度场最佳奇异值个数为 30，相应的平均和最大的相对重建误差分别为 $2.6 \times 10^{-13}\%$ 和 $1 \times 10^{-12}\%$；碳烟以及 Al_2O_3 浓度场的最佳次数均为 30，相应的平均和最大的相对重建误差均分别为 $1.7 \times 10^{-12}\%$ 和 $5.8 \times 10^{-12}\%$。因此，当辐射强度分布为理想值时，两种算法均能在合适的迭代次数或奇异值个数下得到合理的重建结果。

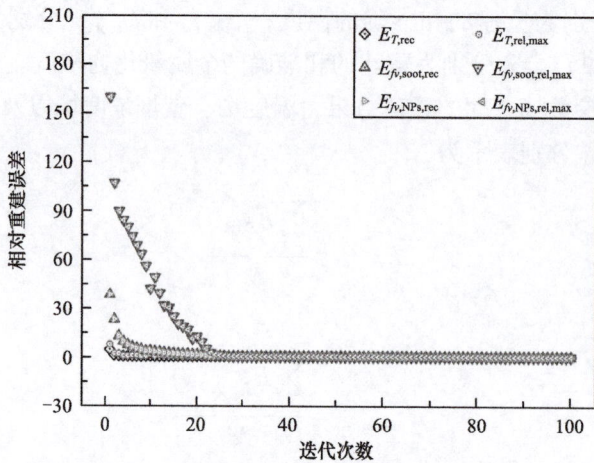

(a) 随LSQR算法迭代次数变化

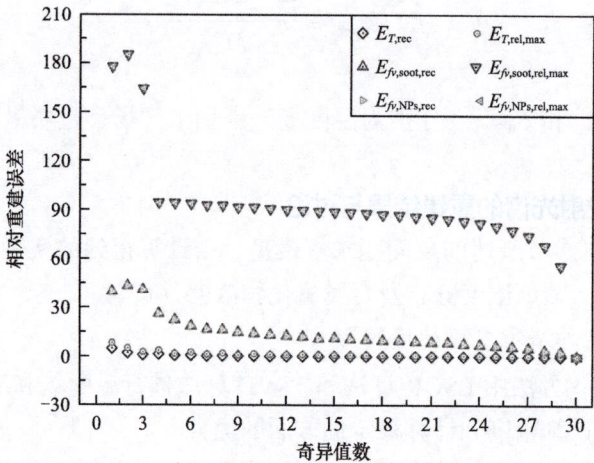

(b) 随TSVD算法奇异值个数变化

图 7-5　无测量误差条件下温度场、碳烟浓度场、Al_2O_3 浓度场的平均及最大相对重建误差

当辐射强度分布存在 65dB 的测量信噪比时，温度分布、碳烟浓度分布及 Al_2O_3 浓度分布的平均及最大相对重建误差随 LSQR 算法迭代次数、TSVD 算法奇异值个数变化如图 7-6 所示。

从图 7-6 中发现使用 LSQR 算法重建的温度场、碳烟浓度场、Al_2O_3 浓度场对应的最佳迭代次数分别为 29、30、30，相应的平均相对重建误差分别为 0.0533%、0.125%、0.125%，最大相对重建误差分别为 0.614%、1.40%、1.40%。使用 TSVD 算法获取的三个参数场的最佳奇异值个数均为 30，相应的平均相对重建误差分别为 0.0534%、0.125%、0.125%，最大相对重建误差分别为 0.612%、1.40%、1.40%。因此，当测量信噪比较高时，两种算法可达到相似的重建效果。

当测量信噪比进一步下降到 46dB 时，温度分布、碳烟浓度分布及 Al_2O_3 浓度分布的平均及最大相对重建误差随 LSQR 算法迭代次数、TSVD 算法奇异值个数变化如图 7-7 所示。

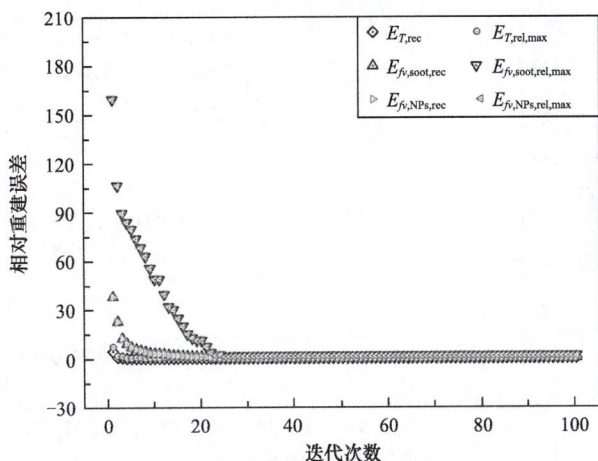

(a) 随LSQR算法迭代次数变化

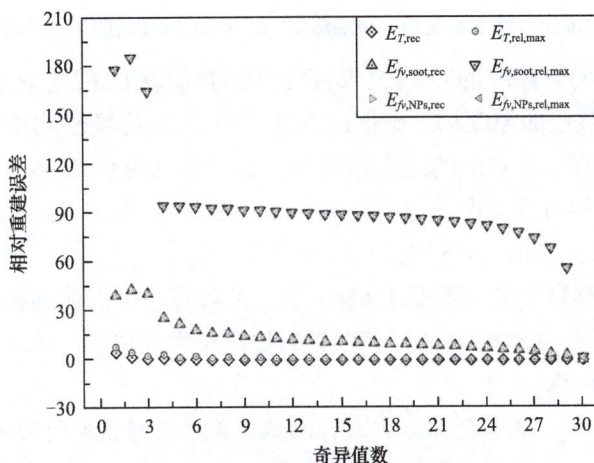

(b) 随TSVD算法奇异值个数变化

图 7-6 测量信噪比为 65dB 条件下温度场、碳烟浓度场、Al_2O_3 浓度场的平均及最大相对重建误差

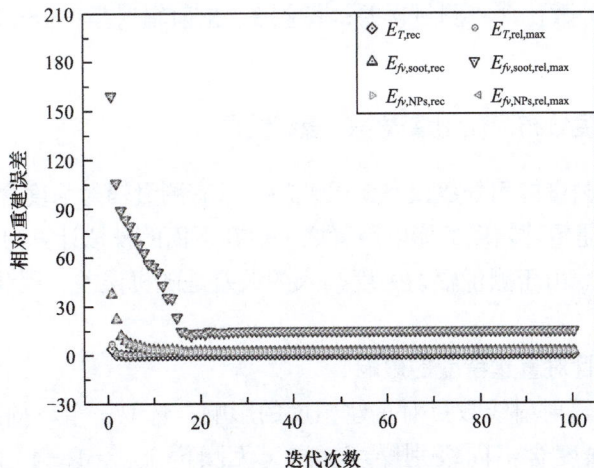

(a) 随LSQR算法迭代次数变化

图 7-7 测量信噪比为 46dB 条件下温度场、碳烟浓度场、Al_2O_3 浓度场的平均及最大相对重建误差（一）

95

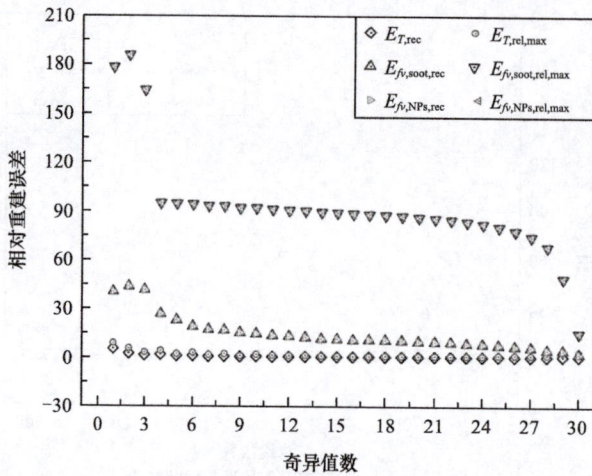

(b) 随TSVD算法奇异值个数变化

图 7-7　测量信噪比为 46dB 条件下温度场、碳烟浓度场、Al_2O_3 浓度场的平均及最大相对重建误差（二）

整体上看，LSQR 算法的重建效果高于 TSVD 算法的重建效果。具体地。使用 LSQR 算法重建的最佳的温度场、碳烟浓度场、Al_2O_3 浓度场平均相对重建误差分别为 0.174%、2.02%、2.02%，对应的最大相对重建误差分别为 0.528%、13.9%、13.9%；使用 TSVD 算法平均相对重建误差分别为 0.146%、2.27%、2.27%，对应的最大相对重建误差分别为 0.847%、15.0%、15.0%。

综上所述，当测量信噪比不低于 65dB 时，两种算法可以达到相似的重建效果，但是当测量误差较大时，LSQR 算法可获取具有更高精度的重建结果，因此，接下来的重建计算将使用 LSQR 算法。

2. 辐射射线数目、波长的组合方式、测试误差对重建精度的影响

本小节详细讨论了辐射射线数、波长的组合方式及测量误差对重建精度的影响，根据测量误差的不同分为三个算例，其中算例 1，只有出射辐射强度分布含有测量误差；算例 2，只有体积分数比含有测量误差；算例 3，出射辐射强度分布和体积分数比同时含有测量误差。

➤ 算例1　辐射强度分布存在测量误差的重建结果

在此算例中，测量体积分数比是无误差的，只有测量辐射强度含有误差。LSQR 算法中的迭代次数也是重建精度的影响因素之一，在下面的模拟计算中，选择最佳的迭代次数进行重建计算。由于测量辐射强度插入的误差是随机误差，因此重建结果是 20 个样本的平均值。

• 辐射射线数目对重建精度的影响

为分析不同的辐射射线数目对重建精度的影响，选取三个不同射线数 N=30、60、90，观察在辐射强度含不同级别噪声 σ_1=0（无噪声）、σ_1=1e-4（SNR_1 约为 80dB）、σ_1=5e-4（SNR_1 约为 65dB）、σ_1=1e-3（SNR_1 约为 60dB）、σ_1=5e-3（SNR_1 约为 46dB）的条件下的重建结果，如图 7-8 所示。

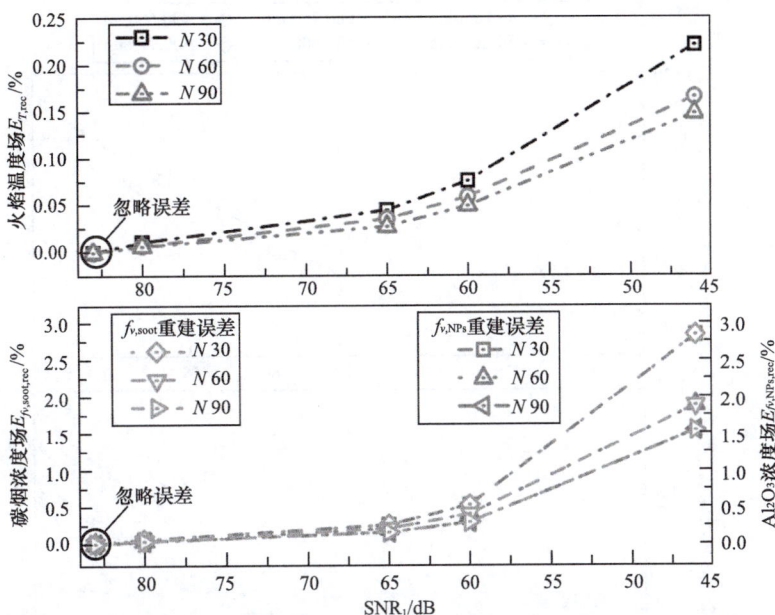

图 7-8　辐射射线数在辐射强度分布存在不同级别测量信噪比的条件下
对平均相对重建误差的影响

从图 7-8 中可以看出，无论探测线的数目，温度场、碳烟浓度场以及 Al_2O_3 浓度场的平均相对重建误差均随着信噪比 SNR_1 的下降而增加。在信噪比 SNR_1 固定时，探测线数目越多，三个场参数的平均相对重建误差均越小。探测线数目越多，光纤光谱仪所接收的系统辐射能信息越多，因此重建结果的准确度越高。信噪比 SNR_1 越小，探测线数目对重建误差的抑制作用越明显。当信噪比 SNR_1 减小至 46dB 时，使用 90 条射线，温度场的平均相对重建误差小于 0.14%，碳烟浓度场以及 Al_2O_3 浓度场的平均相对重建误差均小于 1.53%。

为了得到最佳的重建结果，在下面的计算中将选择探测线的数目为 90。在本部分计算中，使用固定的重建波长 700nm 和 600nm，接下来将对不同波长组合方式对重建精度的影响进行分析讨论。

• 波长组合方式对重建精度的影响

选择六种不同的波长组合方式（400,500nm）（500,600nm）（600,700nm）（500,700nm）（400,600nm）（400,700nm），使用不同的波长组合下的平均相对重建误差如图 7-9 所示。

如图 7-9 所示，无论测量辐射强度误差的大小也无论波长组合方式，Al_2O_3 浓度场与碳烟浓度场的相对平均重建误差始终保持一致，因为 Al_2O_3 浓度是通过碳烟浓度乘以比例系数 Rt 得到，而本部分计算中的体积分数比 Rt 是不含有误差的。此外，随着测量误差的增加，碳烟浓度场以及 Al_2O_3 浓度场的相对平均重建误差比温度场的上升速度更快，数值更大。当测量辐射强度的信噪比为 46dB 时，使用波长组合（400,500nm）得到的碳烟以及 Al_2O_3 浓度场的重建误差增至 2%，而温度场的重建误差仅增至 0.2%。相对于单色局部辐射源 H_λ，局部辐射源 $H_{\lambda 1}$ 与局部辐射源 $H_{\lambda 2}$ 的比值更不易受到辐射强度测量误差的干扰。因此，由式（7-22）计算的温度重建结果的准确度高于由式（7-23）及式（7-24）计算的碳烟浓度场及 Al_2O_3 浓度场的重建结果的准确度。

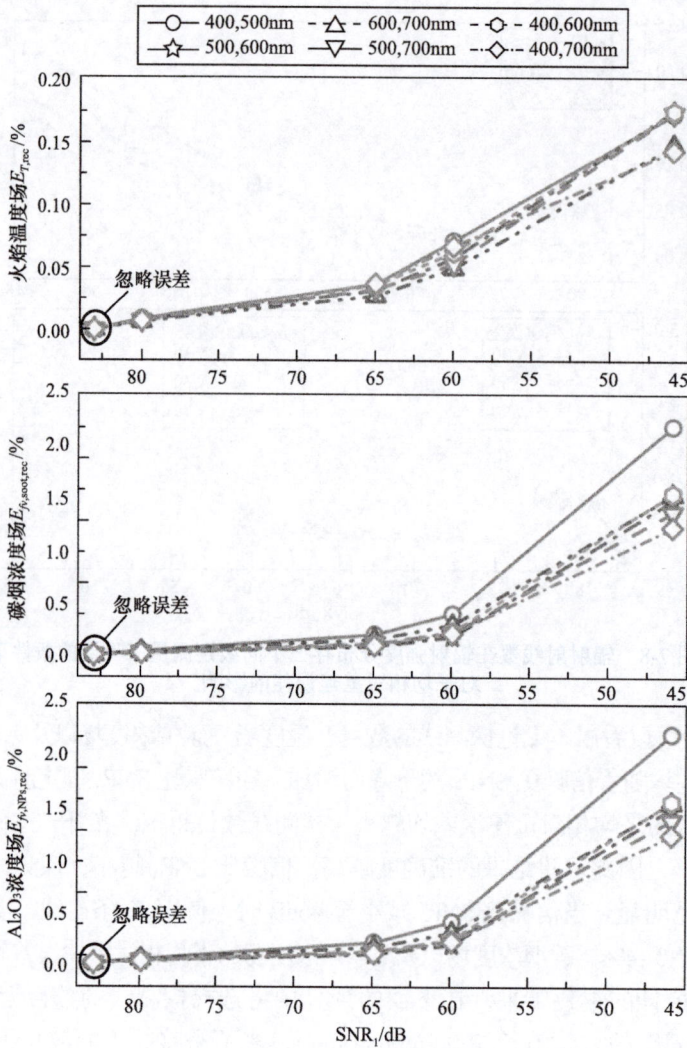

图 7-9　波长组合方式在辐射强度分布存在不同级别测量信噪比的条件下对平均相对重建误差的影响

　　总体上，波长组合（400nm,500nm）的重建效果是最差的，而波长组合（400nm,700nm）的重建效果是最满意的。尤其是在辐射强度测量信噪比较低（SNR_1=46dB）的情况下，使用波长组合（400nm,700nm）重建的浓度场平均相对重建误差明显小于使用其他波长组合的结果；而在辐射强度测量信噪比高于 46dB 时，使用波长组合（400nm,700nm）重建的浓度场平均相对重建误差与使用其他波长组合的结果相似或更小。因此，在接下来的计算中均选择最佳的波长组合（400nm,700nm）。

　　• 使用 90 根辐射射线，（400nm,700nm）波长组合方式下的重建结果

　　当辐射强度分布测量信噪比为 46dB 时，准确分布及重建分布分别如图 7-10（a）及（b）所示。整体上看，温度场、碳烟浓度场以及 Al_2O_3 的浓度场与准确的输入分布保持较高的重合度，较明显的差异仅出现在火焰中心处，也即火焰的低温区域。低温区发出的辐射能量信息较弱且易受到测量误差的干扰，因此低温区域相对较难重建。

温度场、碳烟浓度场以及 Al_2O_3 的浓度场的相对重建误差如图 7-10 所示,其中温度场的最大及平均相对重建误差分别为 0.16% 及 0.34%,碳烟浓度场的最大及平均相对重建误差分别为 1.30% 及 6.96%,Al_2O_3 浓度的重建相对误差与碳烟浓度的重建相对误差保持一致。由此可见即使在测量辐射强度含有较高的噪声时,使用此重建模型仍可得到相对误差在合理的范围内的温度场、碳烟浓度场及 Al_2O_3 浓度场。

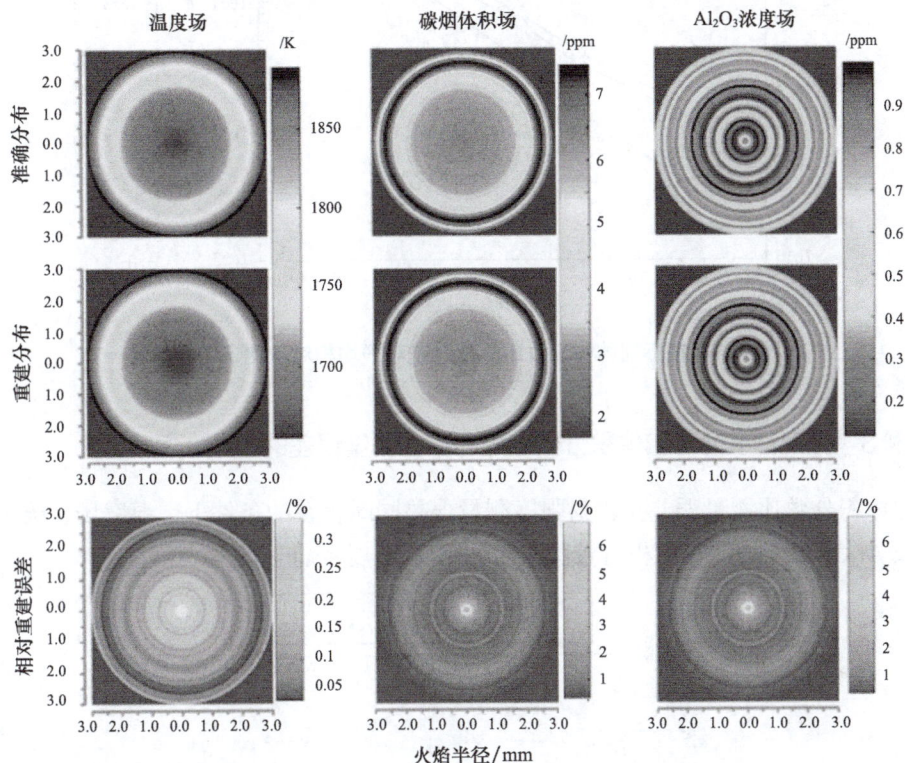

图 7-10　辐射强度测量信噪比为 46dB 时的重建结果

➤ 算例 2　体积分数比存在测量误差的重建结果

在本部分计算中,测量误差仅存在于体积分数比,测量辐射强度是准确的。考虑了五种不同的测量误差,分别为 σ_2=1e−4(SNR₂ 约为 80dB)、σ_2=5e−4(SNR₂ 约为 65dB)、σ_2=1e−3(SNR₂ 约为 60dB)、σ_2=5e−3(SNR₂ 约为 46dB)、σ_2=1e−2(SNR₂ 约为 39dB)。

在不同的体积分数比测量信噪比 SNR_2 的情况下,温度场、碳烟浓度场以及 Al_2O_3 浓度场的平均相对重建误差如图 7-11 所示。随着信噪比的下降,三个场参数的平均相对重建误差均有明显的上升。其中,Al_2O_3 浓度场平均相对重建误差不同的增长最为明显。也就是说,相对于温度场和碳烟浓度场的重建,Al_2O_3 浓度场的重建更易受到体积分数比测量误差的干扰。

当信噪比 SNR_2 由 80dB 下降到 39dB 时,温度场的平均相对重建误差低于 0.001%,碳烟浓度场的平均相对重建误差低于 0.01%,Al_2O_3 浓度场的平均相对重建误差不大于

1%。由此可知，即使体积分数比测量信噪比 SNR_2 低至 39dB 时，三个场参数仍可较为准确地同时重建。

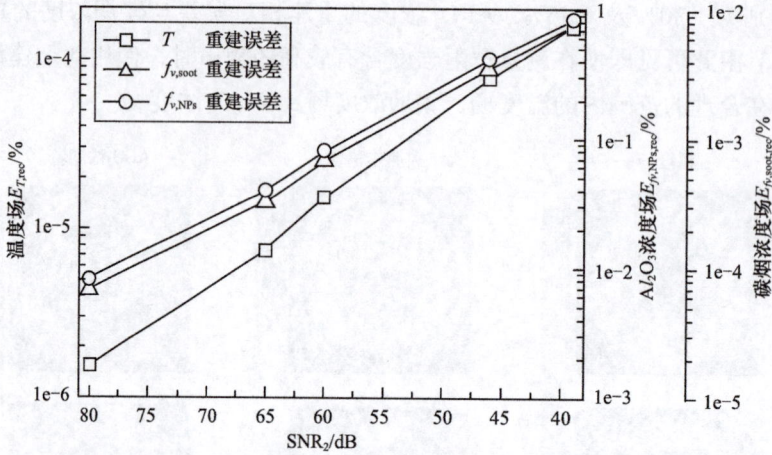

图 7-11　在不同体积分数比测量误差对平均相对重建误差的影响

➤ **算例3　辐射强度分布和体积分数比同时存在测量误差的重建结果**

在体积分数比测量误差及辐射强度测量误差同时存在的条件下，温度场、碳烟浓度场以及 Al_2O_3 浓度场的平均相对重建误差如图 7-12 所示。

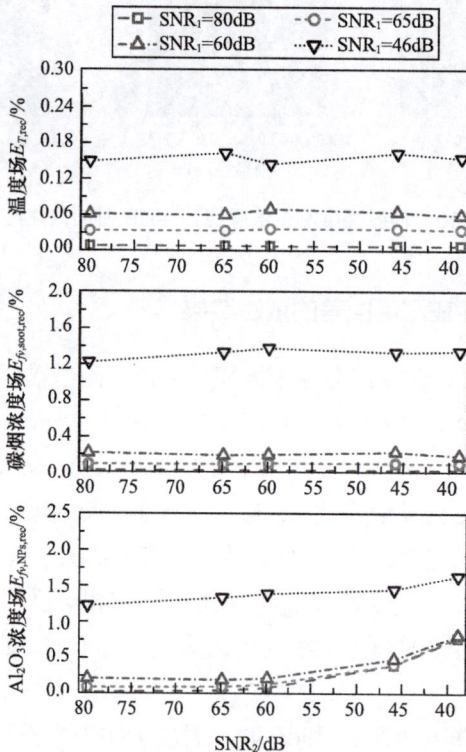

图 7-12　辐射强度及体积分数比测量误差对平均相对重建误差的影响

从图 7-12 中可以看出，温度场和碳烟浓度场的重建误差随不同辐射强度测量信噪比 SNR_1 的下降而明显增大，而随不同体积分数比测量信噪比 SNR_2 的下降无明显变化，即温度场和碳烟浓度场的重建结果受辐射强度测量误差的影响较大，而对体积分数比的测量误差不敏感。相对而言，Al_2O_3 浓度场的重建精度对不同体积分数测量信噪比 SNR_2 的敏感度更高，特别是在 SNR_2 低于 60dB 的情况下。因此，为了同时准确地重建三个场参数，辐射强度和体积分数比的测试误差都应该控制在合理的范围内。

特别地，当辐射强度测量信噪比 SNR_1 低至 46dB，体积分数比测量信噪比 SNR_2 低至 39dB 时，温度场的重建误差仅为 0.15%，碳烟浓度场的重建误差仅为 1.34%，Al_2O_3 浓度场的重建误差仅为 1.63%。这说明，即使在辐射强度测量误差和体积分数比测量误差较大时，使用本节提出的重构策略仍然可以很好地重建出多颗粒温度场和浓度场，也就降低了实际实验中光纤光谱仪以及 TSPD-TEM 技术测量精度的要求。

7.1.4　利用 CCD 摄像机进行同时重建

上一节介绍了基于发射光谱的复杂燃烧火焰多颗粒温度场和浓度场的同时求解模型以及重建结果与讨论。使用光纤光谱仪可以获取精度较高的火焰边缘出射的辐射强度分布数据，但无法同时获取整个火焰面的瞬时辐射强度数据。CCD 摄像机可以捕捉整个火焰的瞬态图像，进而从中获取火焰辐射能量信息。

在本节中，将使用单台 CCD 摄像机取代光纤光谱仪来获取辐射强度分布。基于单台 CCD 摄像机的重建系统如图 7-13 所示，火焰的对称横截面均分为 M 个环，环的半径用 r 表示。CCD 摄像机布置在火焰的边缘，到火焰中心的距离为 L_e。CCD 摄像机的视场角为 2θ，视场角的重建区域划分为 $2N$ 个离散方向。正问题和反问题的求解模型均与 7.1.1 节一致，但长度矩阵 L 是基于视在光线法通过 CCD 摄像机与火焰划分单元环的几何关系所得。

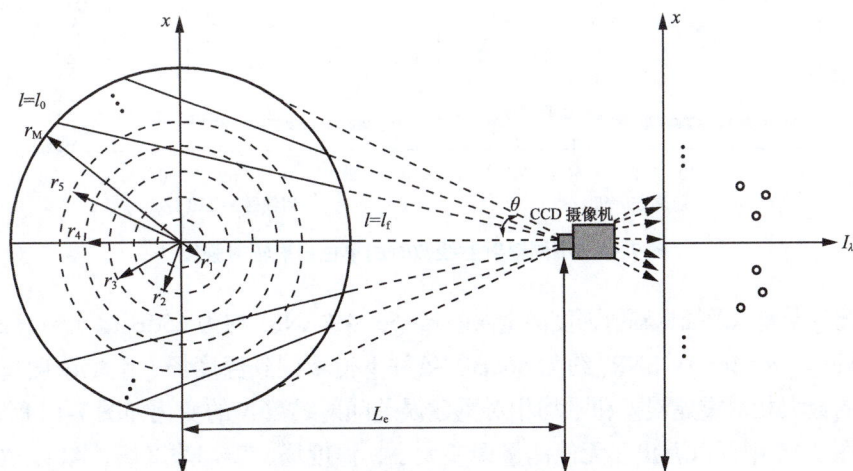

图 7-13　基于单台 CCD 摄像机的重建系统

7.1.5 基于辐射图像的重建结果与讨论

重建系统的几何参数、网格划分与 7.1.2 节相同，输入的温度场、碳烟浓度场、Al_2O_3 浓度场也均与 7.1.2 节相同。CCD 摄像机的视场角 2θ 假设为 80°，CCD 摄像机与火焰中心的距离 L_e 假设为 4.7mm。使用的重建波长为 CCD 摄像机红色通道的中心波长 0.70μm 及绿色通道的中心波长 0.53μm。

➤ 算例 1 辐射强度分布存在测量误差的重建结果

基于上节所述正问题的求解方法计算火焰边界出射的单色辐射强度分布，图 7-14 展示了使用不同的射线数 N=30、60、90、120 情况下的 700nm 和 530nm 单色出射辐射强度分布。

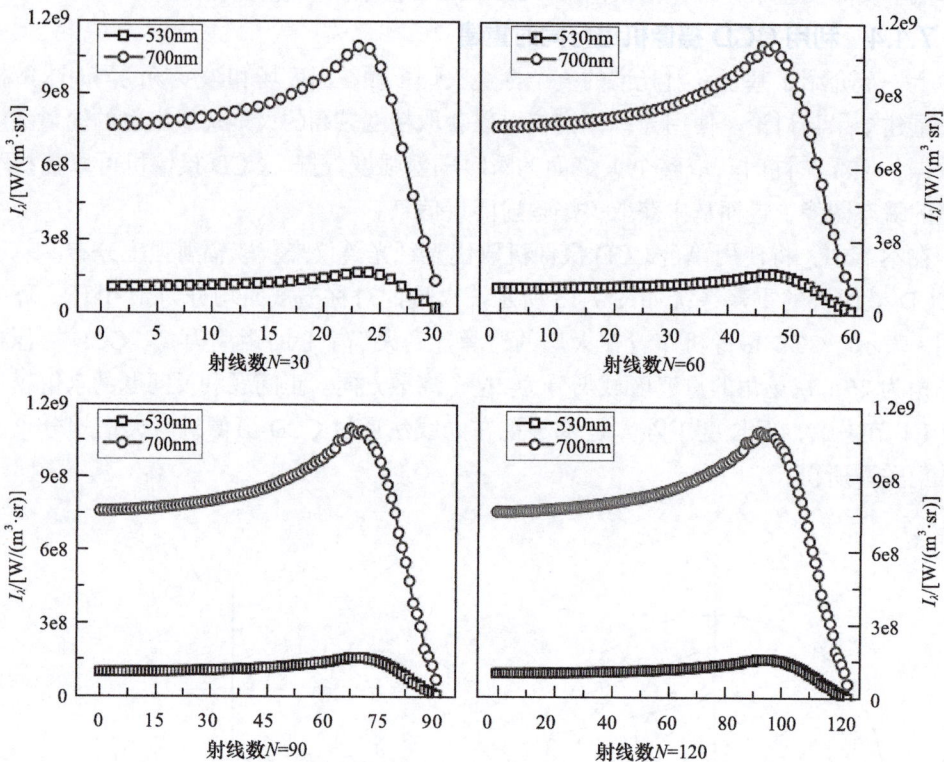

图 7-14 不同辐射射线数时的单色出射辐射强度

无测量误差以及插入辐射强度测量误差 σ_1=5e−4（SNR_1 约为 65dB）、σ_1=1e−3（SNR_1 约为 60dB）、σ_1=5e−3（SNR_1 约为 46dB）条件下得不同到温度场、碳烟浓度场、Al_2O_3 浓度场的最大相对重建误差和平均相对重建误差随射线数 N 的变化如图 7-15 所示。

从图 7-15 中可以看出，无论测量误差大小，温度场、碳烟浓度场、Al_2O_3 浓度场的最大相对重建误差和平均相对重建误差均随射线数由 30 到 90 的增加而显著下降。然而，当射线数由 90 进一步增加至 120 时，温度场、碳烟浓度场、Al_2O_3 浓度场的最大相对重建误差和平均相对重建误差的下降趋势不再明显，与此同时计算时间大幅增长。

因此，射线数 90 为均衡重建精度和计算时间的最佳射线数，在下面的计算中，均选择最佳射线。

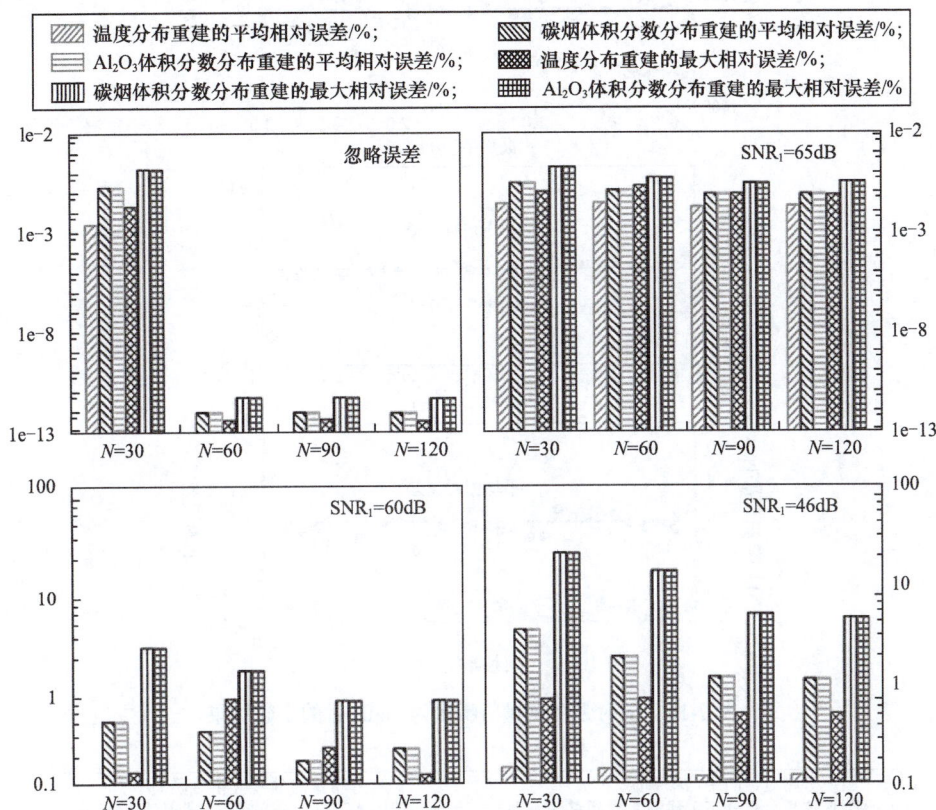

图 7-15　辐射射线数在辐射强度存在不同级别测量信噪比的条件下对重建精度的影响

当辐射强度测量信噪比 SNR_1 约为 46dB 时，使用射线数 90 的重建结果如图 7-16 所示。从图可以看出，重建的参数分布与准确分布几乎一致，其中高温区 1738 ~ 1886K 的重建精度最高，而低温区的重建结果相对容易受到测量误差的干扰。碳烟浓度场的平均相对重建误差始终与 Al_2O_3 浓度场的保持一致，温度场、碳烟浓度场、Al_2O_3 浓度场的平均相对重建误差分别为 0.12%、1.19%、1.19%，最大相对重建误差分别为 0.51%、5.15%、5.15%。

由于添加了随机的测量误差，此节使用 20 个样本来检验重建方法的稳定性。在不同测量误差下，20 个样本的最大相对重建误差和平均相对重建误差如图 7-17 所示。即使辐射强度测量信噪比低至 46dB 时，20 个样本的温度场的最大相对重建误差均低于 0.88%。由此可知，在这些级别的测量误差存在下，温度场的重建结果都比较满意。当辐射强度测量信噪比为 60dB 时，20 个样本的浓度场的最大相对重建误差均低于 1.79%。然而，当测量信噪比进一步降低至 46dB 时，浓度场的最大相对重建误升至 14.24%，此时的浓度场重建结果存在较明显的错误。因此，为同时得到准确的温度场、碳烟浓度场、Al_2O_3 浓度场，需要保证 CCD 摄像机的测量信噪比不低于 60dB。

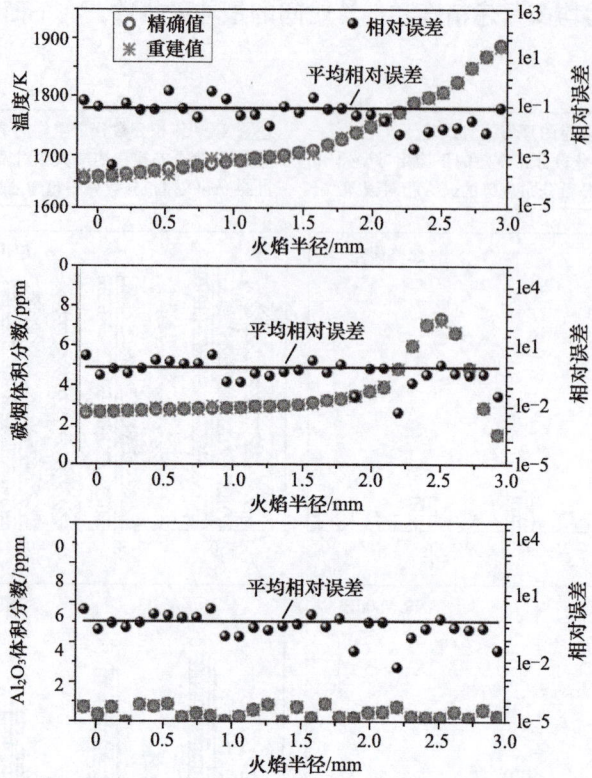

图 7-16 辐射强度测量信噪比为 46dB 时的重建结果

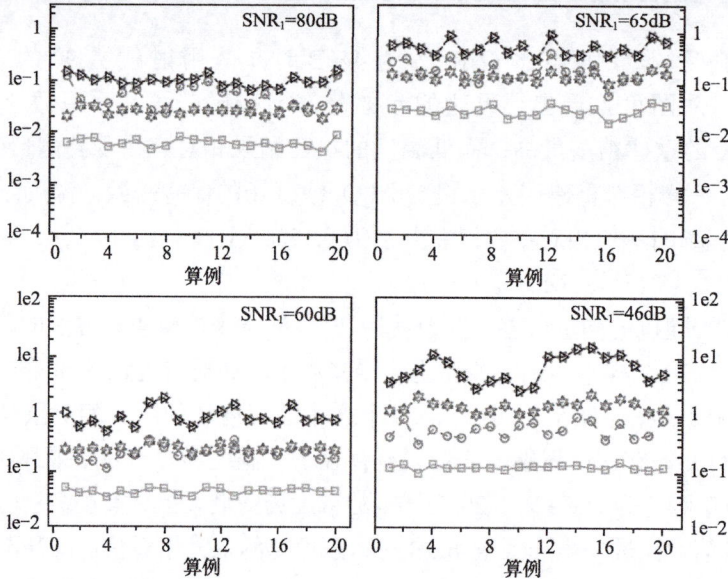

图 7-17 辐射强度测量误差对 20 个算例的重建精度的影响

➤ **算例 2　体积分数比存在测量误差的重建结果**

此算例中，仅测量体积分数比数据含有误差，辐射强度分布为准确值。考察了四种不同的测量信噪比 65、60、46、39dB。由于插入的测量误差是随机的，此算例模拟计算中同样使用 20 个样本。

平均 20 个样本的温度场相对重建误差、碳烟浓度场相对重建误差、Al_2O_3 浓度场相对重建误差如图 7-18 所示。温度场的局部相对重建误差最小，而 Al_2O_3 浓度场的局部相对重建误差最大。Al_2O_3 浓度值是通过碳烟浓度值乘以体积分数比求得，因此，当体积分数比含有测量误差时，Al_2O_3 浓度场的重建误差大于碳烟浓度场的重建误差，当体积分数比为准确值时两种颗粒物的重建浓度场相同。当不同体积分数比测量信噪比低至 39dB 时，Al_2O_3 浓度场的最大相对重建误差低于 1.2%，位于火焰半径 $r=2.1mm$ 处。

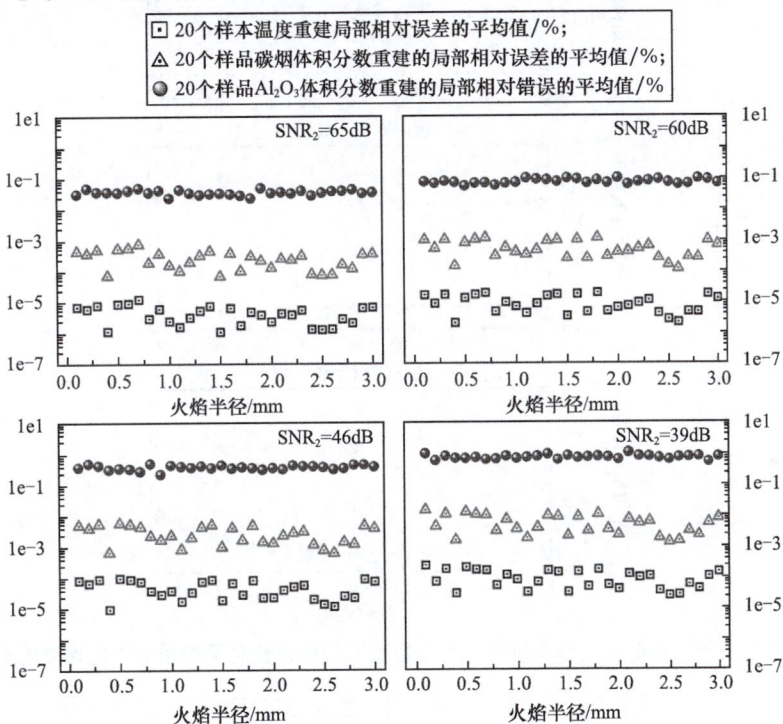

图 7-18　体积分数比测量误差对 20 个算例相对重建误差的影响

➤ **算例 3　辐射强度分布和体积分数比同时存在测量误差的重建结果**

在本算例中，辐射强度和体积分数比同时含有测量误差。不同的测量误差情况下，平均 20 个样本的温度场、碳烟浓度场及 Al_2O_3 浓度场的平均相对重建误差如图 7-19 所示。

由图观察，不同体积分数比测量信噪比 SNR_2 对温度场和碳烟浓度场的重建精度的影响不明显，无可观的变化趋势；相对于不同体积分数比测量误差对重建精度的影响，不同辐射强度测量误差的影响更明显。特别地，在辐射强度测量信噪比 SNR_1 为定值 46dB 条件下，当不同体积分数比测量信噪比 SNR_2 由 80dB 下降至 46dB 时，温度场、碳烟浓度场、Al_2O_3 浓度场的平均相对重建误差分别为 1.09、1.2、1.24 倍。然而，在不同体积分数比测量信噪比 SNR$_2$ 为定值 46dB 条件下，当不同辐射强度测量信噪比 SNR$_2$ 由 80dB 下降至 46dB 时，温度场、碳烟浓度场、Al$_2$O$_3$ 浓度场的平均相对重建误差分别增长 19、53.67、3.36 倍。

当不同辐射强度测量信噪比 SNR$_1$ 为 46dB 且不同体积分数比测量信噪比 SNR$_2$ 为 39dB 时，温度场的平均相对重建误差仅为 0.12%，碳烟浓度场和 Al$_2$O$_3$ 浓度场的平均相对重建误差分别仅为 1.45% 和 1.72%。

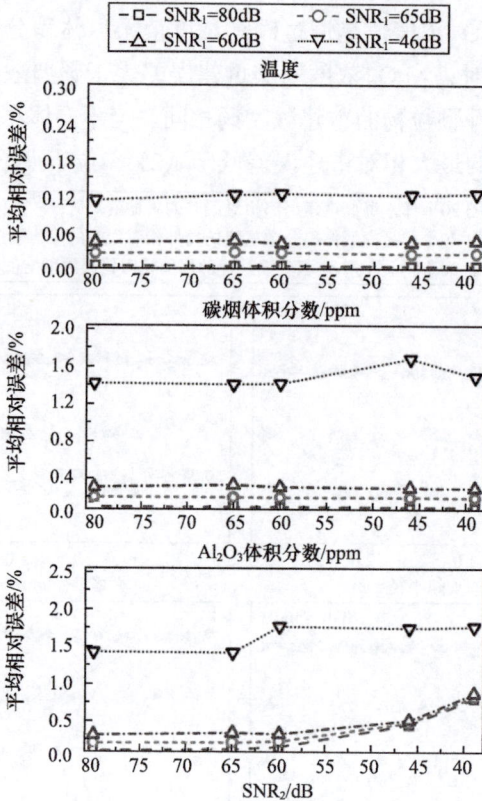

图 7-19　不同辐射强度分布以及体积分数比的测量误差对平均相对重建误差的影响

综上所有算例可以看出，对于含两种颗粒物的燃烧对称光学薄火焰，采用 CCD 摄像机获取辐射图像并结合 TSPD-TEM 技术重建多颗粒温度场和浓度场的重构策略是可行的，且具有较高的计算精度和计算稳定性。

7.2　基于多光谱技术的直接同时重建

上节提出的复杂燃烧对称光学薄火焰的温度场和浓度场同时求解策略，需要采用 TSPD-TEM 技术获取金属氧化物与碳烟颗粒物的体积分数比。但是，TSPD-TEM 技术使用探针插入火焰，不可避免地对火焰流场产生干扰，且在一定程度上降低了时间和空间的重建分辨率，有必要探索非接触式的多颗粒温度场和浓度场的直接求解方法。

在本节中，基于多光谱技术并结合一维搜索算法对局部的金属氧化物与碳烟颗粒物的体积分数比进行逐环搜索，从而替代接触式的 TSPD-TEM 方法，建立光学非接触式含两种颗粒物的燃烧对称光学薄火焰的温度场和浓度场直接同时重建模型。利用单台 CCD

摄像机获取火焰辐射能量图像，使用三个波长的单色出射辐射强度分布信息，其中波长 λ_1 为 R 通道中心波长（0.70μm），λ_2 为 G 通道中心波长（0.53μm），λ_3 为 B 通道中心波长（0.42μm）。该方法既充分利用了 CCD 摄像机获取的光谱信息，又避免了获取不同颗粒物体积分数比这一先验条件的同时给复杂燃烧火焰温度场和浓度场的重构带来了干扰和不便。

7.2.1　重建原理

使用简单的一维搜索算法由最内环到最外环逐环求解每个环中最佳的体积分数比 Rt^{opt}，目标函数定义为

$$F_{\text{obj},i}(Rt_i, T_i, f_{v,\text{soot},i}, f_{v,\text{NPs},i}) = \frac{\left\| H'_{\lambda3,i} - H_{\lambda3,i} \right\|}{H_{\lambda3,i}} \qquad (i=1,\cdots,M) \qquad (7\text{-}35)$$

式中：$H_{\lambda3,i}$ 为环 i 的局部发射源项，基于测量的单色辐射强度直接求解得到；$H'_{\lambda3,i}$ 为环 i 的假设的局部发射源项，基于假设的体积分数比 Rt_i 求解正问题得到。分别求出假设的体积分数比 Rt_i 对应的目标函数值 $F_{\text{obj},i}$，其中最小的目标函数值对应的体积分数比 Rt_i 即为环 i 的最佳的体积分数比。值得注意的是，这里不采取常用的辐射强度相关函数作为目标函数，而是使用发射源项的相关函数作为目标函数，原因如下：式（7-12）为线性方程，其中长度矩阵 L 与假设的体积分数比 Rt_i 无关，因此采用发射源项的相关函数作为目标函数是合理的；若采用发射源项相关函数作为目标函数，搜索所有环中的最佳体积分数比仅需要 $[(Rt_{\max} - Rt_{\min})/\text{step}] \times M$ 次循环，若采用辐射强度相关函数作为目标函数，则需要 $[(Rt_{\max} - Rt_{\min})/\text{step}]^M$ 次循环，因此目标函数选择发射源项相关函数可以显著降低计算时间。

使用 CCD 摄像机获取火焰辐射能量图像，并从中得到 CCD 摄像机三个通道的中心波长对应的单色辐射强度分布，然后基于多光谱技术同时求解复杂燃烧火焰多颗粒温度场和浓度场，具体的求解流程如图 7-20 所示。

基于多光谱技术的多颗粒温度场和浓度场直接重建的具体计算步骤为：

步骤 1：基于火焰横截面划分的等距环与探测线的几何关系，确定长度矩阵 L。

步骤 2：输入测量的火焰发射辐射强度向量 $I_{\lambda1}$、$I_{\lambda2}$、$I_{\lambda3}$，使用 LSQR 算法求解式（7-12）得到发射源项 $I_{\lambda1}$、$I_{\lambda2}$、$I_{\lambda3}$。

步骤 3：将假设的体积分数比 Rt_i 以及步骤 2 求解得到的发射源项 $I_{\lambda1}$、$I_{\lambda2}$，代入式（7-22）～式（7-24）求解环 i 的假设的局部温度 T_i、碳烟浓度 $f_{v,\text{soot},i}$、金属氧化物浓度 $f_{v,\text{NPs},i}$。

步骤 4：由步骤 3 得到的环 i 内假设的局部温度 T_i、碳烟浓度 $f_{v,\text{soot},i}$、金属氧化物浓度 $f_{v,\text{NPs},i}$，通过正问题计算得到环 i 的假设的发射源项 $H'_{\lambda3,i}$。进而与通过测量辐射强度向量 $I_{\lambda3}$ 直接求解得到的发射源项 $H_{\lambda3,i}$ 构造目标函数。

步骤 5：计算环 i 中 $[Rt_{\min}, Rt_{\max}]$ 范围内所有体积分数比 Rt_i 对应的目标函数值。将最小的目标函数值对应的 Rt_i 确定为当前环的最佳值 Rt_i^{opt}。

步骤 6：将环 i 的最佳值 Rt^{opt} 代入式（7-22）～式（7-24），再次求解环 i 的温度 T_i、碳烟浓度 $f_{v,\text{soot},i}$、金属氧化物浓度 $f_{v,\text{NPs},i}$。

步骤 7：由最内环到最外环依次搜索求解火焰横截面划分的所有环中的最佳值 Rt_i^{opt}，

当所有环中的温度 T_i、碳烟浓度 $f_{v,\text{soot},i}$、金属氧化物浓度 $f_{v,\text{NPs},i}$ 求解后，输出多颗粒温度场和浓度场的重建结果，结束计算。

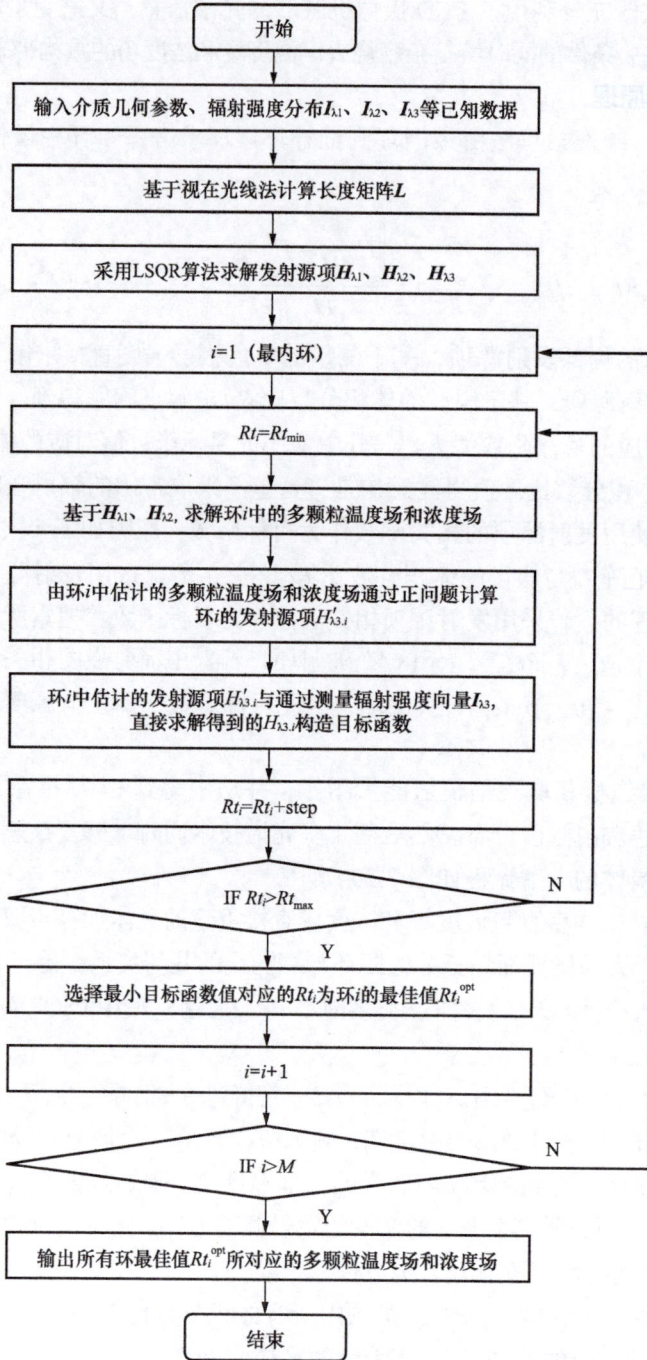

图 7-20　基于多光谱技术的多颗粒温度场和浓度场同时求解流程图

7.2.2　重建结果与讨论

本节算例采用 7.1.4 节的重建系统及火焰横截面的几何参数、单元环的划分方式。

输入的温度场、碳烟浓度场、金属氧化物 Al_2O_3 浓度场如图 7-21 所示。

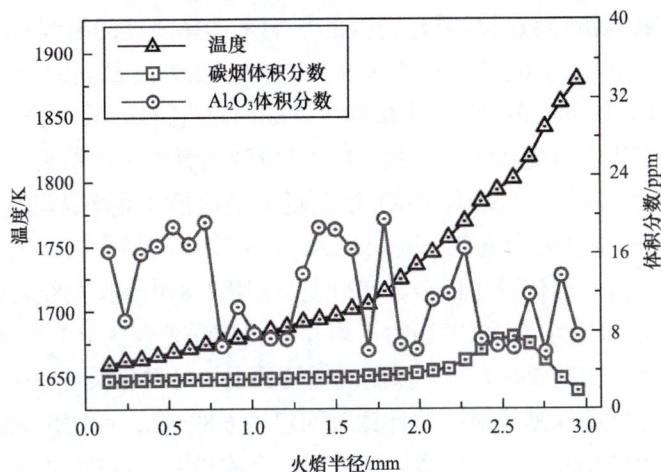

图 7-21 输入的温度场、碳烟浓度场以及 Al_2O_3 浓度场

在本节重建计算中，将分别研究探测线数目、波长组合方式、测量误差及输入的 Al_2O_3 浓度场对重建精度的影响。表 7-1 汇总了重建计算的输入条件。

表 7-1   重建计算输入条件

算例	射线数	波长组合	信噪比	Al_2O_3 浓度场	最大 Rt	最小 Rt	步长
（1）	30 90 270 810 2430 7290 21870 65610	420nm+530nm&700nm	No 60dB 54dB	×1	7	0	0.002
（2）	21870	420nm+530nm&700nm 700nm+420nm&530nm 530nm+420nm&700nm	54dB	×1	7	0	0.002
（3）	21870	420nm+530nm&700nm	80dB 65dB 60dB 54dB 46dB 39dB	×1	7	0	0.002
（4）	21870	420nm+530nm&700nm	80dB 65dB 60dB 54dB 46dB 39dB	×0.5 ×0.1	3.5 0.7	0	0.001 0.0002

1. 辐射射线数目对重建精度的影响

首先通过分析探测线数目对重建精度的影响来选择最佳的射线数。分别使用射线数 30、90、270、810、2430、7290、21870、65610，在无测量误差和辐射强度测量信噪比为 60、54dB 条件下对多颗粒温度场和浓度场同时进行重建。如图 7-22 所示，在不考虑测量误差情况下，仅使用探测线数 90 就可得到满意的重建结果。然而，当辐射强度含有测量误差时，碳烟浓度场和 Al_2O_3 浓度场的平均相对重建误差均明显上升，其中 Al_2O_3 浓度场的增长幅度最为显著。碳烟和 Al_2O_3 浓度场的平均相对重建误差均随探测线数目的增加而下降。当信噪比低至 54dB 时，使用 21870 条探测线可得到较为满意的重建结果，其中碳烟和 Al_2O_3 浓度场的平均相对重建误差仅为 0.33% 和 1.19%。然而，当探测线数由 21870 增至 65610 时，探测线数目的增加对重建误差进一步的抑制作用并不显著。使用 21870 条探测线对应的计算时间仅为 6.89min，而使用 65610 条探测线对应的计算时间为 19.34min。通过权衡计算时间和重建精度，21870 为选择的最佳探测线数，接下来的重建计算中将使用此最佳探测线数。

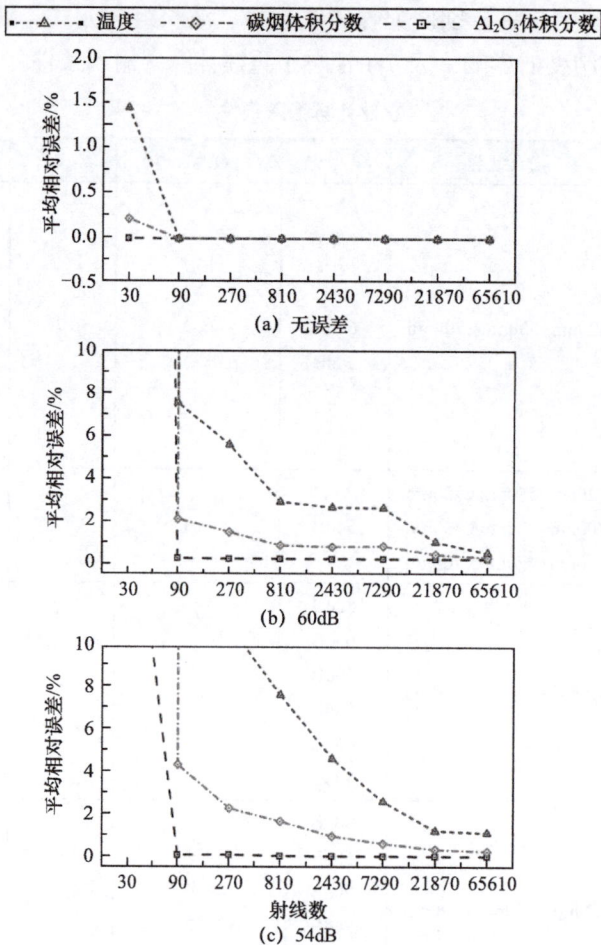

图 7-22 探测线数在不同测量信噪比条件下对平均相对重建误差的影响

辐射强度不存在噪声时的重建结果如图 7-23 所示，可以看出，重建值与输入的准确值具有较高的重合度，证明了本节中所提出的重建方法可行性。

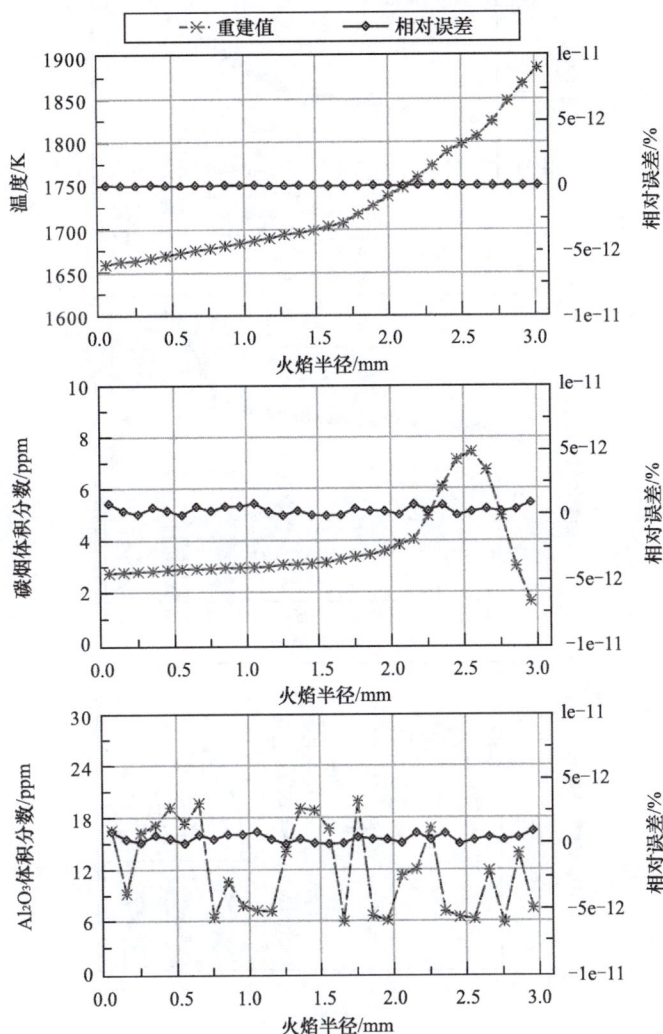

图 7-23　无测量误差条件下的重建结果

2. 波长组合方式对重建精度的影响

火焰出射辐射强度分布的测量信噪比为 54dB 时，使用不同的波长组合得到的多颗粒温度场和浓度场的重建结果如图 7-24 所示。

由图 7-24 可知，对于所有的波长组合方式，重建的温度场和碳烟浓度场与准确值均能保持较高的一致性，相对而言，Al_2O_3 浓度场的偏移较为明显。在不同的波长组合方式下，温度场的平均相对重建误差均低于 0.004%，碳烟浓度场的平均相对重建误差均低于 0.4%。对于 Al_2O_3 浓度场的重建，使用 420nm 波长的辐射信息进行一维搜索得到的重建精度略高于其他的波长组合方式。因此，在接下来的数值模拟计算中，将基于 420nm 的辐射强度信息搜索体积分数比进而结合 530nm 和 700nm 的辐射强度信息同时重建温度场、碳烟浓度场和 Al_2O_3 浓度场。

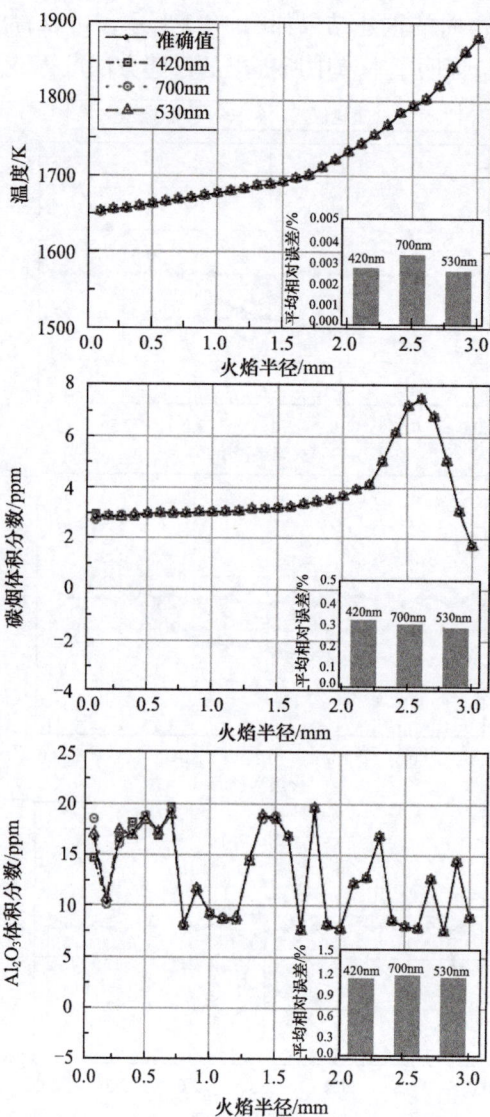

图 7-24　不同波长组合方式下的重建结果

注：420nm 代表基于 420nm 的单色辐射强度分布信息搜索体积分数比，530nm 代表基于 530nm 的单色辐射强度分布信息搜索体积分数比，700nm 代表基于 700nm 的单色辐射强度分布信息搜索体积分数比。

3．辐射强度分布的测量误差对重建精度的影响

在不同辐射强度测量信噪比 SNR 分别为 80、65、60、54、46dB 和 39dB 条件下的重建结果如图 7-25 所示。

由图 7-25 可以看出，无论信噪比级别的大小，相对于 Al_2O_3 浓度场的重建精度而言，温度场和碳烟浓度场的重建精度较高，也即受辐射强度测量噪声的影响相对较小。在火焰横截面的任何位置，重建的温度场均与输入准确值能较好地吻合。当信噪比低至 46dB 和 39dB 时，在靠近火焰中心的位置，重建的碳烟浓度场与准确值出现偏离，但仍在可信的范围内。具体地，当信噪比为 39dB 时，温度场的最大和平均的相对重建误差仅为

0.113% 和 0.017%，碳烟浓度场的最大和平均的相对重建误差为 6.121% 和 1.216%。

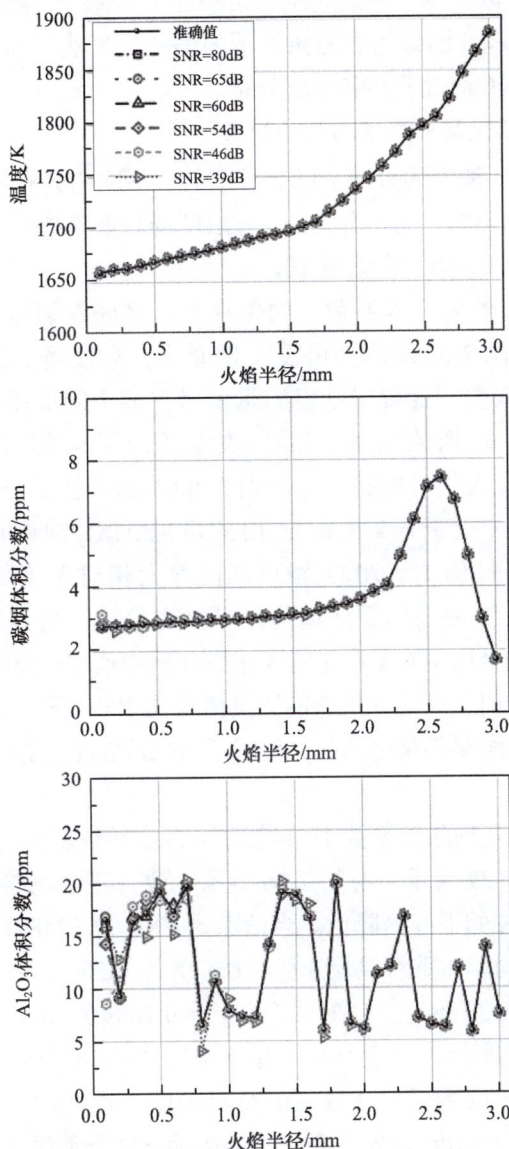

图 7-25　辐射强度测量误差对重建结果的影响

　　然而，在相同信噪比 SNR=39dB 条件下，Al_2O_3 浓度场的最大和平均相对重建误差为 37.812% 和 6.067%，由此可见此信噪比条件下的 Al_2O_3 浓度场重建结果是不可信的。因为 Al_2O_3 浓度场的重建精度不仅与碳烟浓度场的重建精度有关，而且与最佳的体积分数比的准确度有关，所以，Al_2O_3 浓度场的重建结果较易受到测量噪声的干扰。当信噪比 SNR=46dB 时，只在接近火焰中心的位置 r=0.1mm 及 0.2mm 处，Al_2O_3 浓度场的重建分布与输入准确分布存在较为明显的偏离，因为这些区域的局部温度相对较低而且探测线的穿越长度相对较短，导致 CCD 摄像机获取这些区域的辐射信息不足。

综上所述，当信噪比低至 39dB 时，温度场和碳烟浓度场仍保持满意的重建精度，若要得到可靠的 Al_2O_3 浓度场，重建系统的信噪比不可低于 54dB。实验室使用的 CCD 摄像机传感器在使用 4×4 图像组合的条件下的信噪比高达 72dB[137]，由此期待实际实验中可获取可信的多颗粒温度分布和浓度分布。

4. 输入的 Al_2O_3 浓度场对重建精度的影响

实际实验中，Al_2O_3 浓度的分布范围是可变的，不同的分布范围对一维搜索方法的算法精度会产生一定的影响，为了分析 Al_2O_3 浓度场对重建精度影响，在本节中，输入的 Al_2O_3 浓度场分别除以系数 2 和系数 10。

在输入的 Al_2O_3 浓度场除以系数 2 的条件下，多颗粒温度场和浓度场的重建结果和相对重建误差如图 7-26 所示。由图可以看出，温度场、碳烟浓度场、Al_2O_3 浓度场的平均相对重建误差均随辐射强度测量信噪比的下降而增加。当信噪比 SNR 低至 39dB 时，温度场、碳烟浓度场、Al_2O_3 浓度场的平均相对误差分别为 0.039%、1.516% 和 15.180%，最大相对重建误差分别为 0.434%（位于 r=0.1mm）、10.16%（位于 r=0.3mm）和 100%（位于 r=0.2mm），由此可见 Al_2O_3 浓度场的重建结果是不可信的。信噪比 SNR 为 54dB 时，Al_2O_3 浓度场的最大相对重建误差为 14.891%（位于 r=0.1mm），此时 Al_2O_3 浓度场的重建精度是可接受的，但当信噪比 SNR 进一步下降时，火焰横截面多处的 Al_2O_3 浓度重建精度超出合理的范围。总体来看，当 Al_2O_3 浓度分布介于 2.5 ~ 10ppm 时，即使在极低的测量信噪比 39dB 下，基于此模型重建的温度场和碳烟浓度场的重建结果仍是可信的，但对于 Al_2O_3 浓度场的重建，则需要保证信噪比 SNR 不低于 54dB。

在输入的 Al_2O_3 浓度场除以系数 10 的条件下，多颗粒温度场和浓度场的重建结果和相对重建误差如图 7-27 所示。与图 7-26 所示一致，三个场参数的重建精度均随辐射强度测量信噪比 SNR 的下降而降低。当信噪比 SNR 为 39dB 时，温度场、碳烟浓度场、Al_2O_3 浓度场的平均相对重建误差分别为 0.029%、0.56%、25.231%，最大相对误差分别为 0.493%（位于 r=0.1mm）、3.937%（位于 r=0.1mm）、109.07%（位于 r=0.2mm）。由此看出，当 Al_2O_3 浓度分布介于 0.5 ~ 2ppm 时，即使辐射强度分布测量信噪比为 39dB，温度场和碳烟浓度场仍保持较高的重建精度，且碳烟浓度场重建效果要高于 Al_2O_3 浓度分布介于 2.5 ~ 10ppm 输入条件下的碳烟浓度场重建效果。当信噪比 SNR 不低于 80dB 时，Al_2O_3 浓度分布的重建精度均低于 10%，此时，Al_2O_3 浓度分布的重建结果是可信的。

从整体趋势分析，无论输入的 Al_2O_3 浓度分布范围和辐射强度测量误差的大小，靠近火焰中心位置的重建温度场、碳烟浓度场、Al_2O_3 浓度场的相对误差明显大于处于火焰边缘附近的。此外，辐射强度测量误差对 Al_2O_3 浓度场的重建有明显的影响，而对温度场的重建影响较小。局部辐射源 H_λ 是使用 LSQR 算法基于式（7-12）求解得到的，因此在一定程度上受到测量误差的影响，且对双波长下发射源项的比值的影响相对于单波长下发射源项的影响小。因此，存在辐射强度测量误差时，通过式（7-22）重建的温度场精度要高于使用式（7-23）重建的碳烟浓度场的精度。同时，Al_2O_3 浓度场的重建误差大于碳烟浓度场的重建误差，由式（7-24）可以看出，Al_2O_3 浓度场的重建误差不仅累积了碳烟浓度场的重建误差，而且与体积分数比的求解精度相关。此外，输入的 Al_2O_3 浓度分布范围对其本身的重建结果的影响显著：输入的 Al_2O_3 浓度分布范围为 2.5 ～ 10ppm 时，在测量信噪比分别为 60、54、46、39dB 的条件下，Al_2O_3 浓度场的平均相对重建误分别为 1.389%、2.519%、8.132%、15.180%；输入的 Al_2O_3 浓度分布范围进一步下降到 0.5 ～ 2ppm 时，Al_2O_3 浓度场的平均相对重建误差分别增至 6.588%、12.430%、22.872%、25.231%。较低的 Al_2O_3 浓度分布导致 CCD 接收到的辐射信息中携带较少的 Al_2O_3 信息，因此，对应的重建结果更易受到辐射强度测量误差的影响。

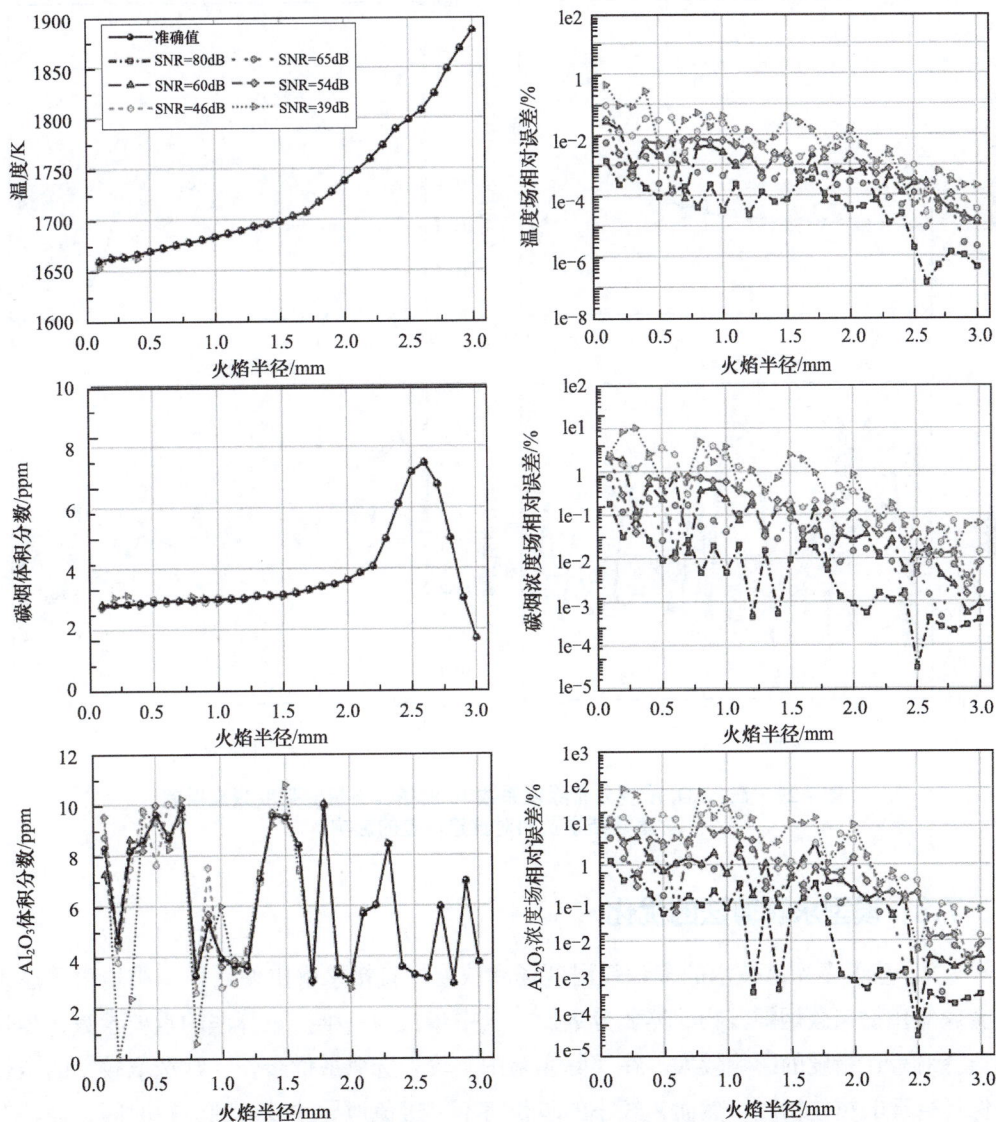

图 7-26　在 Al_2O_3 浓度分布除以系数 2 的条件下辐射强度测量误差
对重建结果及相对重建误差的影响

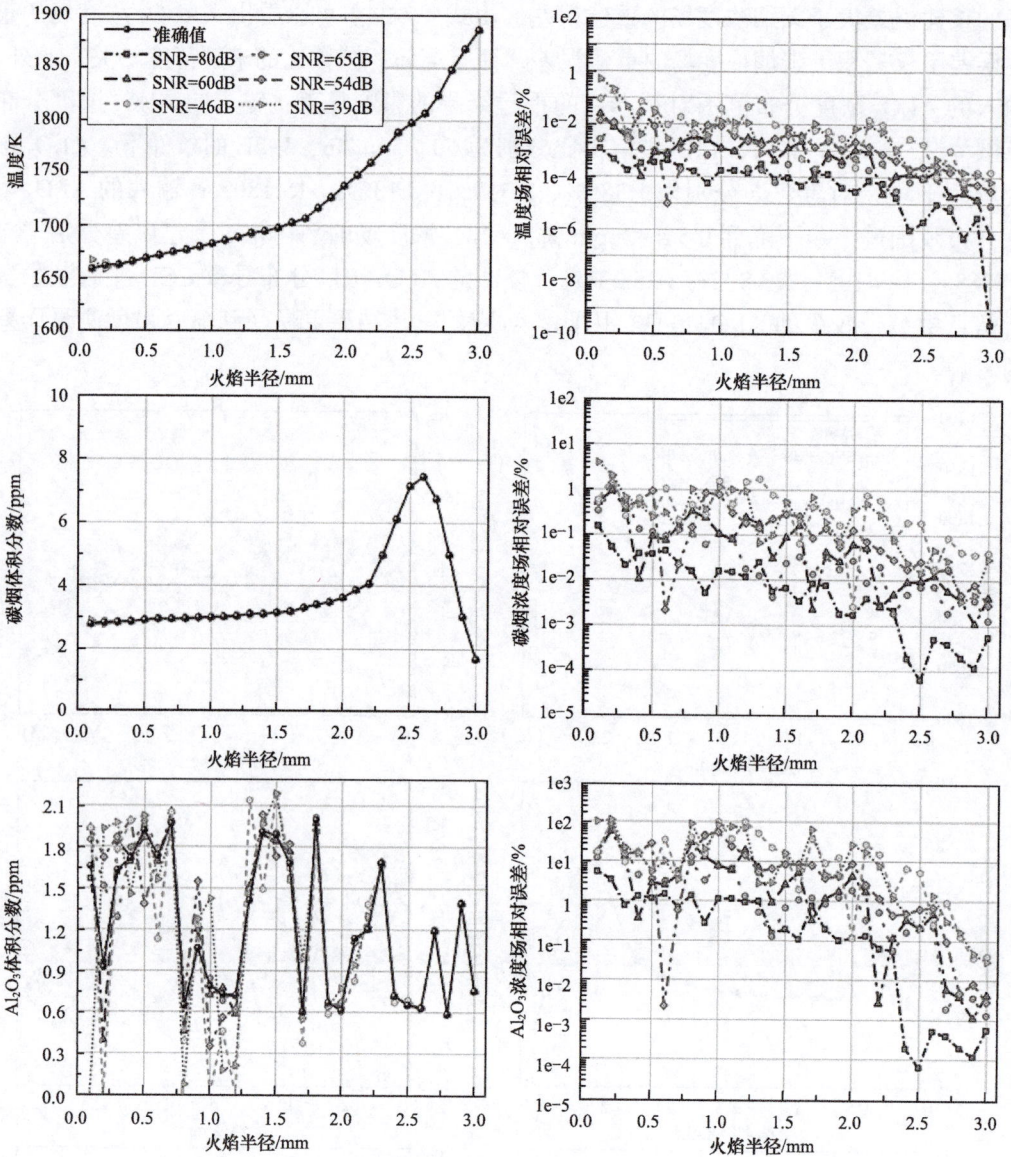

图 7-27 在 Al_2O_3 浓度分布除以系数 10 的条件下辐射强度测量误差
对重建结果及相对重建误差的影响

7.3 模型求解算法的优化

7.2 节基于多光谱技术的多颗粒温度场和浓度场直接求解中使用了一维搜索算法确定金属氧化物与碳烟颗粒物的体积分数比，其中步长为一维搜索算法的重要参数，步长的选择对重建精度的影响较大。在实际实验中，较难选取最优步长，常选取较小的步长来保证合理的重建精度，然而，较小的步长将不可避免地导致较长的运行时间，而若选择较大的步长，有可能会导致重建的失败。

本节使用非线性优化算法，即黄金分割搜索法和抛物线内插法的混合算法，取代一维搜索算法，对上节建立的重建模型求解算法进行优化。非线性优化算法无须设置步长，从而避免了步长对重建精度和计算时间的影响。

7.3.1　非线性优化算法介绍及重建策略

1．黄金分割搜索法

1953 年，基弗首次提出黄金分割搜索法[144]，它是一种基于区间消去法的试探型算法，也是常用的求解单峰函数最小值的一维优化方法。如果单峰函数 $f(x)$ 最小值对应的 $x_{\min}$ 处于两个端点 x_a 和 $x_b(x_a < x_b)$ 之间，则可以通过迭代搜索 $x_{\min}$。黄金分割搜索法的具体步骤如下所示：

步骤 1：确定初始搜索区间（x_a, x_b）和收敛精度 ε。

步骤 2：基于黄金分割原理，使用式（7-36）和式（7-37）将两个新的点 x_1 和 x_2 插入于搜索区间中。

$$x_1 = x_a + 0.382(x_b - x_a) \tag{7-36}$$

$$x_2 = x_a + 0.618(x_b - x_a) \tag{7-37}$$

步骤 3：根据下面所述的区间消去法逐渐缩小搜索区间。

- IF $f(x_1) \leqslant f(x_2)$，使用 x_2 取代端点 x_b，x_1 取代 x_2，代入式（7-36）生成新的点 x_1。
- 否则，使用 x_1 取代端点 x_a，x_2 取代 x_1，代入式（7-37）生成新的点 x_2。

步骤 4：检查搜索区间是否满足收敛条件。

- IF 搜索区间满足 $\|x_b - x_a\| < \varepsilon$，则迭代计算停止，此时 $(x_a + x_b)/2$ 即为 $x_{\min}$。
- 否则，计算将返回到步骤 3。

2．抛物线内插法

抛物线内插法[145]又称二次插值法，是基于函数逼近原理的算法。函数 $f(x)$ 可在搜索范围内近似为抛物线函数 $p(x)$，通过求解二次函数 $p(x)$ 的最小值来确定函数 $f(x)$ 的最小值。

假设 x_a、x_b、x_c 是 x 轴上的三点，并按顺序 $x_a < x_b < x_c$ 排列，函数值按 $f(x_a) > f(x_b) < f(x_c)$ 大小排序。基于拉格朗日插值法，通过此三点生成式（7-38）的抛物线函数 $p(x)$ 如下：

$$p(x) = f(x_a)\frac{(x - x_b)(x - x_c)}{(x_a - x_b)(x_a - x_c)} + f(x_b)\frac{(x - x_c)(x - x_a)}{(x_b - x_c)(x_b - x_a)} + f(c)\frac{(x - x_c)(x - x_b)}{(x_c - x_a)(x_c - x_b)} \tag{7-38}$$

$p'(x) = 0$ 处对应的函数值即为二次函数 $p(x)$ 的最小值，其对应的 $x_{\min}$ 可以通过式（7-39）求得

$$x_{\min} = x_b + \frac{1}{2}\frac{[f(x_a) - f(x_b)](x_c - x_b)^2 - [f(x_c) - f(x_b)](x_b - x_a)^2}{[f(x_a) - f(x_b)](x_c - x_b) + [f(x_c) - f(x_b)](x_b - x_a)} \tag{7-39}$$

抛物线内插法具体步骤如下所述：

步骤 1：确定包含点 x_b 的初始搜索区间 (x_a, x_c) 和收敛精度 ε。

步骤 2：使用式（7-39）求解最小值点 $x_{\min}$。

步骤 3：根据以下原则缩小搜索区间。

- IF $f(x_b) \leqslant f(x_{\min})$ 且 $x_b < x_{\min}$，使用 $x_{\min}$ 取代 x_c。

- IF、$f(x_b) \leq f(x_{min})$ 且 $x_b > x_{min}$，使用 x_{min} 取代 x_a。
- IF $f(x_b) > f(x_{min})$ 且 $x_b < x_{min}$，使用 x_b 取代 x_a，x_{min} 取代 x_b。
- IF $f(x_b) > f(x_{min})$ 且 $x_b > x_{min}$，使用 x_{min} 取代 x_b，x_b 取代 x_c。

步骤 4：检查搜索区间是否满足收敛条件。

- IF 收敛条件满足 $\| x_c - x_a \| < \varepsilon$，则迭代将停止并输出 x_{min}。
- 否则，计算将返回到步骤 2。

黄金分割搜索法已广泛应用于一维优化问题求解中，但收敛速度较慢。相比之下，抛物线插值法具有更快的收敛速度，但可靠性较低。因此，联合两种算法不仅可以充分发挥单个算法的优势，而且可以弥补单个算法的不足，文献 [146-148] 更为详细地介绍了此联合算法。本节中基于非线性优化算法的多颗粒温度场和浓度场的重建流程如图 7-28 所示。

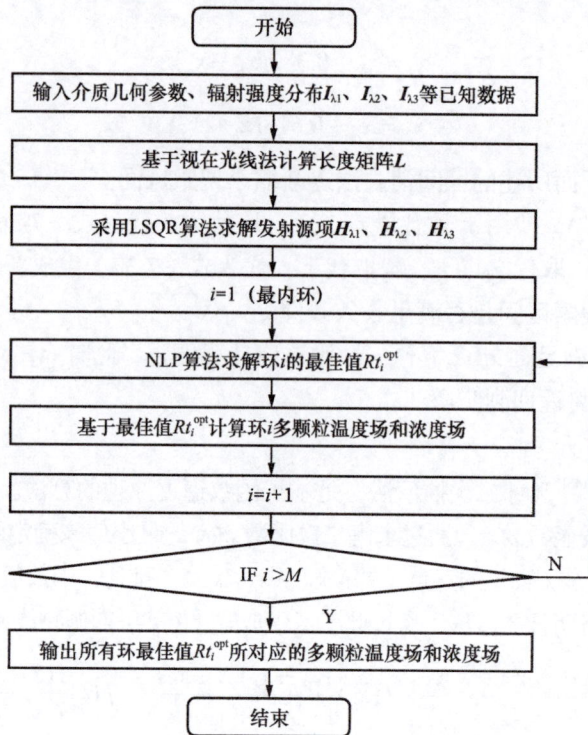

```
                        开始

  输入介质几何参数、辐射强度分布 I_{λ1}、I_{λ2}、I_{λ3} 等已知数据

          基于视在光线法计算长度矩阵 L

      采用 LSQR 算法求解发射源项 H_{λ1}、H_{λ2}、H_{λ3}

                    i=1（最内环）

          NLP 算法求解环 i 的最佳值 Rt_i^{opt}   ←─┐
                                                    │
      基于最佳值 Rt_i^{opt} 计算环 i 多颗粒温度场和浓度场  │
                                                    │
                    i=i+1                           │
                                                    │
                  IF i>M         ──── N ────────────┘
                    │ Y
      输出所有环最佳值 Rt_i^{opt} 所对应的多颗粒温度场和浓度场

                        结束
```

图 7-28　基于非线性优化算法求解流程图

7.3.2　重建结果与讨论

输入的温度场、碳烟浓度场和 Al_2O_3 浓度场与 7.3 节保持一致，如图 7-21 所示。其中最大火焰光学厚度（距离火焰中心最近的探测线）为 0.297，平均的火焰光学厚度为 0.253。本节算例中出射辐射强度的信噪比为 60dB。

图 7-29 比较了基于不同步长的一维搜索算法（ODS）和非线性优化算法（NLP）由理想的辐射强度分布或辐射强度测量信噪比为 60dB 条件下重建的温度场、碳烟浓度场、Al_2O_3 浓度场。

由图 7-29（a）和（b）观察，在不考虑测量误差的情况下，无论使用 NLP 算法或不同步长的 ODS 算法，温度场和碳烟浓度场的重建结果均与输入值保持较高的一致性。基于 NLP、ODS-step 0.002、ODS-step 0.02、ODS-step 0.2 算法重建的温度场最大相对误差分别为 $1.53 \times 10^{-6}\%$、$6.82 \times 10^{-14}\%$、$5.64 \times 10^{-4}\%$、$6.60 \times 10^{-3}\%$，碳烟浓度场的最大相对误差为 $1.12 \times 10^{-4}\%$、$9.84 \times 10^{-13}\%$、$3.49 \times 10^{-2}\%$、$4.03 \times 10^{-1}\%$。观察图 7-29（c）中重建的 Al_2O_3 浓度分布，在使用 NLP、ODS-step 0.002、ODS-step 0.02 算法时，重建值与输入值吻合较好，其对应的最大相对重建误差分别为 $1.41 \times 10^{-3}\%$、$9.76 \times 10^{-13}\%$、$6.82 \times 10^{-1}\%$，然而，当 ODS 算法的步长继续增加至 0.2 时，Al_2O_3 浓度场的相对重建误差明显增加，特别是在 $r > 1.8mm$ 处的相对重建误差增至 8.99%。

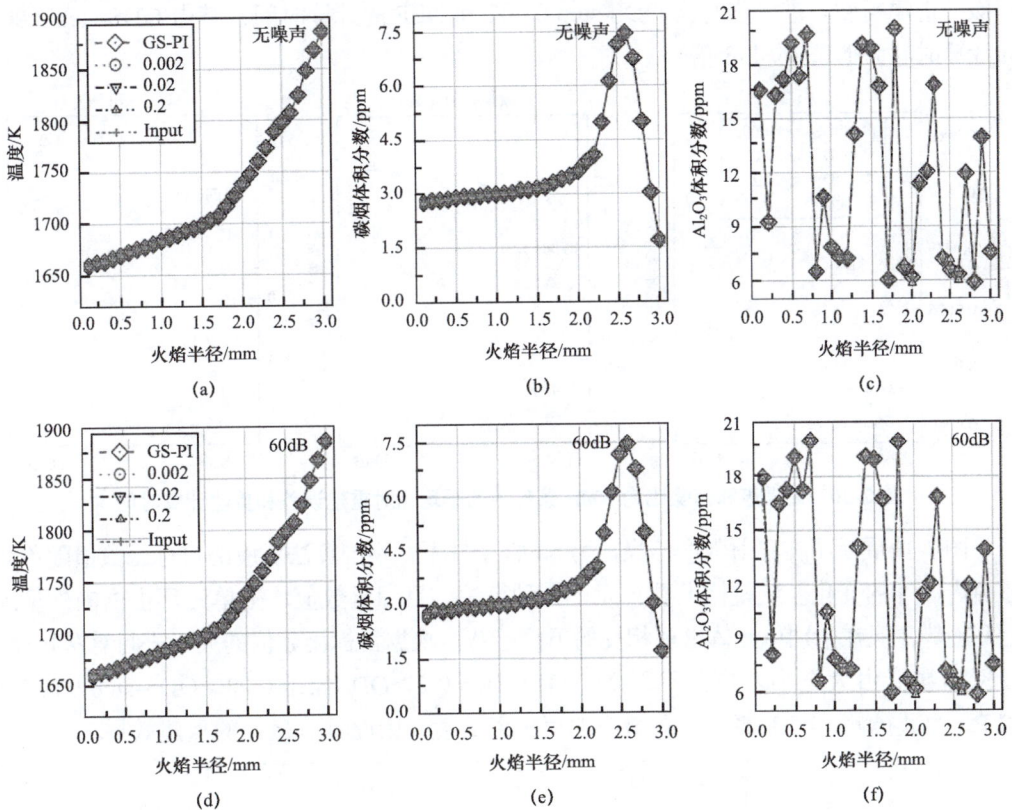

图 7-29　无噪声和信噪比为 60dB 条件下基于不同步长的 ODS 算法和 NLP 算法的重建

当考虑测量误差时，由图 7-29（d）可以观察出，温度场的重建误差仍然不明显，基于 NLP、ODS-step 0.002、ODS-step 0.02、ODS-step 0.2 算法重建的温度场最大相对重建误差分别为 $1.68 \times 10^{-2}\%$、$1.68 \times 10^{-2}\%$、$1.72 \times 10^{-2}\%$、$1.82 \times 10^{-2}\%$。由图 7-29（e）和（f）可以看出相比于不同辐射强度测量信噪比对温度场重建结果的影响，对两种颗粒物浓度场重建结果的影响更为明显。基于 NLP、ODS-step 0.002、ODS-step 0.02、ODS-step 0.2 算法重建的碳烟浓度场的最大相对重建误差出现在同一位置 $r=0.1mm$，相应的值分别为 2.47%、2.47%、2.44%、2.37%；重建的 Al_2O_3 浓度场的最大相对重建误差同样出现在同一位置 $r=0.2mm$，相应的值分别为 12.38%、12.406%、12.296%、12.845%。

图 7-30 展示了使用不同算法和不同步长条件下对应的平均相对重建误差和计算

时间。在 ODS 方法中，较小的步长对应于更高的重建精度及更长的计算时间。ODS-step 0.002 的计算时间约为 ODS-step 0.2 的计算时间的 96 倍。接下来，将对比 ODS-step 0.002 和 NLP 的重建效果。在不插入测量误差的情况下，基于此两种算法重建的温度场、碳烟浓度场、Al_2O_3 浓度场的平均相对误差均不大于 10^{-6}%、10^{-4}%、10^{-3}%；当 SNR=60dB 时，基于 ODS-step 0.002 和 NLP 算法重建的温度场平均相对重建误差分别为 2.14×10^{-3}% 和 2.14×10^{-3}%，碳烟浓度场分别为 0.2512% 和 0.2508%，Al_2O_3 浓度场分别为 1.16% 和 1.15%。由此可得，当辐射强度存在测量误差时，NLP 的重建精度略高于 ODS-step 0.002，当辐射强度不存在测量误差时，采用两种算法得到的重建结果具有相似的重建精度。进一步对比 ODS-step 0.002 和 NLP 的计算时间，其中 ODS-step 0.002 的计算时间为 NLP 的 173 倍。

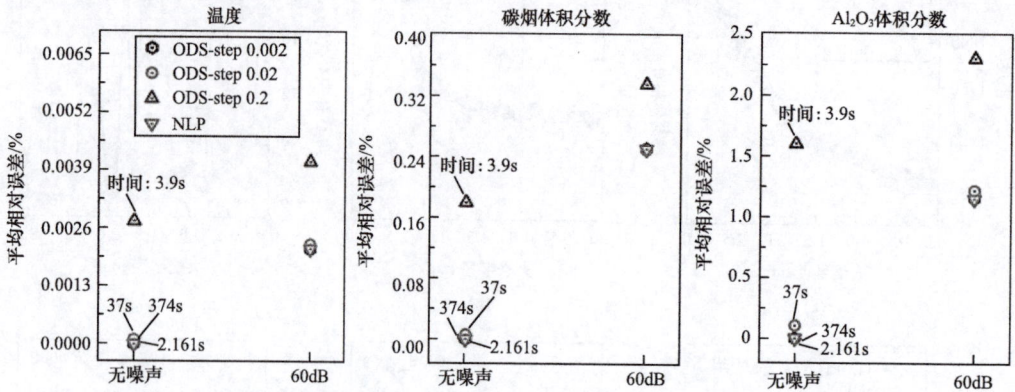

图 7-30　无噪声和信噪比为 60dB 条件下的平均相对重建误差和重建计算时间

图 7-31 展示了在辐射强度信噪比为 60dB 条件下，不同算法对应的目标函数值随单元环由内向外的变化。从整体上看，无论哪种算法，目标函数值均随单元环由内向外呈现上升趋势，但在个别单元体出现相反的下降趋势。根据目标函数值的大小进行算法排序，目标函数值由大至小对应的算法为：ODS-step 0.2＞ODS-step 0.02＞ODS-step 0.002＞NLP。由此推测，NLP 算法具有最小的目标函数值，因此具有最佳的重建效果。

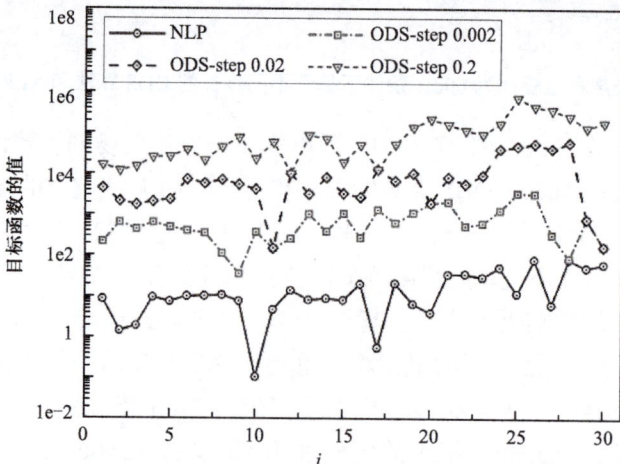

图 7-31　信噪比为 60dB 条件下的目标函数值随单元环 i 由内向外（半径由火焰中心内边缘）的变化

第8章

光学厚多颗粒燃烧体系
多颗粒温度与浓度重建反问题

8.1 温度场和浓度场同时重建

8.1.1 考虑多颗粒自吸收影响的温度场和浓度场同时求解策略

1. 正问题求解模型

重建系统如图 7-1 所示，火焰横截面均分为 M 个环，外圈的半径为 r，使用光纤光谱仪获取火焰发射光谱，光纤光谱仪沿着 x 轴以相同间隔 Δx 扫描火焰区域，设穿过一半火焰横截面的总辐射射线数为 N。假设火焰是含两种颗粒物的纯吸收介质，颗粒物的尺寸均符合瑞利散射范围，正问题和反问题的求解模型均考虑颗粒物的发射和吸收作用。

基于式（7-1）～式（7-4），射线 j 穿越的第一个环（最外环）的出射辐射强度为

$$
\begin{aligned}
I_\lambda(l_1) &= \int_{l_0}^{l_1} \kappa_{\lambda 1} I_{b\lambda 1} \exp\left[-\int_{l}^{l_f} \kappa_\lambda(l') \mathrm{d}l'\right] \mathrm{d}l \\
&= \kappa_{\lambda 1} I_{b\lambda 1} \int_{l_0}^{l_1} \exp\left[-\left(\sum_{i=2}^{MM} \kappa_{\lambda i} \Delta l_i\right)\right] \exp\left(-\int_{l}^{l_1} \kappa_{\lambda 1} \mathrm{d}l'\right) \mathrm{d}l \\
&= \kappa_{\lambda 1} I_{b\lambda 1} \exp\int_{l_0}^{l_1}\left[-\left(\sum_{i=2}^{MM} \kappa_{\lambda i} \Delta l_i\right)\right]\int_{l_0}^{l_1}\exp\left[-\left(\int_{l}^{l_1} \kappa_{\lambda 1}\mathrm{d}l'\right)\right]\mathrm{d}l \quad (8\text{-}1) \\
&= \kappa_{\lambda 1} I_{b\lambda 1} \exp\left[-\left(\sum_{i=2}^{MM} \kappa_{\lambda i} \Delta l_i\right)\right]\int_{l_0}^{l_1}\exp\left[-\kappa_{\lambda 1}(l_1 - l)\right]\mathrm{d}l \\
&= I_{b\lambda 1} \exp\left[-\left(\sum_{i=2}^{MM} \kappa_{\lambda i} \Delta l_i\right)\right][1 - \exp(-\kappa_{\lambda 1}\Delta l_1)]
\end{aligned}
$$

式中：MM 为辐射射线 j 穿越火焰横截面环的数目；i 为辐射射线 j 穿越火焰横截面第 i 个环；l_i 为辐射射线 j 穿越环 i 的出射点；Δl_i 为辐射射线 j 穿越环 i 的交叉长度；$\kappa_{\lambda i}$ 为环 i 的局部吸收系数；$I_{b\lambda 1}$ 为第 1 个环的局部黑体辐射强度。

类似地，射线 j 穿越的第二个环的出射辐射强度为

$$I_\lambda(l_2) = \int_{l_1}^{l_2} \kappa_{\lambda 2} I_{b\lambda 2} \exp\left[-\int_{l}^{l_f} \kappa_\lambda(l')\mathrm{d}l'\right]\mathrm{d}l$$

$$= \kappa_{\lambda 2} I_{b\lambda 2} \int_{l_1}^{l_2} \exp\left[-\left(\sum_{i=3}^{MM}\kappa_{\lambda i}\Delta l_i\right)\right]\exp(-\int_l^{l_2}\kappa_{\lambda 2}\mathrm{d}l')\,\mathrm{d}l$$

$$= \kappa_{\lambda 2} I_{b\lambda 2} \exp\left[-\left(\sum_{i=3}^{MM}\kappa_{\lambda i}\Delta l_i\right)\right]\int_{l_1}^{l_2}\exp\left[-(\int_l^{l_2}\kappa_{\lambda 2}\mathrm{d}l')\right]\mathrm{d}l \qquad (8\text{-}2)$$

$$= \kappa_{\lambda 2} I_{b\lambda 2} \exp\left[-\left(\sum_{i=3}^{MM}\kappa_{\lambda i}\Delta l_i\right)\right]\int_{l_1}^{l_2}\exp\left[-\kappa_{\lambda 2}(l_2-l)\right]\mathrm{d}l$$

$$= I_{b\lambda 2} \exp\left[-\left(\sum_{i=3}^{MM}\kappa_{\lambda i}\Delta l_i\right)\right][1-\exp(-\kappa_{\lambda 2}\Delta l_2)]$$

式中：$I_{b\lambda 2}$ 为第 2 个环的局部黑体辐射强度。

依此类推，射线 j 穿越的最后一个环的出射辐射强度为

$$I_\lambda(l_{MM}) = \int_{l_{MM-1}}^{l_f} \kappa_{\lambda MM}(l) I_{b\lambda MM}(l) \exp\left[-\int_l^{l_f}\kappa_\lambda(l')\mathrm{d}l'\right]\mathrm{d}l$$

$$= \kappa_{\lambda MM} I_{b\lambda MM} \int_{l_{MM-1}}^{l_f}\exp\left[-\kappa_{\lambda MM}(l_{MM}-l)\right]\mathrm{d}l \qquad (8\text{-}3)$$

$$= I_{b\lambda MM}[1-\exp(-\kappa_{\lambda MM}\Delta l_{MM})]$$

式中：$I_{b\lambda MM}$ 为第 MM 个环的局部黑体辐射强度。

将射线 j 经过所有环的辐射强度相加得

$$I_\lambda(l_f) = \sum_{i=1}^{MM} I_\lambda(l_i)$$

$$= I_{b\lambda MM}[1-\exp(-\kappa_{\lambda MM}\Delta l_{MM})] + I_{b\lambda i}\sum_{i=1}^{MM-1}\left[\exp\left(-\sum_{ii=i+1}^{MM}\kappa_{\lambda ii}\Delta l_{ii}\right)-\exp\left(-\sum_{ii=i}^{MM}\kappa_{\lambda ii}\Delta l_{ii}\right)\right] \quad (8\text{-}4)$$

2. 反问题求解模型

本节提出的重建模型是基于 7.1.1 节所建立的重建模型，这里主要介绍重建模型的改进之处，也即如何将自吸收项添加到反问题求解中。

通过含自吸收项的正问题求解式（8-4）可以发现，辐射强度表达式不是线性积分形式，因此无法直接使用 LSQR 算法求解此反问题。在本节中，借鉴 Snelling 等人[64]针对纯碳烟火焰中处理自吸收影响的校正方法，由测得的衰减辐射强度校正获取未经衰减的出射辐射强度分布，具体的校正方法如下所示：

$$I_\lambda^u(l_f) = \frac{I_{\lambda,\text{calc}}^u(l_f)}{I_{\lambda,\text{calc}}(l_f)} I_\lambda(l_f) \qquad (8\text{-}5)$$

式中：I_λ^u 为恢复获取的未衰减的辐射强度；I_λ 为测得的衰减的辐射强度；$I_{\lambda,\text{calc}}^u$ 为基于式（7-5）在忽略自吸收条件下计算得到的辐射强度；$I_{\lambda,\text{calc}}$ 为基于式（8-4）在考虑自吸收条件下计算得到的辐射强度。未衰减的辐射强度 I_λ^u 又可以表达为

$$I_\lambda^u(l_f) = \int_{l_0}^{l_f} [\kappa_\lambda(l)I_{b\lambda}(l)]\,\mathrm{d}l = \sum_{i=1}^{MM}\kappa_{\lambda i}I_{b\lambda i}\Delta l_i = \sum_{i=1}^{MM}H_{\lambda i}\Delta l_i \tag{8-6}$$

式（8-6）为标准线性积分方程，可以通过 LSQR 算法反演获得局部发射源项 $H_{\lambda i}$。在分别求得波长 λ_1 和波长 λ_2 的局部发射源项后，单元环 i 中的温度、碳烟浓度、金属氧化物浓度表达式为

$$T_i = \frac{c_2\left(\dfrac{1}{\lambda_2}-\dfrac{1}{\lambda_1}\right)}{\ln\dfrac{H_{\lambda_1,i}}{H_{\lambda_2,i}} - \ln S + 5\ln\dfrac{\lambda_1}{\lambda_2}} \tag{8-7}$$

$$S = \frac{\dfrac{n_{\lambda_1,\text{soot}}k_{\lambda_1,\text{soot}}}{(n_{\lambda_1,\text{soot}}^2 - k_{\lambda_1,\text{soot}}^2 + 2)^2 + 4n_{\lambda_1,\text{soot}}^2 k_{\lambda_1,\text{soot}}^2}\dfrac{1}{\lambda_1} + \dfrac{n_{\lambda_1,\text{NPs}}k_{\lambda_1,\text{NPs}}}{(n_{\lambda_1,\text{NPs}}^2 - k_{\lambda_1,\text{NPs}}^2 + 2)^2 + 4n_{\lambda_1,\text{NPs}}^2 k_{\lambda_1,\text{NPs}}^2}\dfrac{Rt_i}{\lambda_1}}{\dfrac{n_{\lambda_2,\text{soot}}k_{\lambda_2,\text{soot}}}{(n_{\lambda_2,\text{soot}}^2 - k_{\lambda_2,\text{soot}}^2 + 2)^2 + 4n_{\lambda_2,\text{soot}}^2 k_{\lambda_2,\text{soot}}^2}\dfrac{1}{\lambda_2} + \dfrac{n_{\lambda_2,\text{NPs}}k_{\lambda_2,\text{NPs}}}{(n_{\lambda_2,\text{NPs}}^2 - k_{\lambda_2,\text{NPs}}^2 + 2)^2 + 4n_{\lambda_2,\text{NPs}}^2 k_{\lambda_2,\text{NPs}}^2}\dfrac{Rt_i}{\lambda_2}}$$

$$f_{vi,\text{soot}} = \frac{H_{\lambda_1,i}}{36\pi I_{b\lambda_1,i}SS} \tag{8-8}$$

$$SS = \frac{n_{\lambda_1,\text{soot}}k_{\lambda_1,\text{soot}}}{(n_{\lambda_1,\text{soot}}^2 - k_{\lambda_1,\text{soot}}^2 + 2)^2 + 4n_{\lambda_1,\text{soot}}^2 k_{\lambda_1,\text{soot}}^2}\frac{1}{\lambda_1} + \frac{n_{\lambda_1,\text{NPs}}k_{\lambda_1,\text{NPs}}}{(n_{\lambda_1,\text{NPs}}^2 - k_{\lambda_1,\text{NPs}}^2 + 2)^2 + 4n_{\lambda_1,\text{NPs}}^2 k_{\lambda_1,\text{NPs}}^2}\frac{Rt_i}{\lambda_1}$$

$$f_{vi,\text{NPs}} = Rt_i f_{vi,\text{soot}} \tag{8-9}$$

在计算 $I_{\lambda,\text{calc}}^u$ 和 $I_{\lambda,\text{calc}}$ 前，需要已知碳烟以及金属氧化物的温度分布和浓度分布。温度场和浓度场的初始分布通过 LSQR 算法直接反演测量的衰减辐射强度获取，其中自吸收项被忽略。

温度场、碳烟浓度场及金属氧化物浓度场的同时重建流程如图 8-1 所示，其中求解过程主要包括以下 4 个步骤。

步骤 1：忽略自衰减项，使用 LSQR 算法基于双波长对应的辐射强度 I_λ 求解发射源项，并基于式（8-7）～式（8-9）计算多颗粒温度分布和浓度分布的初始值。

步骤 2：将上一步骤获取的多颗粒温度场和浓度场代入式（8-4）及式（7-5）计算衰减辐射强度 $I_{\lambda,\text{calc}}$ 和未衰减辐射强度 $I_{\lambda,\text{calc}}^u$。

步骤 3：将步骤 2 计算得到的 $I_{\lambda,\text{calc}}$ 和 $I_{\lambda,\text{calc}}^u$ 代入式（8-5），迭代获取测量得到的未衰减辐射强度 I_λ^u。

步骤 4：使用 LSQR 算法基于双波长对应的 I_λ^u 再次求解发射源项，并基于式（8-7）～式（8-9）计算更新的多颗粒温度场和浓度场。将新的重建结果代入步骤 2，继续运行从步骤 2 到步骤 4 的迭代运算。当连续两次迭代运算对应的局部温度的最大变化小于 1×10^{-4}K 或迭代次数大于 100 时，停止迭代计算。

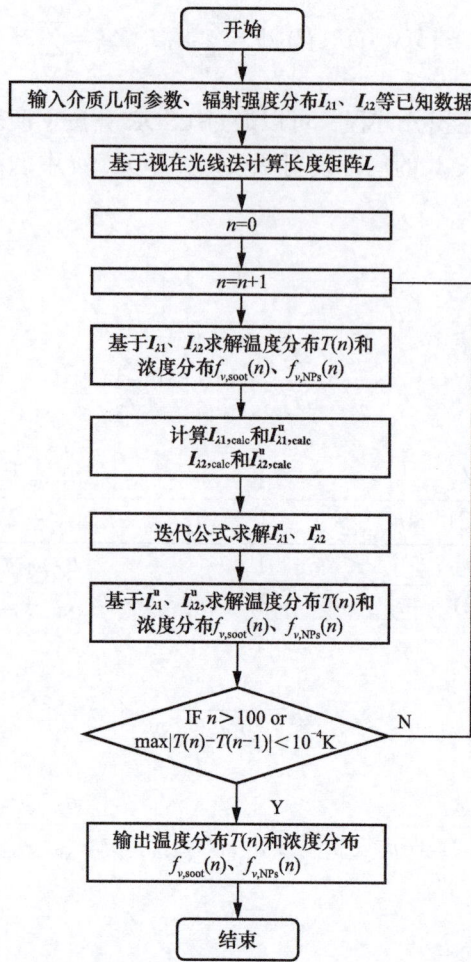

图 8-1　考虑自吸收作用的多颗粒温度场和浓度场的同时重建流程图

8.1.2　实际测量值的获取及测量误差

本节实际测量辐射强度值的获取方式与第 7 章 7.1.2 节所述一致，设重建系统的火焰半径为 3mm，等距环的个数 M 为 30，采用图 7-3 所示的温度分布、碳烟浓度分布及金属氧化物（氧化铝）浓度分布。基于本章 8.1.1 节所述的正问题求解模型，计算波长为 400、500、600、700nm 对应的单色辐射强度分布，如图 8-2 所示。

对比图 8-2 所示的考虑自吸收的出射辐射强度分布与图 2-4 所示的忽略自吸收的出射辐射强度分布，可以发现，当波长为 400、500、600、700nm 时，自吸收影响导致出射辐射强度分布的平均值分别下降 11.7%、8.60%、6.80%、5.67%。由此可见，随着波长减小，自吸收对辐射强度的影响越来越显著。

为了检验反问题求解策略在测量数据存在噪声条件下的有效性，用于重建的实际辐射强度分布在计算得到的理想数据基础上加入不同级别的噪声，具体的测量误差插入方法与 7.1.2 节所述一致。

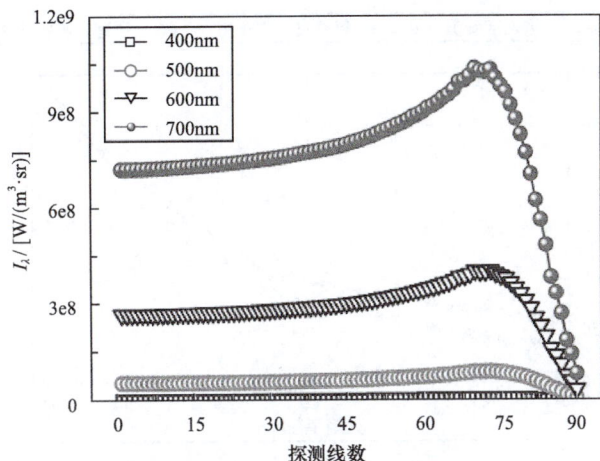

图 8-2　考虑自吸收的出射辐射强度分布

8.1.3　利用光纤光谱仪的重建结果与讨论

下面将基于 8.1.1 节所述的反问题求解方法由计算得到的实际出射辐射强度分布同时重建温度分布、碳烟浓度分布及 Al_2O_3 浓度分布。选取第 8 章得到的最佳探测线数 90 以及最佳波长组合方式 400nm&700nm，其中波长 400、700nm 对应的最大火焰光学厚度分别为 0.29、0.13。

1．自吸收对重建精度的影响

为了说明自吸收对重建精度的影响，图 8-3 展示了采用本节考虑自吸收的重建模型和忽略自吸收的重建模型的温度场、碳烟浓度场、Al_2O_3 浓度场重建结果。

由图 8-3 可以看出，忽略自吸收的重建结果与输入的分布有明显的偏差，而考虑自吸收的重建结果与输入的分布吻合较好。忽略自吸收可导致温度场的重建值降低，温度场的平均相对重建误差为 1.14%；同时导致多颗粒浓度场的重建值升高，碳烟浓度场和 Al_2O_3 浓度场的平均相对重建误差均为 6.92%。

自吸收对重建结果的影响大小主要由火焰光学厚度和波长的选择所决定。当忽略自吸收时，局部的发射源项将随即降低，尤其是在短波长的范围内。随着波长的减小，局部的发射源项的低估程度将不断加大，因此在忽略自吸收下，由式（8-7）获取的温度值一般低于输入值。自吸收对浓度场的重建影响则更为复杂：对于碳烟浓度场的重建，由式（8-8）可以看出，碳烟浓度正比于局部发射源项并反比于黑体辐射强度，当忽略自吸收时，局部发射源项及黑体辐射强度值均被低估，碳烟浓度的相对重建误差依赖于局部发射源项及黑体辐射强度的相对误差比，当局部发射源项的低估程度比黑体辐射强度的更明显时，重建的碳烟浓度将低于输入值；对于 Al_2O_3 浓度场的重建，由式（8-9）可以看出，其相对重建误差与碳烟浓度场的相对重建误差以及体积分数比的相对测量误差成正相关的关系。当测量的体积分数比不含测量误差时，碳烟浓度场的相对重建误差和 Al_2O_3 浓度场的相对重建误差始终保持一致。一般而言，较大的相对重建误差易出现在靠近火焰中心的位置，原因是光纤光谱仪获取的辐射信息中较少源于火焰内圈，而更多源于火焰外圈。

125

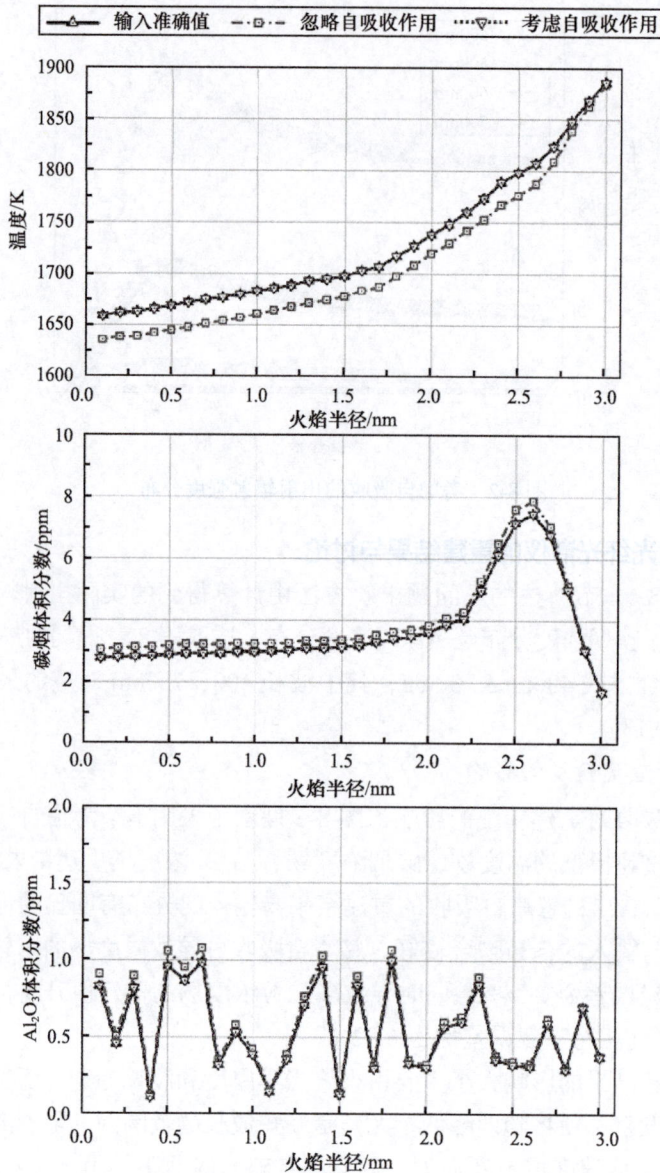

图 8-3　考虑和忽略自吸收的重建结果

当考虑自吸收作用对重建的影响时，温度场的平均相对重建误差为 $6.2 \times 10^{-8}\%$，而碳烟及 Al_2O_3 浓度场的平均相对重建误差仅为 $5.51 \times 10^{-7}\%$。由此看出，本节反问题求解方法可以有效地处理多颗粒自吸收影响，获取具有较高精度的重建结果。

2．辐射强度分布测量误差对重建精度的影响

上述重建结果是由无噪声的辐射强度分布反演求得。为了研究自吸收在存在测量误差时对重建精度的影响，将不同的测量误差（对应于 $SNR_1=80,\ 65,\ 60,\ 54,\ 46dB$）分别加入由正问题求解的理想的辐射强度分布中。

图 8-4 比较了不同测量误差情况下的重建结果。在不考虑自吸收的情况下，无论插

入的噪声级别如何，温度场的平均相对重建误差保持在 1.2%，碳烟浓度场和 Al$_2$O 浓度场的平均相对重建误差保持在 7%。由此可见，如果不考虑自吸收，重建结果几乎不随辐射强度测量误差的变化而变化。当重建模型考虑自吸收时，温度场、碳烟浓度场及 Al$_2$O$_3$ 浓度场的重建精度将大大提高，且重建的温度场比两种颗粒物的浓度场具有更高的精度，但所有场参数的相对重建误差随着测量信噪比的降低明显增大，特别地，当信噪比为 46dB 时，局部的相对重建误差在大多数位置不大于 1%，最大值小于 5%，重建精度高于基于未考虑自吸收模型计算得到的重建结果的精度。由此可知，本节中使用的反问题计算方法，可以在较高噪声存在下成功重建含两种颗粒物的纯吸收火焰中温度场和浓度场。

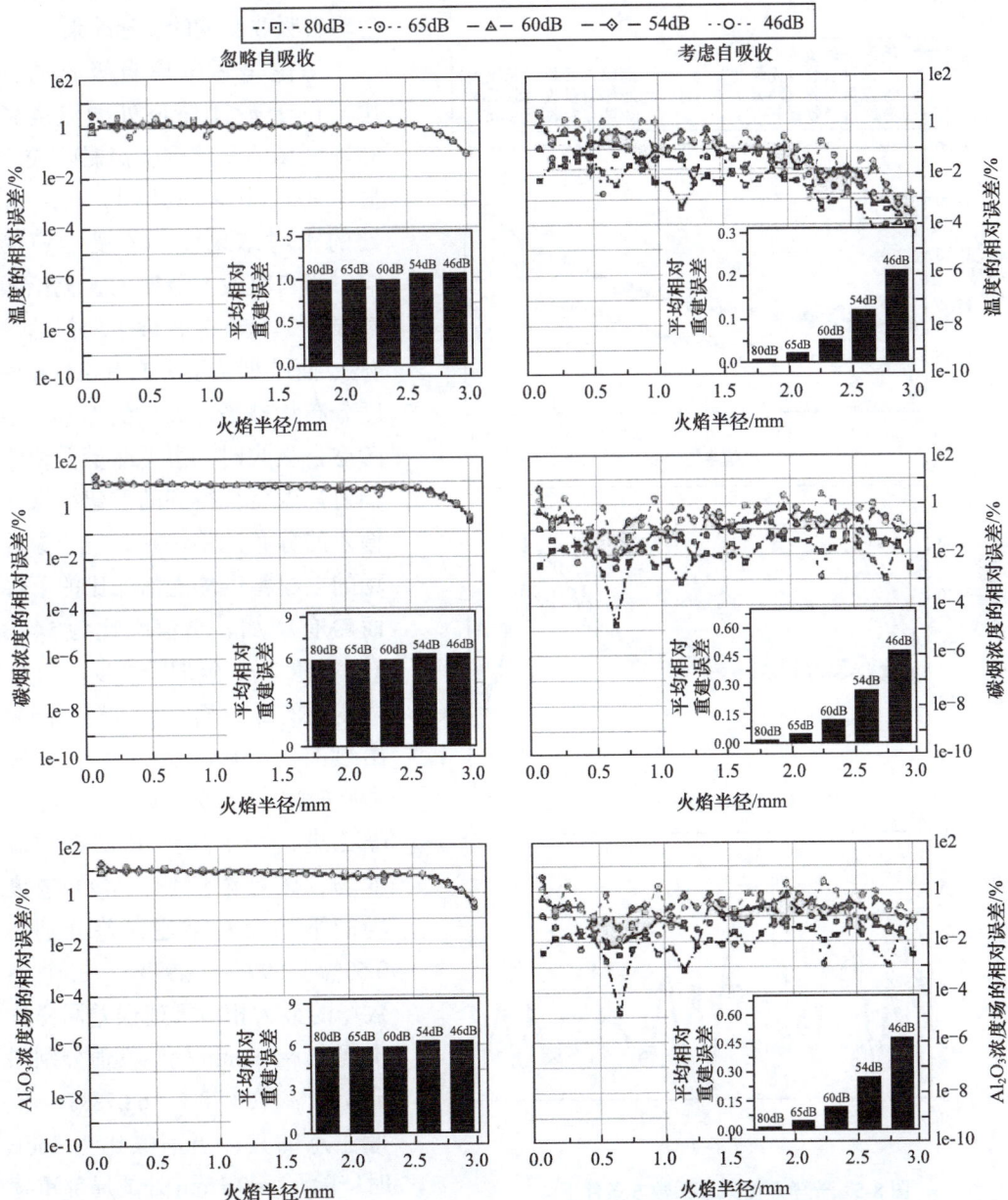

图 8-4　辐射强度存在不同测量误差的条件下忽略自吸收作用和考虑自吸收作用的相对重建误差

3. 火焰光学厚度对重建精度的影响

根据碳烟火焰自吸收作用对重建结果的影响可知，自吸收在光学厚度较大的火焰的作用更为明显。为了验证重建模型在复杂燃烧光学厚火焰中的有效性，同时为了分析自吸收作用对复杂燃烧光学厚火焰多颗粒温度场和浓度场的重建精度影响，本节将输入的碳烟浓度场和 Al_2O_3 浓度场同时乘以系数 5、10，而输入的温度场保持不变，也即将火焰光学厚度分别乘以系数 5、10，其中波长 400nm 对应的最大火焰光学厚度分别为 1.47、2.94，波长 700nm 对应的最大火焰光学厚度分别为 0.67、1.35。

图 8-5 展示了在输入的碳烟浓度分布和 Al_2O_3 浓度分布分别乘以系数 5 时，考虑和忽略自吸收影响的重建结果。

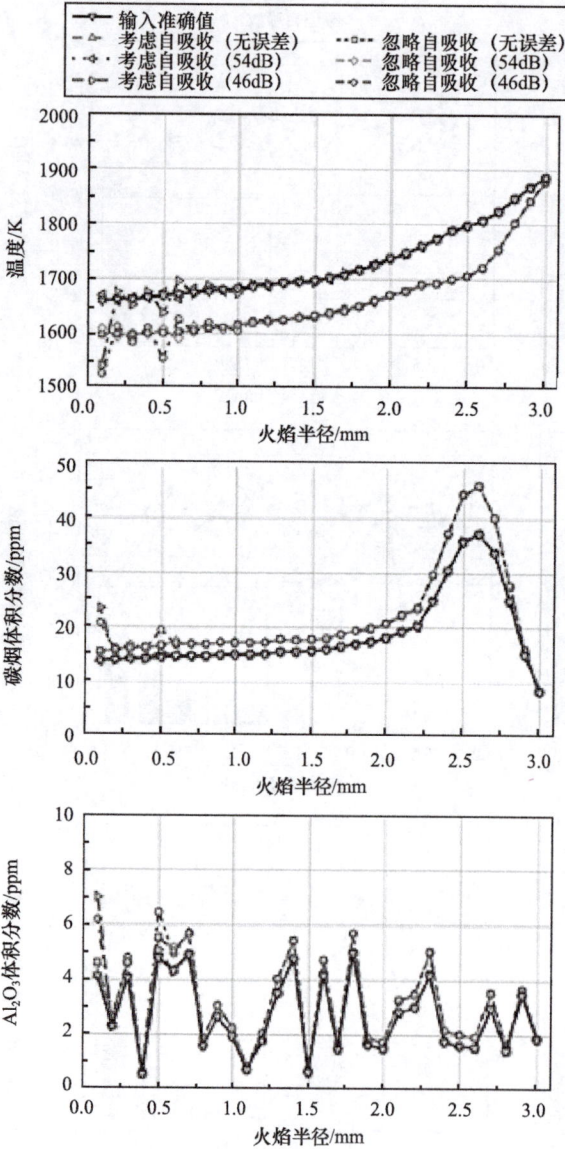

图 8-5 光学厚度乘以系数 5 条件下考虑和忽略自吸收的重建结果

无论是否考虑自吸收的作用，位于 $r<1.1mm$ 处的温度场和浓度场的重建受噪声影响较明显，而位于火焰外圈 $r>1.9mm$ 处的重建结果几乎不受噪声影响。当自吸收被忽略时，无论噪声级别，温度分布被平均低估约 4%，而碳烟浓度分布和 Al_2O_3 浓度分布均被平均高估约 15%。当考虑自吸收时，由无测量误差的辐射强度反算得到的重建结果与输入的分布几乎一致，三个参数场的重建精度均随信噪比的下降而略有增加。当信噪比为 54dB 时，温度场、碳烟浓度场、Al_2O_3 浓度场的最大相对重建误差同时出现在 $r=0.1mm$ 处，其值分别为 0.62%、1.53%、1.53%。当信噪比进一步下降到 46dB 时，温度场、碳烟浓度场、Al_2O_3 浓度场的平均相对重建误差分别为 0.53%、2.97%、2.97%，三个参数场的最大相对重建误差同样均出现在 $r=0.1mm$ 处，其值分别增至 7.09%、68.78%、68.78%。值得注意的是，当信噪比为 46dB 时，除了 $r=0.1mm$ 处的局部重建结果无法满足精度要求，温度分布的局部相对重建误差均不超过 2%，碳烟浓度和 Al_2O_3 浓度分布的局部相对重建误差不超过 6%。

在输入的碳烟浓度场和 Al_2O_3 浓度场分别乘以系数 10 的条件下，考虑和忽略自吸收的重建结果如图 8-6 所示。

无论是否考虑自吸收，测量误差对火焰外部区域 $r>1.9\text{mm}$ 的重建结果几乎没有影响。无论噪声级别，忽略自吸收导致温度分布平均降低约 4%，在 $r<2.1\text{mm}$ 处的碳烟浓度分布和 Al_2O_3 浓度分布均被平均低估约 15%，而在剩余区域均被平均高估约 21%。结合 8.1.3 的分析可以推测，局部发射源项的低估程度与黑体辐射强度的低估程度相比，随着距离火焰中心位置的不断增加由大于变为小于。当考虑自吸收且出射辐射强度分布无测量噪声时，温度场的最大相对重建误差为 $9.07\times10^{-6}\%$，碳烟浓度场和 Al_2O_3 浓度场的最大相对重建误差均为 $7.97\times10^{-5}\%$；当辐射强度测量信噪比为 54dB 时，温度场的最大相对重建误差小于 1.28%，碳烟浓度场和 Al_2O_3 浓度场的最大相对重建误差均小于 10.8%。

综上所述，自吸收对重建精度的影响随着火焰光学厚度的增加而增大，为了提高重建精度，尤其是针对光学厚火焰，重建模型应考虑自吸收项。

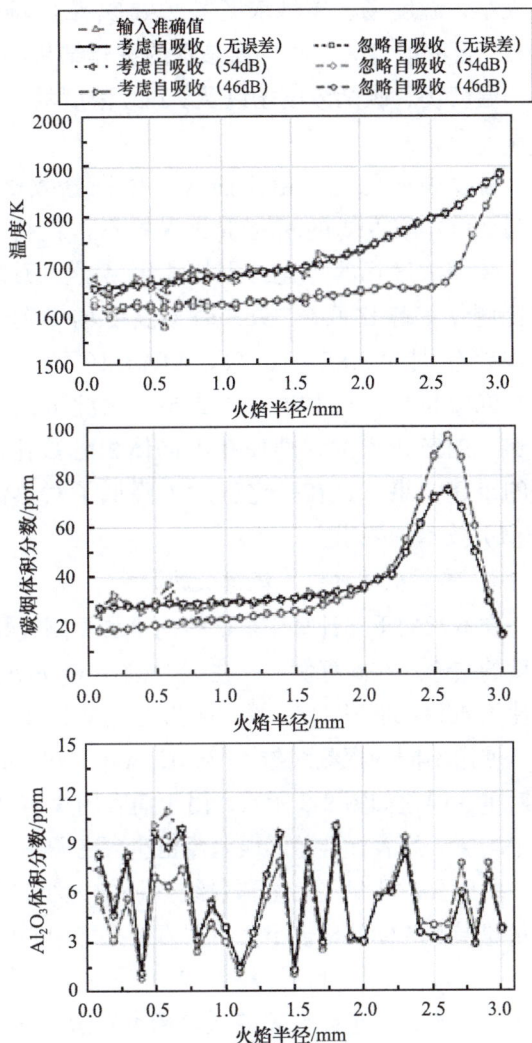

图 8-6　光学厚度乘以系数 10 的条件下考虑和忽略自吸收的重建结果

4. 体积分数比 Rt 测量误差对重建精度的影响

在实际应用中，不仅辐射强度存在测量误差，同时不同颗粒物之间的体积分数比 Rt 也存在测量误差。本节分析了体积分数比测量误差（对应于 SNR_2=80、65、60、46、39dB）在考虑和忽略自吸收作用下对光学厚火焰（碳烟浓度场和 Al_2O_3 浓度场分别乘以系数 10）重建精度的影响。

在体积分数比含有不同级别的测量误差的条件下，温度场、碳烟浓度场、Al_2O_3 浓度场的相对重建误差如图 8-7 所示。当忽略自吸收时，与辐射强度噪声对重建精度的影响相似，体积分数比噪声对重建精度的影响并不明显，即无论是否含有噪声或噪声大小，温度场、碳烟浓度场、Al_2O_3 浓度场的平均相对重建误差分别为 4%、19%、19%；当考虑自吸收时，场参数的重建结果随不同体积分数比测量信噪比的变化而不同，温度场、碳烟浓度场以及 Al_2O_3 浓度场的平均相对重建误差均随信噪比的降低而明显上升。

需要说明的是，由于插入了体积分数比测量误差，碳烟浓度场的相对重建误差与 Al_2O_3 浓度场的相对重建误差不再保持一致，Al_2O_3 浓度场的重建结果与温度场、碳烟浓度场的重建结果相比更易受到测量误差的影响。特别地，当不同体积分数比测量信噪比低至 39dB 时，温度场、碳烟浓度场、Al_2O_3 浓度场的平均相对重建误差分别为 3.85×10^{-5}%、4.04×10^{-3}%、7.21×10^{-1}%，最大相对重建误差分别为 0.000211%、0.0128%、2.23%。由此可以看出，三个场参数受不同体积分数比测量噪声的影响不大，即使在不同体积分数比测量信噪比低至 39dB 时，仍可得到理想的重建结果，这在一定程度上降低了对热泳探针采样及透射电镜分析法（TSPD-TEM）技术的要求。

5. 辐射线数目对重建精度的影响

在本章的重建计算中可以得出增加探测线数目可以提高多颗粒温度场和浓度场重建精度的结论。在本算例中，在碳烟和 Al_2O_3 浓度场均乘以系数 10、辐射强度分布测量信噪比为 46dB 的条件下，探讨探测线数 N 对重建精度的影响。

使用不同的探测线数（N=90、300、900 和 3000）重建的多颗粒温度场和浓度场的相对重建误差如图 8-8 所示，由于插入的噪声具有随机性，图中的相对误差是 5 个样本的平均值，代表标准差的误差棒也包含在图中。

由图 8-8 可知，无论辐射线数目的大小，在大于 r=1.7mm 的位置范围，三个场参数重建误差的标准差较小，而在靠近火焰中心位置处的标准差较大。随着辐射线数目的增加，温度场、碳烟浓度场、Al_2O_3 浓度场的平均相对重建误差和最大相对重建误差均减小，同时相对重建误差的误差棒也变短，这表明重建结果的波动范围变小。当 N=90 时，位于 r<0.8mm 范围内的碳烟浓度场和 Al_2O_3 浓度场的重建精度较低；当 N=300 时，位于 r<0.3mm 范围内的碳烟浓度场和 Al_2O_3 浓度场的重建结果也是不可靠的；当 N 继续增加至 900 时，温度场、碳烟浓度场、Al_2O_3 浓度场的平均相对重建误差分别为 0.17%、1.31%、1.31%，最大相对重建误差分别为 0.89%、8.52%、8.52%；当 N=3000 时，温度场的最大相对重建误差出现在火焰最内部位置，5 个样本的相对重建误差的平均值为 0.54% 及标准差为 0.39%，碳烟浓度场和 Al_2O_3 浓度场的最大相对重建误差也出现在同一位置，其中相对误差的平均值为 5.73% 及标准差为 4.43%。选择较多的辐射线数，则对应于较长的计算时间以及较长的测量时间，需要权衡重建时间和重建精度进而选择最佳辐射线数目。

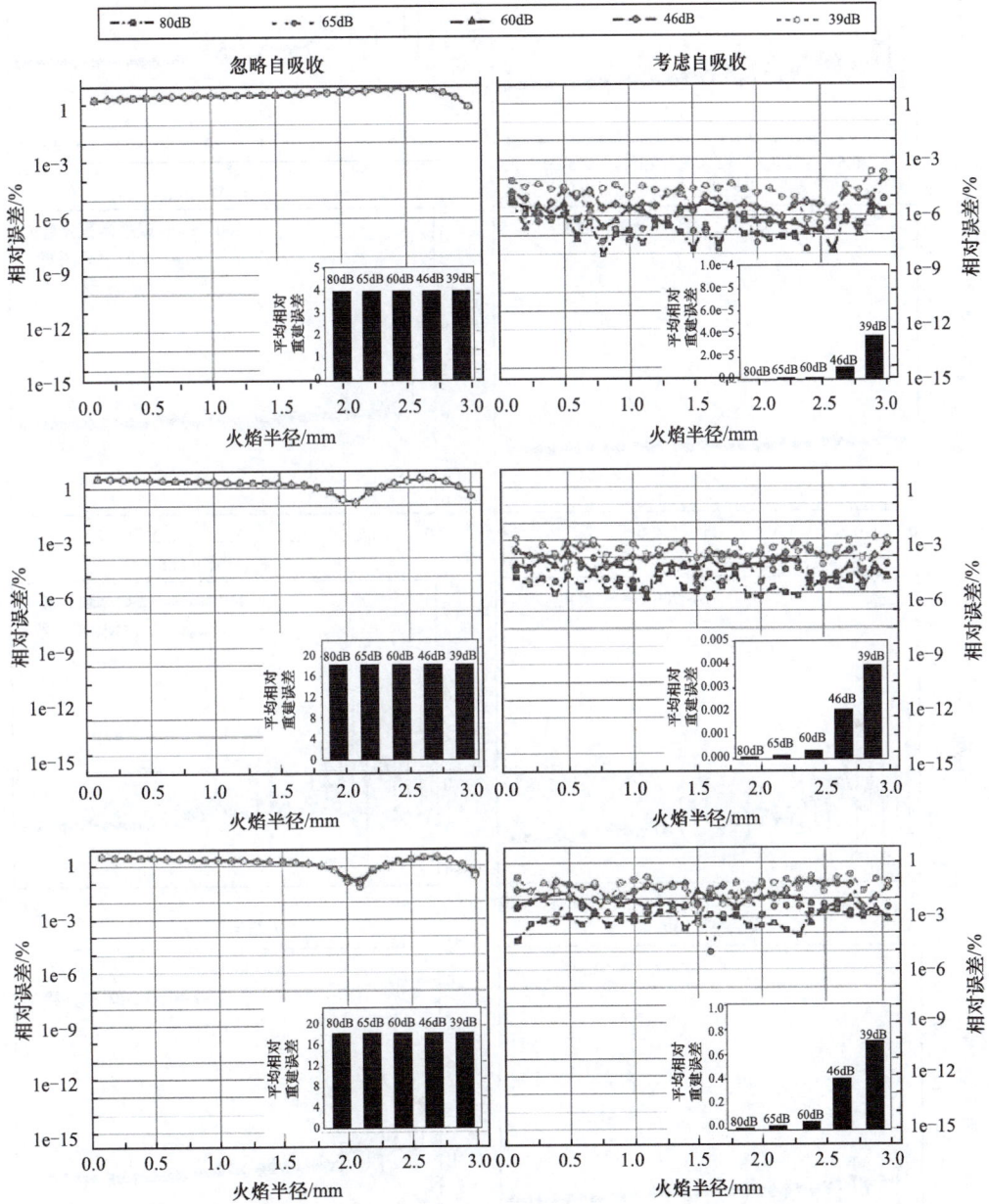

图 8-7　体积分数比含有不同测量误差的条件下考虑和忽略自吸收作用重建误差

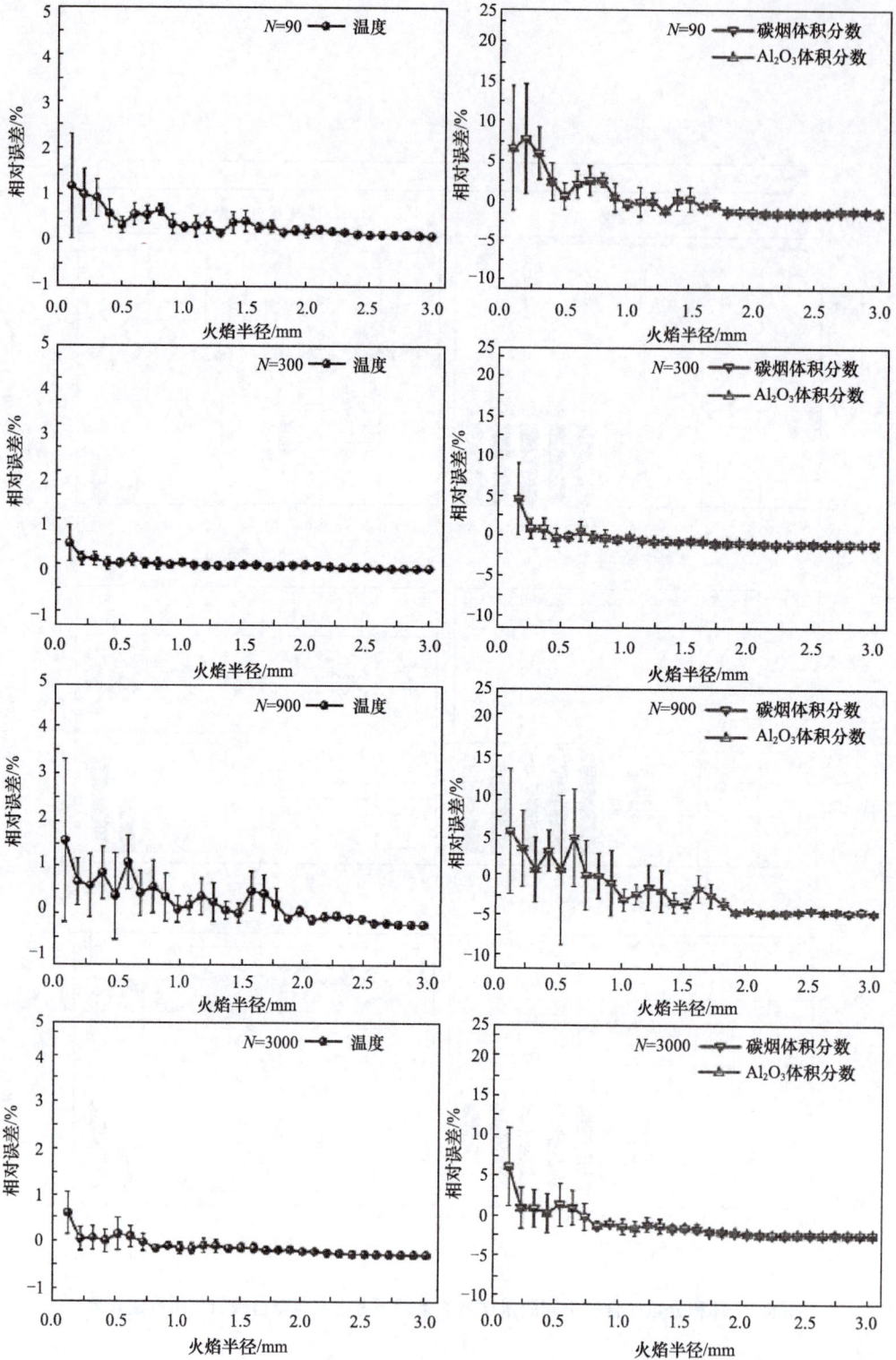

图 8-8　探测线数对光学厚火焰中多颗粒温度场和浓度场相对重建误差的影响

　　综上所述，当辐射强度信噪比为 54dB 时，使用 N=90，可以成功地重建光学厚火焰的多颗粒温度场和浓度场；当辐射强度信噪比为 46dB 时，使用 $N=900$，可获取重建精度在合理范围内的光学厚火焰多颗粒温度场和浓度场。

8.1.4　利用 CCD 摄像机的重建结果与讨论

采用 CCD 摄像机的重建系统如图 7-13 所示，其中 CCD 摄像机的视场角 2θ 假设为 80°，CCD 摄像机与火焰中心的距离 L_e 假设为 4.7mm，使用的重建波长为 CCD 摄像机红色通道和绿色通道的中心波长 0.70μm 及 0.53μm。

1. 自吸收对重建精度的影响（辐射强度分布存在测量误差）

在考虑或忽略自吸收条件下，温度场、碳烟浓度场以及 Al_2O_3 浓度场的重建结果如图 8-9 所示。

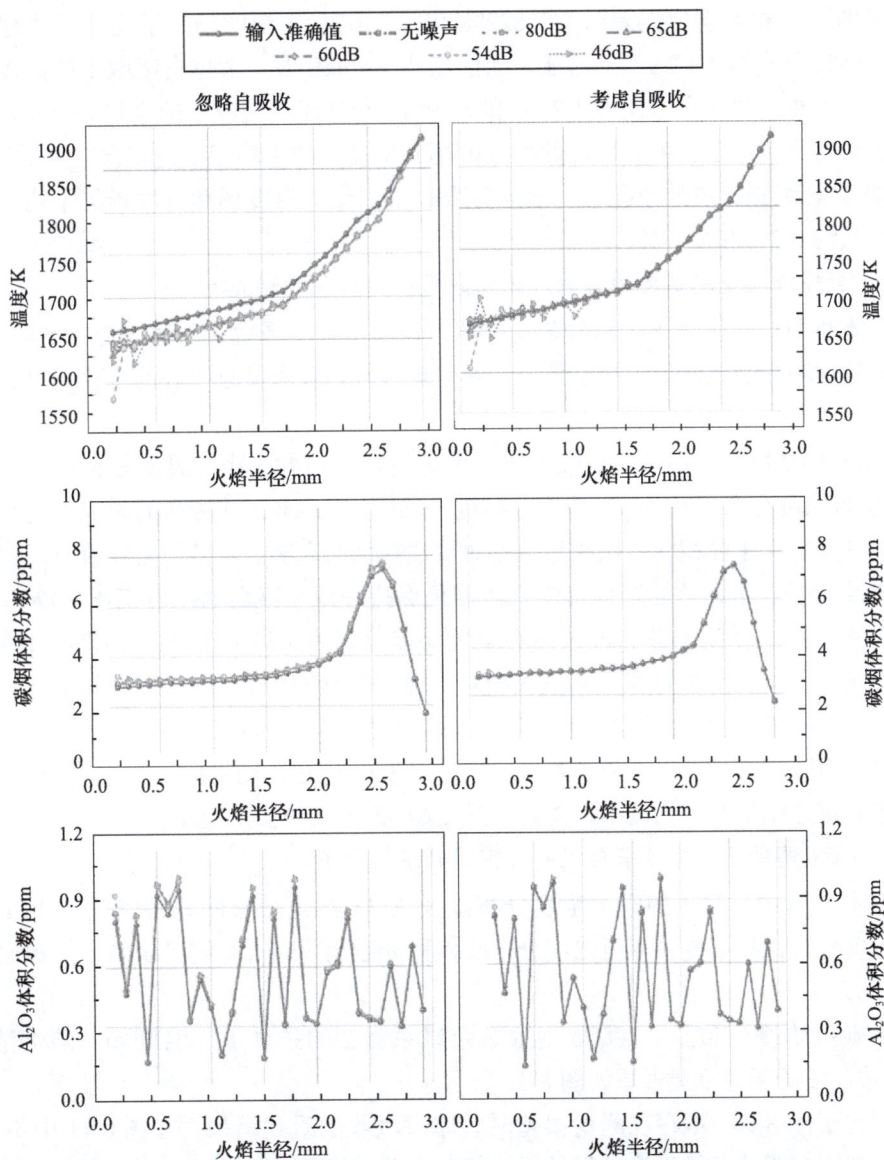

图 8-9　在不同辐射强度分布测量误差条件下考虑和忽略自吸收对重建结果的影响

当辐射强度分布不含测量误差时，考虑自吸收下的重建结果与输入数据吻合较好，然而忽略自吸收的重建结果明显偏离输入数据。整体而言，无论噪声的大小，忽略自吸收可以导致温度分布降低，温度场的平均相对重建误差为 1%，同时导致碳烟浓度分布和 Al_2O_3 浓度分布升高，两种颗粒物浓度场平均相对重建误差均为 4%。由于此小节中的体积分数比不含测量误差，碳烟浓度场与 Al_2O_3 浓度场的相对重建误差始终保持一致。特别地，当辐射强度信噪比为 46dB 时，不考虑自吸收下的温度场的最大相对重建误差为 2.45%，两种颗粒物浓度场的最大相对重建误差为 11.6%。

当辐射强度分布含有测量误差时，考虑自吸收下的重建结果与输入数据有较小的偏差，且此偏差随着信噪比的下降而增加。具体地，当信噪比由 80dB 下降至 46dB 时，温度场的平均相对重建误差由 0.00822% 升高至 0.3%，浓度场的平均相对重建误差则由 0.0255% 升高至 1.12%。特别地，当信噪比为 46dB 时，考虑自吸收下的温度场和浓度场的最大相对重建误差仅为 1.74% 和 6.39%。与忽略自吸收下的重建结果相比，在无噪声的情况下，考虑自吸收可以使得温度场和浓度场的平均相对重建误差降低约 1% 和 4%；在含高级别噪声的情况下，考虑自吸收可以使得温度场和浓度场的平均相对重建误差降低约 0.7% 和 2.88%。

2. 自吸收对重建精度的影响（体积分数比存在测量误差）

在本小节中，仅考虑体积分数比的测量误差，而不考虑辐射强度分布的测量误差。在不同的体积分数比测量误差条件下，忽略自吸收以及考虑自吸收的重建结果如图 8-10 所示。

由图 8-10 可知，不考虑自吸收时，无论测量误差的大小，温度分布被平均降低约 1%，碳烟浓度分布以及 Al_2O_3 浓度分布被平均增加约 4%，其潜在的原因为自吸收对重建精度的影响大于体积分数比测量误差对重建精度的影响。当考虑自吸收时，即使在极低的信噪比条件下，重建结果与输入数据仍保持一致。特别地，当 $SNR_2=39dB$ 时，温度场的平均相对重建误差和最大相对重建误差分别为 $7.33 \times 10^{-5}\%$ 和 $2.74 \times 10^{-4}\%$，碳烟浓度场的平均相对重建误差和最大相对重建误差分别为 $6.10 \times 10^{-3}\%$ 和 $2.38 \times 10^{-2}\%$，Al_2O_3 浓度场的平均相对重建误差和最大相对重建误差分别为 0.693% 和 2.04%。由此可得，考虑自吸收的条件下，与辐射强度测量误差对重建结果的影响相比，体积分数比测量误差对重建结果的干扰较小，尤其是温度场和碳烟浓度场的重建。

3. 在不同的光学厚度下自吸收对重建精度的影响

在本小节中，输入的碳烟浓度分布以及 Al_2O_3 浓度分布同时乘以系数 2 或者系数 10，温度分布保持不变，辐射强度分布及体积分数比同时含有测量误差（信噪比 60dB、46dB）。

在碳烟浓度分布及 Al_2O_3 浓度分布乘以系数 2 的条件下，温度场、碳烟浓度场、Al_2O_3 浓度场的相对重建误差如图 8-11 所示。

对比于图 8-9 中不存在测量误差时忽略自吸收的重建结果，在图 8-11 中不存在测量误差忽略自吸收条件下温度场的平均相对误差由 1% 增至 1.7%，碳烟浓度场及 Al_2O_3 浓度场的平均相对误差由 4% 增至 7.1%，可以看出自吸收对重建精度的影响随火焰光学厚度的增加而变大。当信噪比为 60dB 时，忽略自吸收下温度场的平均和最大相对重建误差分别为 1.7% 和 2.2%，碳烟浓度场的平均和最大相对重建误差分别为 7.1% 和 9.9%，Al_2O_3 浓度场的平均和最大相对重建误差分别为 7.1% 和 10.2%。然而，当信噪比进一步下降至 46dB 时，多个位置的局部碳烟浓度和 Al_2O_3 浓度的相对重建误差大于 10%，也就是说碳烟浓度场和 Al_2O_3 浓度场的重建结果不再可信。

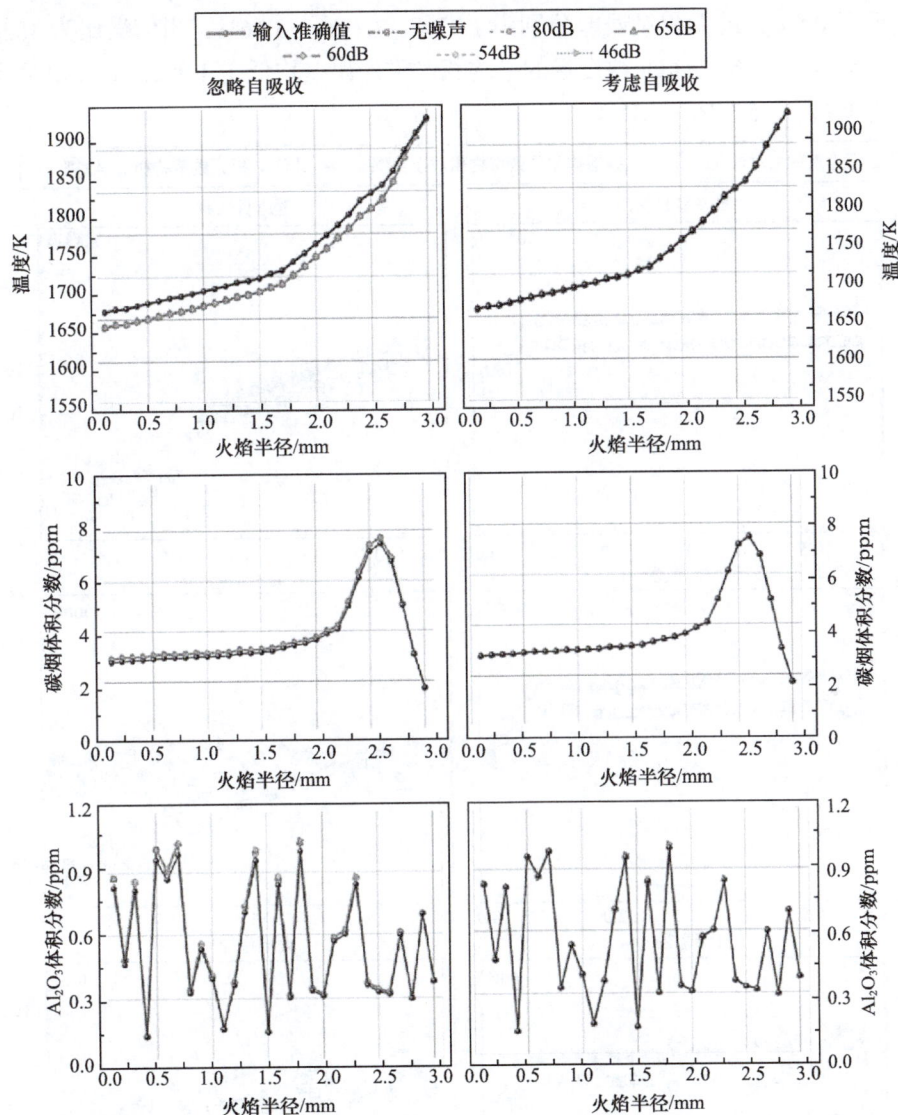

图 8-10　在不同体积分数比测量误差条件下考虑和忽略自吸收对重建结果的影响

当考虑自吸收时，在无噪声的情况下，温度场、碳烟浓度场、Al_2O_3 浓度场的最大相对重建误差均不大于 1×10^{-5}%，在信噪比为 46dB 时，其最大相对重建误差分别为 3.24%、8.71%、9.01%。

在碳烟及 Al_2O_3 浓度分布乘以系数 10 的条件下，温度场、碳烟浓度场、Al_2O_3 浓度场的相对重建误差如图 8-12 所示。

忽略自吸收导致多颗粒温度场和浓度场的重建结果出现较大的误差：无论是否含有测量误差，温度场的最大相对重建误差大于 7%，碳烟浓度场及 Al_2O_3 浓度场的最大相对重建误差均大于 19%；当信噪比为 46dB 和 60dB 时，温度场、碳烟浓度场、Al_2O_3 浓度场的平均相对重建误差分别约为 4.8%、7.6%、7.7%。对比而言，考虑自吸收的重建结果较为合理：当信噪比为 60dB 时，温度场、碳烟浓度场、Al_2O_3 浓度场的平均相对误差均低于 0.5%，最大相对误差分别为 1.25%、3.14%、3.16%；当信噪比为 46dB 时，温度场、碳烟浓度场、Al_2O_3 浓度场的平均相对重建误差均低于 1.3%，最大相对重建误差分别为 1.94%、6.35%、5.71%。

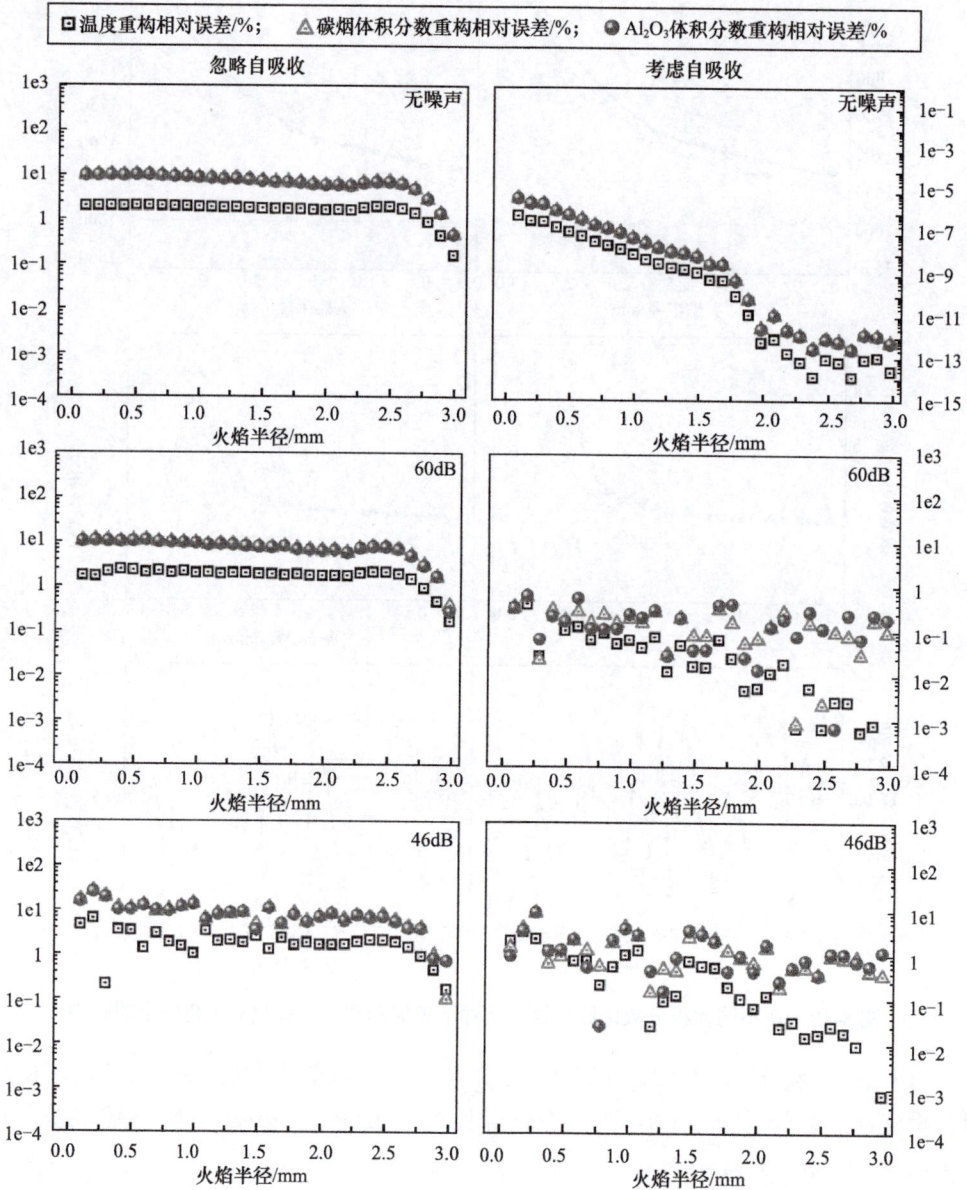

图 8-11　在火焰光学厚度乘以系数 2 的条件下考虑和忽略自吸收
对多颗粒温度场和浓度场相对重建误差的影响

综上所述，在复杂燃烧火焰的多颗粒温度场和浓度场同时重建中，火焰的光学厚度较大时，是否考虑自吸收直接影响到重建的成功与否；而对于光学厚度较小的火焰，重建精度也可以在一定程度上因自吸收的嵌入而有所提高。

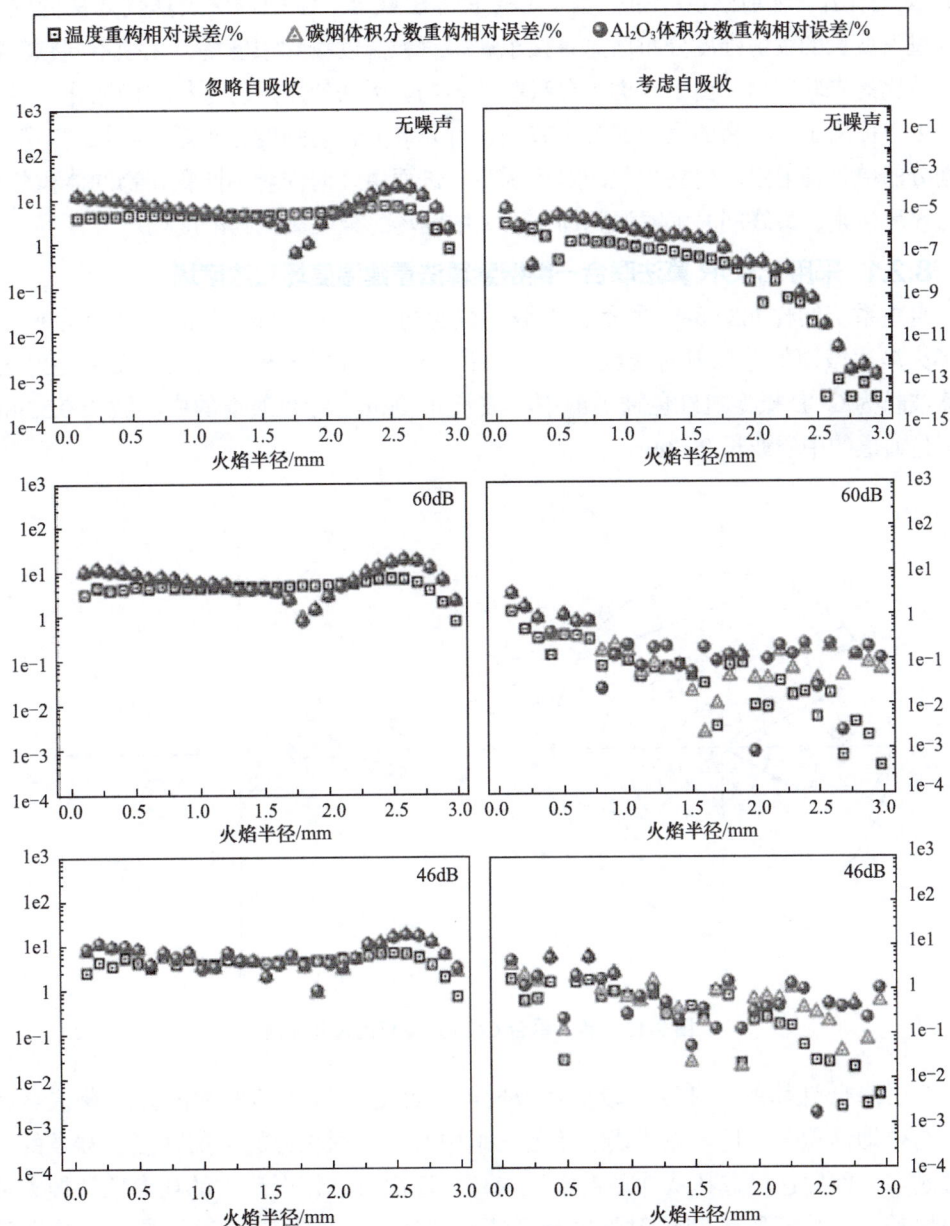

图 8-12 在火焰光学厚度乘以系数 10 的条件下考虑与忽略自吸收
对多颗粒温度场和浓度场相对重建误差的影响

8.2 基于多光谱技术的直接同时重建

本节基于多光谱技术建立了适用于光学薄及非光学薄的含两种颗粒物（碳烟及金属氧化物）的燃烧对称火焰多颗粒温度场及浓度场的同时重建模型，使用单台 CCD 摄像机获取火焰出射辐射强度分布，基于 LSQR 算法联合一维搜索法及迭代算法的混合算法通过三波长的辐射强度分布信息直接求解多颗粒温度场和浓度场，无须不同颗粒物体积分数比的先验知识。由于考虑了自吸收的影响，无法使用发射源相关函数作为目标函数，本节提出了一种新的反问题解决方法，首先划分辐射强度分布矩阵和长度矩阵并基于划分的单元辐射强度建立相关的目标函数，进而由外向内对不同颗粒物的体积分数比进行逐环搜索，最终同时求解温度场、碳烟浓度场、金属氧化物浓度场。

8.2.1 采用 LSQR 算法联合一维搜索算法重建温度场和浓度场

重建系统同样如图 8-13 所示，火焰横截面均分为 M 个环，外圈的半径为 r，穿过一半火焰横截面的总辐射线数为 N，使用单台 CCD 摄像机获取火焰发射辐射图像，重建波长为 CCD 摄像机红色通道的中心波长 0.70μm、绿色通道的中心波长 0.53μm 以及蓝色通道的中心波长 0.42μm。

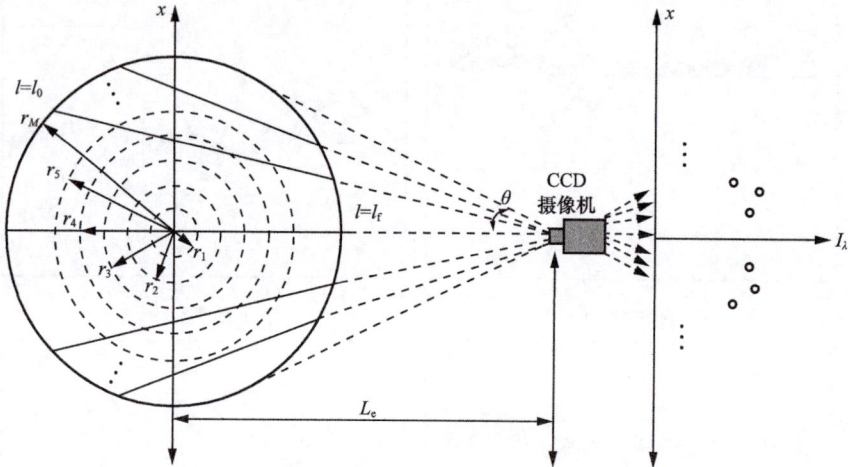

图 8-13　基于单台 CCD 摄像机的重建系统

为了降低计算的复杂度、减少运算时间，此处采取逐环搜索的方式获取金属氧化物与碳烟体积分数比。探测线越接近火焰中心，沿程积分的辐射强度所涉及的未知参数越多，因此这里选择从外环搜索至内环，逐次求解每个环内的场参数。搜索最佳的 Rf^{opt} 前，长度矩阵 L 和辐射强度分布矩阵 $I_{\lambda 1}$、$I_{\lambda 2}$、$I_{\lambda 3}$ 基于辐射线是否穿越即将被搜索到的 i 环被分别分离为 M 个矩阵。辐射强度分布矩阵 $I_{\lambda 1}$、$I_{\lambda 2}$、$I_{\lambda 3}$ 的首行值对应于沿距离火焰中心最近的探测线的出射辐射强度，涉及的待求场参数最多，而最后一行值仅对应于最外环的辐射强度信息，涉及的待求场参数最少。具体的分离矩阵方法如图 8-14 所示，长度矩阵 L 和辐射强度分布矩阵 $I_{\lambda 1}$、$I_{\lambda 2}$、$I_{\lambda 3}$ 从末行到首行进行分离。由于即将分离的矩阵包含已经分离的矩阵，分离矩阵的行数会逐渐增加。

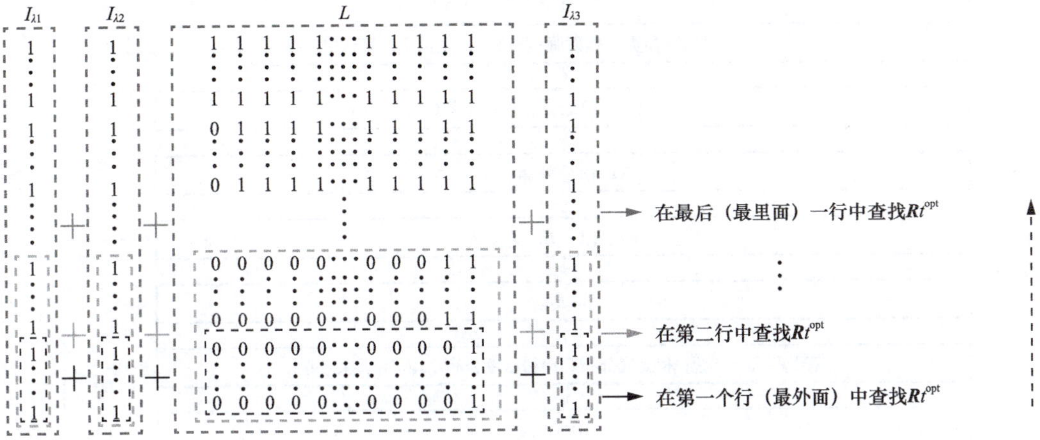

图 8-14　$I_{\lambda 1}$ ($I_{\lambda 1} \in R^{N \times 1}$)、$I_{\lambda 2}$($I_{\lambda 2} \in R^{N \times 1}$)、$I_{\lambda 3}$($I_{\lambda 3} \in R^{N \times 1}$)、$L$($L \in R^{N \times MM}$) 的矩阵分离方法

注：L 为稀疏矩阵，其中"1"表示非零值，"0"表示零，矩阵由末行向首行进行分离，
将要分离的单元矩阵包含前面的单元矩阵。

区间 $[Rt_{\min}, Rt_{\max}]$ 内，搜索环 i 的最佳体积分数比 Rt_{opt} 的目标函数为

$$F_{\mathrm{obj},i}(Rt) = \frac{\left\| I'_{\lambda 3, M-i+1} - I_{\lambda 3, M-i+1} \right\|^2}{\left\| I_{\lambda 3, M-i+1} \right\|^2} \quad (i = 1, L, M) \tag{8-10}$$

式中：λ_3 为波长 420nm；$I_{\lambda 3, M-i+1}$ 为分离的第（$M-i+1$）个矩阵的测量得到的辐射强度，$I'_{\lambda 3, M-i+1}$ 为基于假设的体积分数比 Rt 计算得到的辐射强度。最小的目标函数值对应于最佳的 Rt^{opt}，由外环至内环逐环求出，也即 i 从 M 到 1。

基于多光谱技术考虑自吸收的多颗粒温度场和浓度场直接同时重建的计算流程如图 8-15 所示，其中反问题计算步骤总结如下。

步骤 1：根据图 8-14 所示的分离方法，将长度矩阵 L 和辐射强度分布矩阵 $I_{\lambda 1}$、$I_{\lambda 2}$、$I_{\lambda 3}$ 分离为 M 个矩阵。

步骤 2：在忽略自吸收的条件下，基于假设的 Rt，使用 LSQR 算法求解由环 i 到环 M 内的温度分布、碳烟浓度分布以及金属氧化物浓度分布。

步骤 3：使用迭代算法由测量获得的衰减的辐射强度值求得相关的未衰减的辐射强度值。

步骤 4：在考虑自吸收的条件下，计算由环 i 至环 M 的温度分布、碳烟浓度分布以及金属氧化物浓度分布。

步骤 5：基于步骤 4 求得的局部温度、碳烟浓度以金属氧化物浓度，计算目标函数值。

```
开始
  │
  ▼
输入介质几何参数、辐射强度分布 $I_{\lambda 1}$、$I_{\lambda 2}$、$I_{\lambda 3}$，等已知数据
  │
  ▼
基于视在光线法计算长度矩阵 $L$
  │
  ▼
$i = M$(最外环)
  │
  ▼
分离矩阵 $L$、$I_{\lambda 1}$、$I_{\lambda 2}$、$I_{\lambda 3}$  ◄─────┐
  │                                                         │
  ▼                                                         │
$Rt_i = Rt_{min}$                                           │
  │                                                         │
  ▼                                                         │
基于 $I_{\lambda 1}, I_{\lambda 2}, Rt_i$ 求解环 $i$ 温度分布 $T_i(n)$ 和浓度分布 $f_{v,soot}(n)$、$f_{v,NPs},i(n)$  ◄─┐
  │                                                       │  │
  ▼                                                       │  │
$n = 0$                                                   │  │
  │                                                       │  │
  ▼                                                       │  │
$n = n+1$  ◄──────────────────────────────────────────┐  │  │
  │                                                    │  │  │
  ▼                                                    │  │  │
计算 $I_{\lambda 1,calc}$ 和 $I_{\lambda 1,calc}^{ii}$；$I_{\lambda 2,calc}$ 和 $I_{\lambda 2,calc}^{ii}$  │  │  │
  │                                                    │  │  │
  ▼                                                    │  │  │
迭代公式求解 $I_{\lambda 1}^{ii}$ 和 $I_{\lambda 2}^{ii}$   │  │  │
  │                                                    │  │  │
  ▼                                                    │  │  │
基于 $I_{\lambda 1}^{ii}, I_{\lambda 2}^{ii}, Rt_i$ 求解环 $i$ 温度分布 $T_i(n)$ 和浓度分布 $f_{v,soot}(n)$、$f_{v,NPs},i(n)$  │ │
  │                                                    │  │  │
  ▼                                                    │  │  │
IF $n > 100$ or ─── N ──────────────────────────────┘  │  │
max$|T(n)-T(n-1)| < 10^{-4}$K                            │  │
  │ Y                                                      │  │
  ▼                                                        │  │
由环 $i$ 中估计的多颗粒温度场和浓度场通过正问题计算沿穿越 $i$ 环探测线的辐射强度分布 $I_{\lambda 3}'$  │  │
  │                                                        │  │
  ▼                                                        │  │
环 $i$ 中估计的发射源项 $I_{\lambda 3}'$ 与测量辐射强度向量 $I_{\lambda 3}$ 构造目标函数  │  │
  │                                                        │  │
  ▼                                                        │  │
$Rt_i = Rt_i + step$                                       │  │
  │                                                        │  │
  ▼                                                        │  │
IF $Rt_i > Rt_{max}$ ─── N ─────────────────────────────┘  │
  │ Y                                                          │
  ▼                                                            │
选择最小目标函数值对应的 $Rt_i$ 为环 $i$ 的最佳值 $Rt_i^{opt}$ 并代入下一环的求解中  │
  │                                                            │
  ▼                                                            │
$i = i-1$                                                      │
  │                                                            │
  ▼                                                            │
IF $i = 0$ ─── N ─────────────────────────────────────────────┘
  │ Y
  ▼
输出所有环最佳值 $Rt_i^{opt}$ 所求解的多颗粒温度场和浓度场
  │
  ▼
结束
```

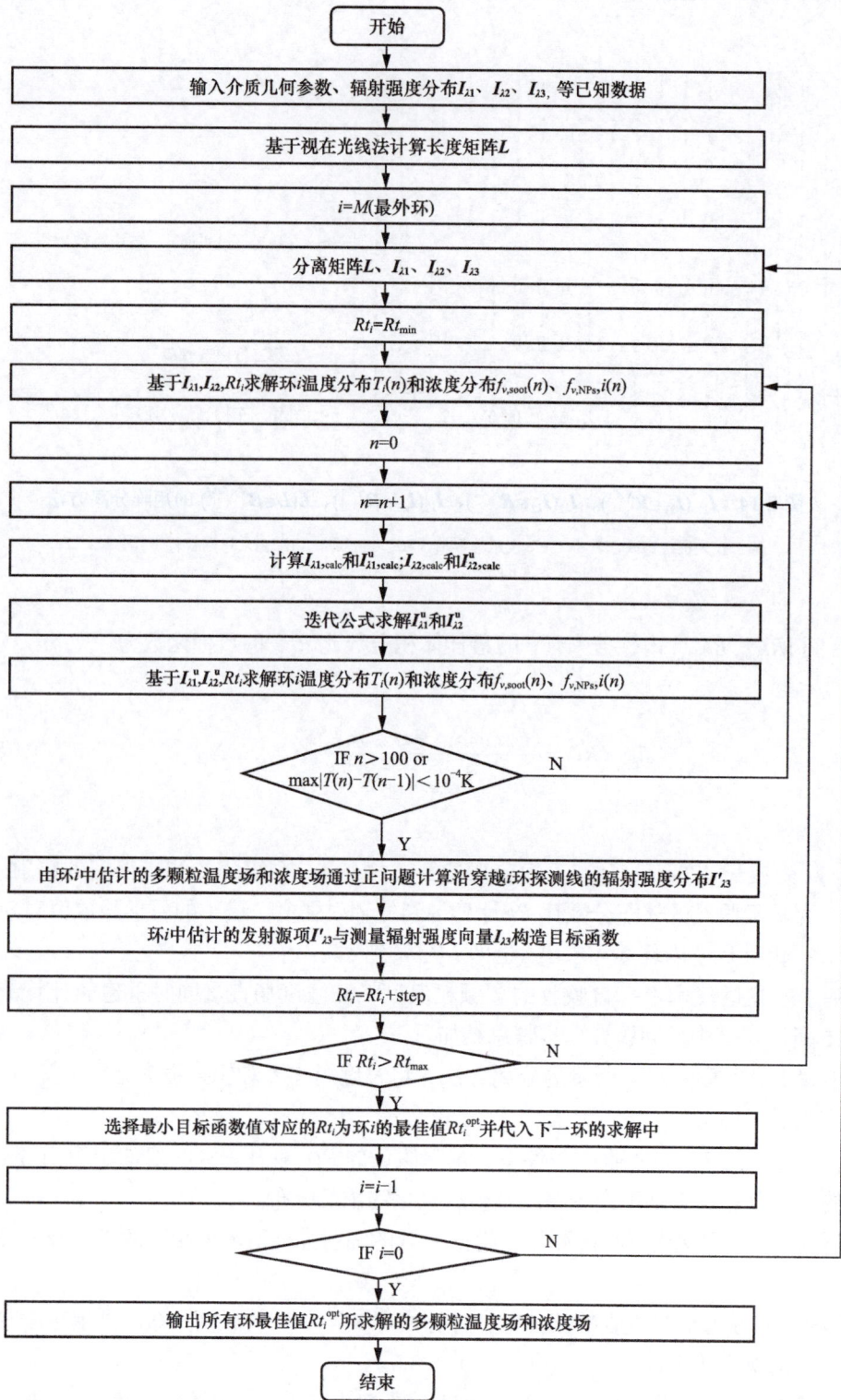

图 8-15 基于多光谱技术考虑自吸收的多颗粒温度场和浓度场同时重建流程图

步骤 6：求得搜索范围内 Rt 对应的所有目标函数值，并将最小值对应的 Rt 设定为 Rt^{opt}。

步骤 7：将搜索到的第 i 环对应的 Rt^{opt} 代入到求解第 $(i-1)$ 环的 Rt^{opt} 的搜索过程中。

步骤 8：搜索到所有环对应的 Rt^{opt} 后，同时求解多粒温度场及浓度场分布。

温度 $E_{T,\text{rel}}$、碳烟浓度 $E_{f_{v,\text{soot,rel}}}$、金属氧化物浓度 $E_{f_{v,\text{NPs,rel}}}$ 的局部相对重建误差分别定义为

$$E_{T,\text{rel}}(i) = 100 \frac{\left| T_{\text{rec}}(i) - T_{\text{exa}}(i) \right|}{T_{\text{exa}}(i)} \tag{8-11}$$

$$E_{f_{v,\text{soot,rel}}}(i) = 100 \frac{\left| f_{v,\text{soot,rec}}(i) - f_{v,\text{soot,exa}}(i) \right|}{f_{v,\text{soot,exa}}(i)} \tag{8-12}$$

$$E_{f_{v,\text{NPs,rel}}}(i) = 100 \frac{\left| f_{v,\text{NPs,rec}}(i) - f_{v,\text{NPs,exa}}(i) \right|}{f_{v,\text{NPs,exa}}(i)} \tag{8-13}$$

体积分数比 Rt 的最佳值 Rt^{opt} 的局部相对搜索误差定义为

$$E_{Rt,\text{rel}}(i) = 100 \frac{\left| Rt_{\text{sea}}^{\text{opt}}(i) - Rt_{\text{exa}}^{\text{opt}}(i) \right|}{Rt_{\text{exa}}^{\text{opt}}(i)} \tag{8-14}$$

上几式中：T_{rec} 和 T_{exa} 为重建温度和输入温度；$f_{v,\text{soot,rec}}$ 和 $f_{v,\text{soot,exa}}$ 为重建碳烟浓度和输入碳烟浓度；$f_{v,\text{NPs,rec}}$ 和 $f_{v,\text{NPs,exa}}$ 为重建金属氧化物浓度和输入金属氧化物浓度；$Rt_{\text{sea}}^{\text{opt}}$ 和 $Rt_{\text{exa}}^{\text{opt}}$ 为搜索到的和输入的体积分数比。

温度场 $E_{T,\text{recon}}$、碳烟浓度场 $E_{f_{v,\text{soot,recon}}}$、金属氧化物浓度场 $E_{f_{v,\text{NPs,recon}}}$ 的重建误差分别定义为

$$E_{T,\text{recon}}(i) = 100 \frac{\sqrt{\dfrac{1}{N} \sum_{i-1}^{N} \left[T_{\text{rec}}(i) - T_{\text{exa}}(i) \right]^2}}{\max \left[T_{\text{exa}}(i) \right]} \tag{8-15}$$

$$E_{f_{v,\text{soot,recon}}}(i) = 100 \frac{\sqrt{\dfrac{1}{N} \sum_{i=1}^{N} \left[f_{v,\text{soot,rec}}(i) - f_{v,\text{soot,exa}}(i) \right]^2}}{\max \left[f_{v,\text{soot,exa}}(i) \right]} \tag{8-16}$$

$$E_{f_{v,\text{NPs,recon}}}(i) = 100 \frac{\sqrt{\dfrac{1}{N} \sum_{i=1}^{N} \left[f_{v,\text{NPs,exa}}(i) - f_{v,\text{NPs,exa}}(i) \right]^2}}{\max \left[f_{v,\text{NPs,exa}}(i) \right]} \tag{8-17}$$

8.2.2 重建结果与讨论

本算例输入如图 8-16 所示的温度场、碳烟浓度场、Al$_2$O$_3$ 浓度场，重建系统的火焰半径为 3mm，CCD 摄像机的视场角 2θ 为 80°，CCD 摄像机与火焰中心的距离 L_e 为 4.7mm。

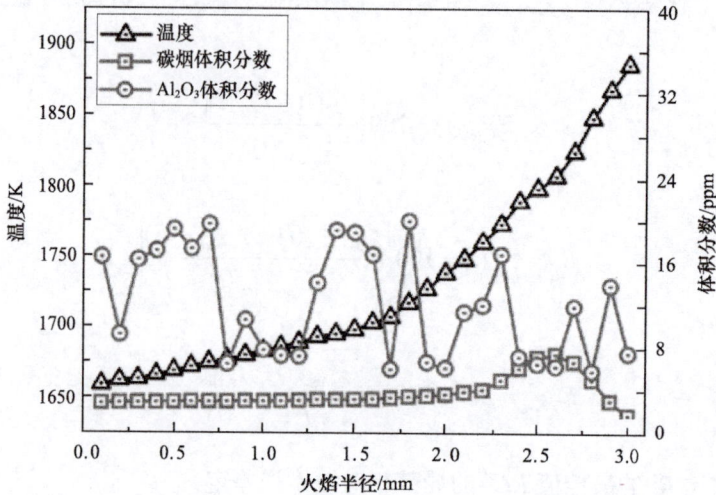

图 8-16　输入的多颗粒温度场和浓度场

1. 基于理想的辐射强度值重建的多颗粒温度场和浓度场

最佳体积分数比的搜索结果及多颗粒温度场和浓度场的重建结果如图 8-17 所示。图 8-17（a）展示了最外圈中 Rt^{opt} 在搜索区间 [0,7] 的搜索过程，目标函数为单峰函数，目标函数最小值对应的 Rt^{opt} 可被准确搜索到。由图 8-17（b）可以观察出当搜索到最内环的 Rt^{opt} 时，目标函数值仍然可以保持在合理的范围内（低于 10^{-15}），这表明重建误差由外圈至内圈的积累并不明显。

重建的温度场、碳烟浓度场以及 Al$_2$O$_3$ 浓度场如图 8-17（c）所示，相应的相对重建误差如图 8-17（d）所示。为了说明 Rt^{opt} 的搜索准确性对重建结果的影响，其相对搜索误差也包含在图 8-17（d）中。由图可以观察出温度场、碳烟浓度场以及 Al$_2$O$_3$ 浓度场的重建值与输入值始终保持较高的一致性，尤其是在 $r \geqslant 1.0$mm 范围，三个参数场的相对重建误差接近零。温度场、碳烟浓度场以及 Al$_2$O$_3$ 浓度场的最大相对重建误差均出现在 $r=0.6$mm 处，同时 Rt^{opt} 的最大相对搜索误差也出现在此处。具体地，温度场的最大相对重建误差、平均相对重建误差分别为 2.44×10^{-4}%、2.54×10^{-5}%，碳烟浓度场的最大相对重建误差、平均相对重建误差分别为 0.0280%、0.00；85%，Al$_2$O$_3$ 浓度场的最大相对重建误差、平均相对重建误差分别为 0.108%、0.0137%。整体而言，温度分布的重建结果的精度最高而，Al$_2$O$_3$ 浓度分布的重建结果最易受到 Rt^{opt} 搜索准确性的影响。

2. 输入的体积分数比对重建精度的影响

本节讨论了体积分数比对重建精度的影响，输入的 Al$_2$O$_3$ 浓度分布分别除以系数 2、5、10，温度分布以及碳烟浓度分布保持不变。

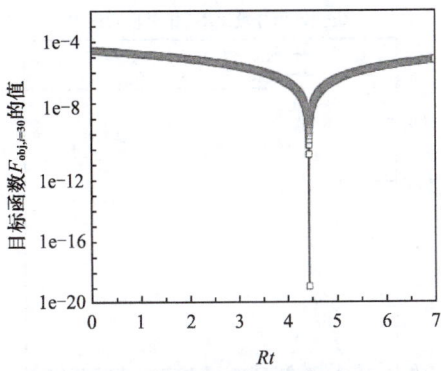

(a) 外圈中目标函数值随体积分数比 Rt 假设值的变化

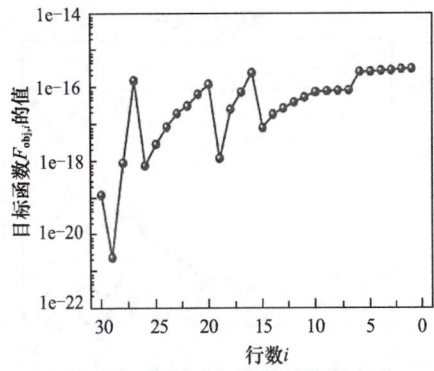

(b) 最佳体积分数比 Rt^{opt} 对应的目标函数值随单元环的变化

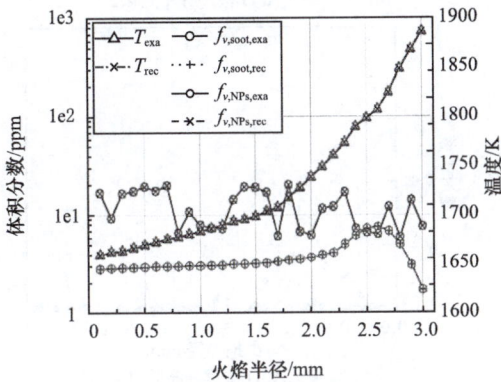

(c) 温度场、碳烟浓度场和 Al_2O_3 浓度场重建结果

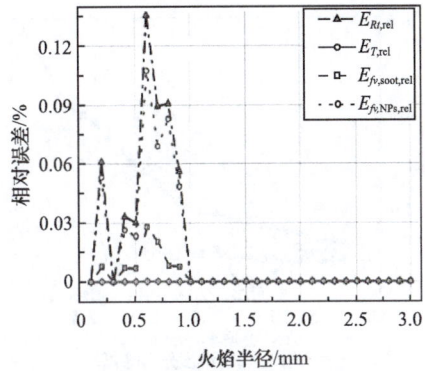

(d) 温度场、碳烟浓度场和 Al_2O_3 浓度场的相对重建误差及最佳体积分数比 Rt^{opt} 的相对搜索误差

图 8-17　最佳体积分数比 Rt^{opt} 搜索结果及多颗粒温度场和浓度场重建结果

　　图 8-18 展示了不同的体积分数比情况下，温度场、碳烟浓度场以及 Al_2O_3 浓度场的重建结果以及相对重建误差。由图可以观察出即使在较低的 Al_2O_3 浓度分布 [0,2]ppm 下，所有的参数场均可以准确重建。无论输入的体积分数比的大小，三个参数场的重建精度由高到低排序为：温度场＞碳烟浓度场＞Al_2O_3 浓度场。Al_2O_3 浓度场的重建结果对 Rt^{opt} 搜索准确性最为敏感，在输入的 Al_2O_3 浓度分布分别除以系数 2、5、10 的条件下，Rt^{opt} 的最大相对搜索误差分别为 0.269%、0.364%、0.818%，对应的 Al_2O_3 浓度场的最大相对重建误差分别为 0.234%、0.357%、0.810%。对当 Al_2O_3 浓度分布除以系数 2 时，温度场最大和平均相对重建误差分别为 3.33×10^{-4}、2.82×10^{-5}，碳烟浓度场最大和平均相对重建误差分别为 0.0346%、0.00287%；当 Al_2O_3 浓度分布除以系数 5 时，温度场最大和平均相对重建误差分别为 1.54×10^{-4}、2.10×10^{-5}，碳烟浓度场最大和平均相对重建误差分别为 0.0150%、0.00192%；当 Al_2O_3 浓度分布除以系数 10 时，温度场最大和平均相对重建误差分别为 1.26×10^{-4}、1.93×10^{-5}，碳烟浓度场最大和平均相对重建误差分别为 0.0120%、0.00181%。

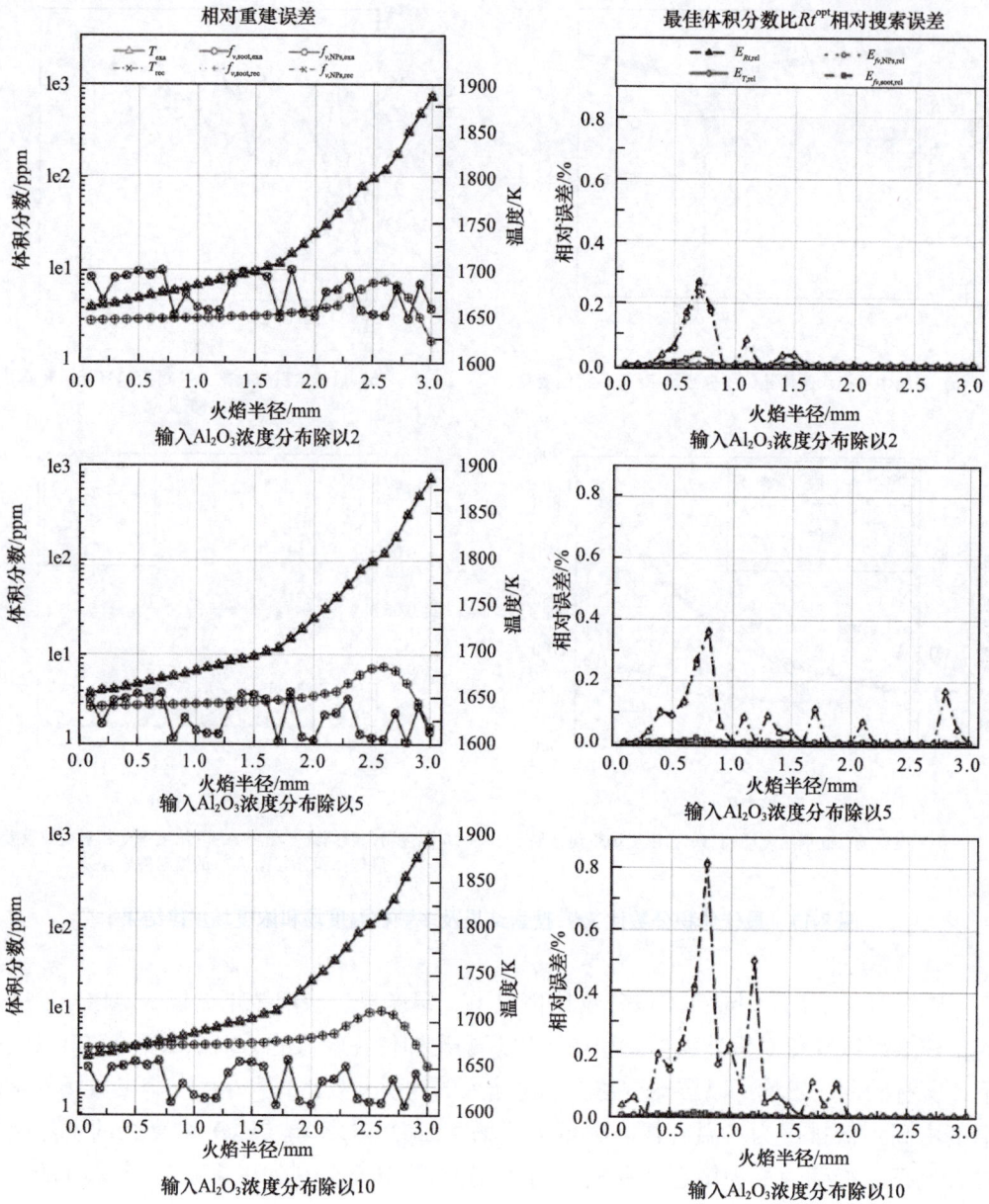

图 8-18 输入的 Al_2O_3 浓度分布除以不同系数下温度场、碳烟浓度场和 Al_2O_3 浓度场重建结果

为了比较在不同的输入体积分数比条件下温度场、碳烟浓度场、Al_2O_3 浓度场的重建精度，基于式（8-15）～式（8-17）计算得到的场参数的重建误差如图 8-19 所示。由图可观察出，随着输入的体积分数比的下降，碳烟浓度场的重建误差减小，而 Al_2O_3 浓度场的重建误差增加，可能是由于以下的原因引起：① Rt 下降引起步长缩短，从而导致一维搜索算法中目标函数对最佳值的选择敏感性下降。因此，在输入的 Al_2O_3 浓度场除以系数 10 时，Al_2O_3 浓度场的重建误差最大。②当 Al_2O_3 浓度分布下降时，CCD接收到的来自 Al_2O_3 纳米颗粒的辐射信息下降，相比之下，来自碳烟的辐射信息增加。

因此，随着输入的 Al_2O_3 浓度分布下降，碳烟浓度场的重建误差随之降低。

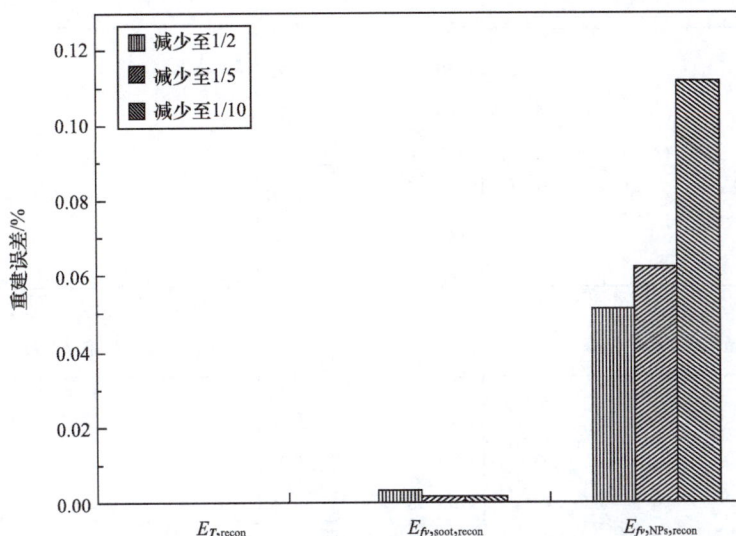

图 8-19　输入的 Al_2O_3 浓度分布除以系数单位 2、5、10 的条件下，温度场、
碳烟浓度场和 Al_2O_3 浓度场的重建误差

3. 光学厚度对重建精度的影响

在本小节中，碳烟浓度分布和 Al_2O_3 浓度分布分别乘以系数 2、5、10，也即火焰的光学厚度分别乘以系数 2、5、10。具体地，碳烟浓度分布和 Al_2O_3 浓度分布乘以系数 2 时，波长 420、530、700nm 对应的最大火焰光学厚度分别为 0.297、0.213、0.150。

重建的温度场、碳烟浓度场、Al_2O_3 浓度场如图 8-20 所示。图中重建结果与输入数据吻合较好，说明该重建模型可以成功应用于复杂燃烧光学厚火焰。三个场参数的重建精度均在碳烟浓度分布和 Al_2O_3 浓度分布乘以系数 2 时达到最高，此时的温度场、碳烟浓度场、Al_2O_3 浓度场的最大相对重建误差分别为 1.17×10^{-6}%、7.83×10^{-6}%、7.83×10^{-6}%，Rt^{opt} 的最大相对搜索误差为 1.55×10^{-14}%。当碳烟浓度分布和 Al_2O_3 浓度分布乘以系数 5 时，温度场、碳烟浓度场、Al_2O_3 浓度场的最大相对重建误差分别为 5.59×10^{-5}%、8.18×10^{-3}%、2.11×10^{-1}%；当碳烟和 Al_2O_3 浓度分布乘以系数 10 时，温度场、碳烟浓度场、Al_2O_3 浓度场的最大相对重建误差分别为 2.27×10^{-5}%、1.21×10^{-2}%、2.110×10^{-1}%。由此可见，多颗粒物温度场和浓度场的重建精度与光学厚度有关，但并非呈线性的相关性。

图 8-21 展示了不同光学厚度下对应多颗粒温度场和浓度场的重建误差。当碳烟和 Al_2O_3 浓度分布乘以系数 2 时，温度场和碳烟浓度场的重建误差在图中几乎不可见，Al_2O_3 浓度场的重建误差为 6.55×10^{-4}%。当碳烟和 Al_2O_3 浓度分布乘以系数 5 时，碳烟浓度场和 Al_2O_3 浓度场的重建误差略高于浓度分布乘以系数 10 时的相应重建误差。潜在的原因为：在光学厚度较大的火焰中，CCD 探测器可以接收到更多高温颗粒物发出的辐射信息，但同时增加了迭代算法中由衰减辐射强度校正获取未衰减辐射强度的难度。

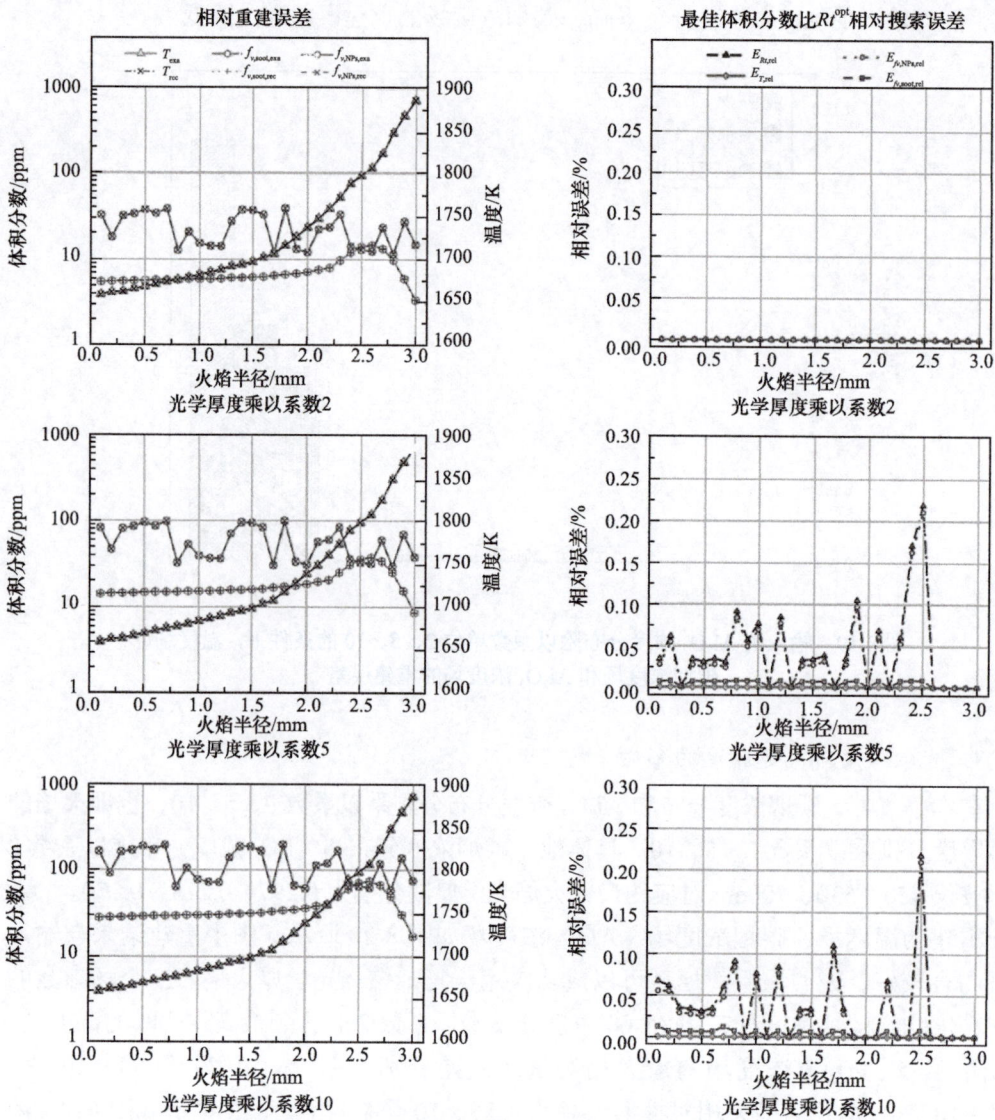

图 8-20　光学厚度乘以不同系数下温度场、碳烟浓度场和 Al_2O_3 浓度场重建结果

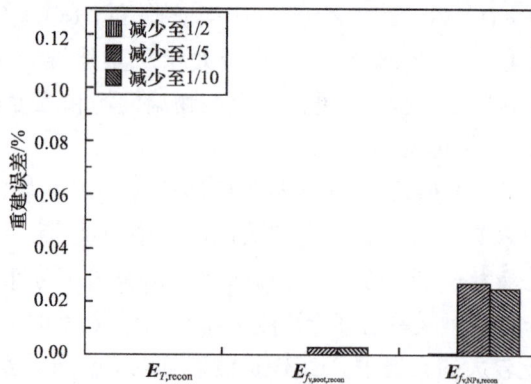

图 8-21　光学厚度乘以系数 2、5、10 的条件下温度场、碳烟浓度场和 Al_2O_3 浓度场的重建误差

4. 辐射强度测量误差对重建精度的影响

本节中对由正问题模拟得到的辐射强度分布加入信噪比为 80dB 的高斯噪声。使用不同的辐射射线 N=90、45、2250 得到的重建结果如图 8-22 所示。

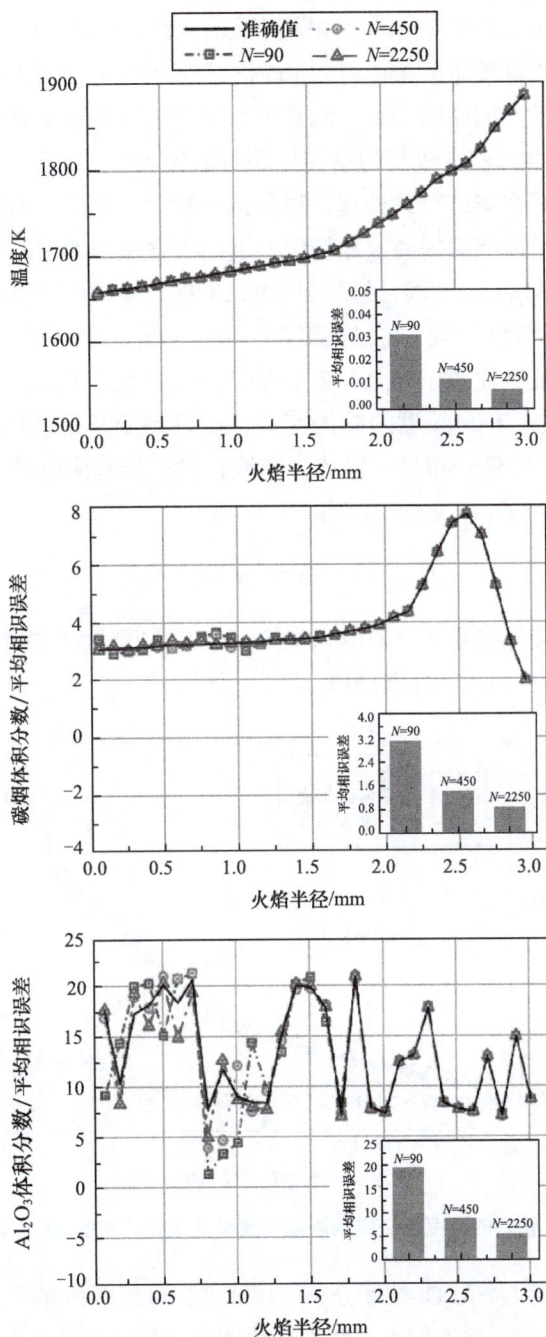

图 8-22　辐射强度分布测量误差在使用不同探测线数的条件下对温度场、
碳烟浓度场及 Al_2O_3 浓度场重建结果的影响

当 $N=90$ 时，温度场的重建结果具有较高的精度，其最大的相对重建误差仅为 0.174%，但在多个位置处的碳烟浓度和 Al_2O_3 浓度的相对重建误差大于 10%，因此，两种颗粒物浓度场的重建结果并不满意。随着探测线数目的增加，各场参数的平均相对重建误差减小。当探测线数目增加到 450 时，碳烟浓度的最大相对重建误差为 10.586%，此时的碳烟浓度场重建结果是可信的。由图可以观察到，Al_2O_3 浓度分布重建结果对噪声非常敏感，当探测线数目增加至 450 和 2250 时，只有在 $r>1.5$ 范围内的 Al_2O_3 浓度分布重建结果是可信的。潜在的原因为目标函数值对辐射强度测量误差的敏感性较高，导致在噪声存在下无法搜索到精度较高的最佳体积分数比 Rt^{opt}。因此，在重建 Al_2O_3 浓度场前，应对辐射强度测量数据进行预处理，尽量减小噪声。此外，本书编者认为，通过进一步增加检测线数目可以继续提高重建精度，进而由含噪声的辐射强度数据直接重建出精度在合理范围内的 Al_2O_3 浓度场，但是目前的 CCD 摄像机性能很难达到这样的要求。

本节的算例为了验证重建方法的稳定性和鲁棒性，算例中的 Al_2O_3 浓度场是由 Matlab 随机函数生成的，而对于输入参数分布呈多峰的重建工作是相对较为困难的。在实验中，Al_2O_3 浓度的分布与喷嘴的结构有关，可以预期其呈现规律性的分布。因此，接下来假设输入 Al_2O_3 浓度分布呈一定的规律性，进一步验证在噪声存在的条件下重建方法的有效性，输入 Al_2O_3 浓度分布可得

$$f_{v,\text{NPs}}(r) = -3.5r^2 + 7r + 16.5 \qquad (8\text{-}18)$$

输入的温度场、碳烟浓度场、呈单峰规律分布的 Al_2O_3 浓度场如图 8-23 所示，其中 Al_2O_3 浓度分布范围与 Al_2O_3 浓度随机分布范围一致。

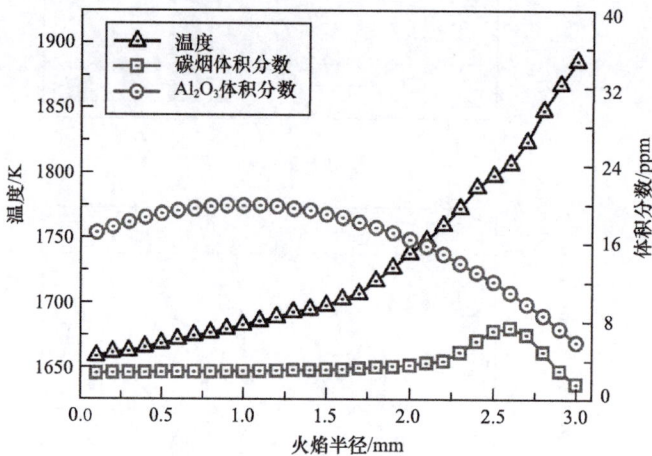

图 8-23　输入的温度场、碳烟浓度场及单峰规律分布的 Al_2O_3 浓度场

由于碳烟浓度分布以及 Al_2O_3 浓度分布的规律性，可预期相邻环之间最佳体积分数比 Rt^{opt} 的值差距不大。因此，这里加入了搜索最佳体积分数比 Rt^{opt} 的限制条件，即当前第 i 环与之前第 $i+1$ 环之间的 Al_2O_3 浓度相对变化大于 30% 时，两个环的最佳体积分数比 Rt^{opt} 设置为相同的值，如下所示：

$$Rt^{\text{opt}}(i) = Rt^{\text{opt}}(i+1) \qquad \text{if } \frac{\left| f_{v,\text{NPs,rec}}(i) - f_{v,\text{NPs,rec}}(i+1) \right|}{f_{v,\text{NPs,rec}}(i+1)} > 0.30 \qquad （8\text{-}19）$$

图 8-24 展示了在不同辐射强度测量信噪比条件下使用探测线数 N=2250 时，温度场、碳烟浓度场、呈单峰规律分布的 Al_2O_3 浓度场的重建结果。当辐射强度测量信噪比为 80、6、60dB 时，温度场的最大相对重建误差分别为 0.032%、0.073%、0.105%，碳烟浓度场的最大相对重建误差分别为 2.734%、2.688%、6.718%。由此可得即使在辐射强度测量信噪比低至 60dB 时，温度场和碳烟浓度场的重建结果也是可信的。对于 Al_2O_3 浓度场的重建：当辐射强度信噪比为 80dB 时，平均相对重建误差、最大相对重建误差分别为 1.286%、10.172%；当辐射强度信噪比为 65dB 时，平均相对重建误差、最大相对重建误差分别为 2.778%、10.224%。但是，当辐射强度信噪比进一步下降到 60dB 时，位于 r<1.5mm 位置范围内的相对重建误差大于 15%，因此，由此含噪声的辐射强度分布反演得到的 Al_2O_3 浓度场是不可信的。

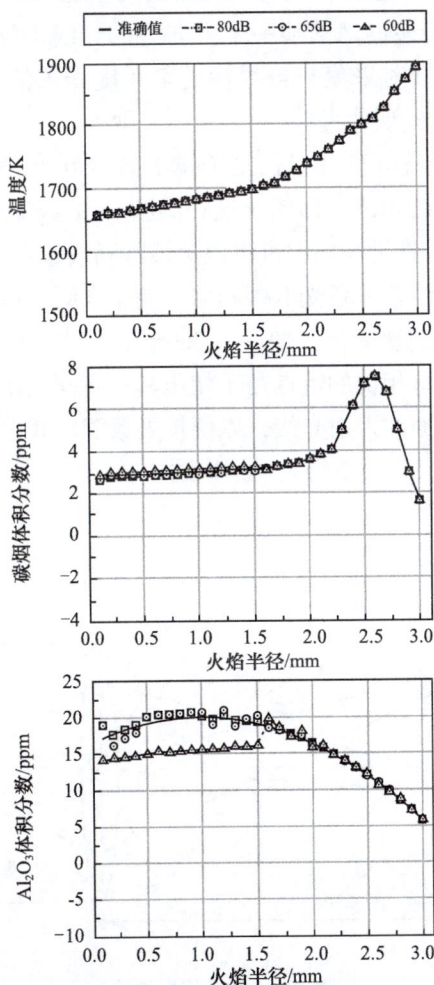

图 8-24　辐射强度测量误差对温度场、碳烟浓度场及单峰规律分布的
Al_2O_3 浓度场重建结果的影响

第 9 章

基于光场相机的热辐射重建反问题

9.1 基于光场图像的火焰温度场层析重建方法

9.1.1 光场成像原理

2005 年斯坦福大学的 NG 等[149] 提出了一种针对表面辐射的光场成像概念。不同于传统相机,光场相机在主透镜和光电探测器之间存在一个微透镜阵列,感光元件处接收到由每个微透镜上传递过来的某一个方向上的光线(强度),从而实现光场信息的捕获[150]。光场相机可同时采集来自目标的多角度光场信息,因此,通过光场相机所成图像来重建三维立体模型[151]。

若光场相机中的微透镜阵列放置在主透镜 1 倍焦距处,则这类光场相机称为一代光场相机,商用光场相机 Lytro[149] 即属于这一类型。Georgiev 等[152,153] 设计了聚焦式光场相机(二代光场相机)。这类光场相机将微透镜阵列放置在主透镜焦平面的前或后方,并在微透镜阵列后的一定位置放置光电探测器,使来自同一深度的不同方向的光束,在图像传感器上提前聚焦或二次聚焦。随后,Georgiev 等[154] 还设计了一种基于多焦距微透镜的聚焦式光场相机,该相机的特点在于使用具有不同焦距的交错微透镜阵列来聚焦来自两个或多个不同物平面的入射光线,以便扩展景深。其中,景深是指能够拍摄获得清晰图像的场景深度范围。图 9-1 为光场相机结构图。

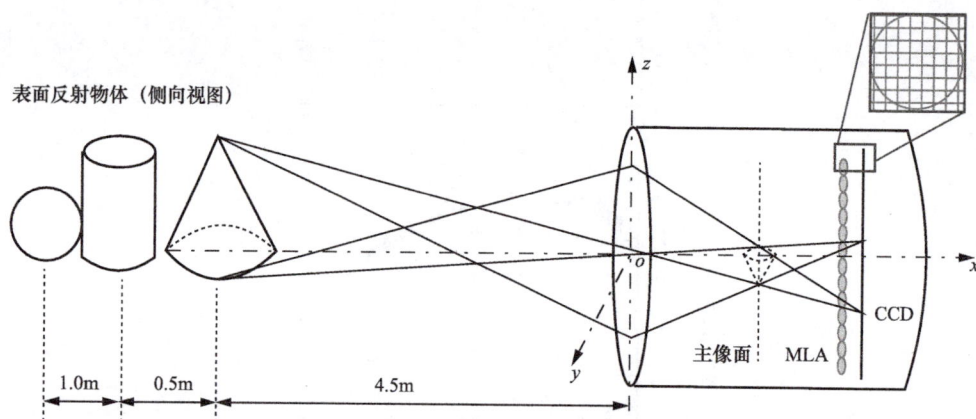

图 9-1　光场相机结构

9.1.2　火焰三维温度场重建方法

1. 火焰三维温度场重建流程

由于三维空间内发光火焰为大量颗粒的发光成像，光场相机拍摄获取的火焰辐射图像，实际上是三维空间分布的颗粒所发射的辐射能量在拍摄方向上的叠加，需要考虑体辐射力与面辐射力之间的关系。图像上像素点的辐射能大小主要由出射辐射能的总和决定，具体数值是由灰度值表示的。

黑体的体辐射力 E_V 与面辐射力 E_S 因不存在衰减仅考虑几何关系，有 $E_V = E_S \times \pi$。至于灰体的体辐射力与面辐射力之间的关系，需要考虑介质的发射和衰减：

（1）由基尔霍夫定律可知，漫辐射灰体在局域平衡状态下吸收率 α 与发射率 ε 相等，即 $\alpha = \varepsilon = 1 - \exp(-\kappa_{a\lambda} \times L_\varepsilon)$，其中 $\kappa_{a\lambda}$（单位 $\mathrm{m^{-1}}$）为光谱吸收系数，L_ε（单位 m）为发射区域内的行程长度。本节假设忽略散射在火焰等参与性介质中的作用，因其引起的误差较小暂不考虑在模拟计算中，故光谱吸收与衰减系数相等（$\kappa_{a\lambda} = \kappa_{e\lambda}$），发射率即修改为 $\varepsilon = 1 - \exp(-\kappa_{e\lambda} \times L_\varepsilon)$，进而计算得到发射力为 $E_\lambda = \varepsilon \times E_{b\lambda}$。

（2）光场相机成像只能观察到火焰表面的能量分布，为了求得火焰的三维立体温度分布，需要通过面辐射力重建得到火焰内部的体辐射力。而在光线传播过程中，每层火焰对光线能量的衰减体现为对面辐射力的削弱。由布格尔定律可知，$E_{S(i+1)} = E_{S(i)} \times \exp(-\kappa_{e\lambda i} \times L_i)$，即第 i 层火焰的面辐射力经过光学厚度为 $\tau_i = \kappa_{e\lambda i} \times L_i$ 的衰减获得第 $i+1$ 层火焰的面辐射力。模拟的火焰介质衰减系数均匀分布，则光学厚度只与行程长度有关，火焰内部某一层的面辐射力即为 $E_{S,\mathrm{in}} = E_{S,\mathrm{out}} / \exp(-\kappa_{e\lambda} \times L)$，其中 L 为火焰外表面与内层火焰的距离。

故灰体的体辐射力与面辐射力之间的关系表示为

$$E_V = E_{S,\mathrm{in}} \times \pi / \varepsilon$$

通过以上分析可以重建火焰的温度分布 T_{est} 为

$$T_{\mathrm{est}} = \frac{c_2}{\lambda \times \ln\left(\dfrac{c_1 \times \lambda^{-5}}{E_V} + 1\right)} \tag{9-1}$$

重建温度 T_{est} 与实际温度 T_{ext} 的相对误差 σ_T 定义为

$$\sigma_T = \frac{|T_{\mathrm{est}} - T_{\mathrm{ext}}|}{T_{\mathrm{ext}}} \times 100\% \tag{9-2}$$

本节温度重建过程的工作流程按照图 9-2 所示进行。首先，分别模拟不同介质中三维和分层火焰的光场成像，并进一步得到三维和分层火焰的重聚焦图像。再针对三维重聚焦光场图像应用重建算法得到重建图像，并与分层重聚焦图像根据质量评价函数对比二者的相似度。然后，将重建图像根据黑体标定得到体辐射力 E_V，采用预测的衰减系数 $\kappa_e = 10\mathrm{m^{-1}}$ 重建火焰温度分布，与已知温度分布对比得到相对误差，最终实现对重建温度精度的判断。

在此过程中，图像重建算法和温度重建算法都需要预标定获得参数，分别为采用黑白板的光场重聚焦图像标定光场相机的点扩散函数，以及采用黑体炉的光场重聚焦图像获得图像灰度和发射能量的拟合关系式。利用上述标定结果，即可实现采用光场重聚焦图像的火焰温度场层析重建。

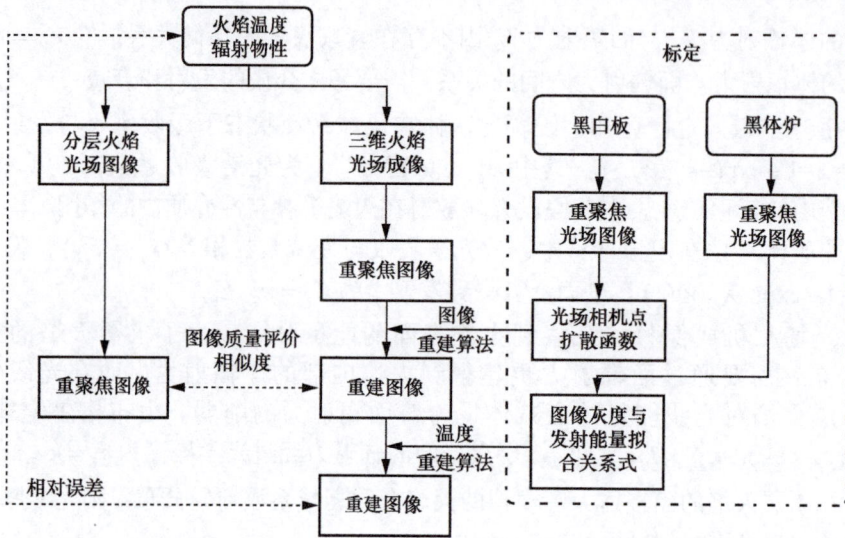

图 9-2 温度重建方法工作流程图

2. 分层火焰光场成像模型

模拟的火焰是在参与性介质中加入复杂温度场，这种方法能够从温度和辐射特性两方面分析其对温度重建效果的影响。本节计算的火焰温度分布采用根据实验拟合的复杂温度场，根据 Sun 等人[103] 由实验测得的温度拟合公式，模拟的温度分布为

$$T_{exa}(r,z)=1200+600\times\exp\left\{-\left[3\times\left(\left(\frac{r}{R}\right)^2+\left(\frac{z}{Z}\right)^2\right)-0.9\right]^2\right\} \tag{9-3}$$

其中：火焰径向尺寸控制在 r=0.04m 以内；轴向尺寸控制在 Z=0.4m 以内；r 和 z 分别为径、轴向坐标，$r=\sqrt{x^2+y^2}$。图 9-3 为温度实际分布图。按火焰径向分层，靠近相机为正，远离相机为负。将火焰按径向分为 7 层，分别为 x=-0.03 ~ 0.03m，间隔为0.01m，并分别命名为 1 ~ 7 层，每层分配的厚度区间为（-0.005m,0.005m），在这个厚度范围内，火焰的温度分布遵循式（9-3），故每层温度分布都有所不同，越远离火焰中心，每层火焰的高度越低。将火焰发生器中心线对应放置在距离光场相机主透镜 0.8m 的位置。

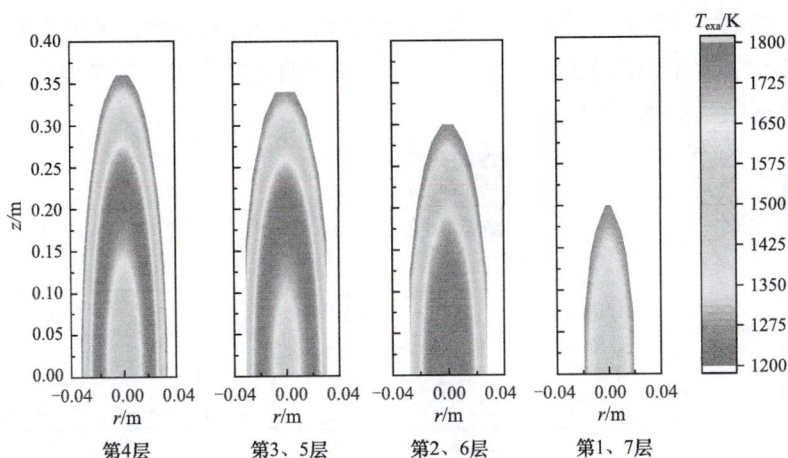

图 9-3　火焰温度分层

9.1.3　仿真标定

1. 光场相机点扩散函数仿真标定

光学成像系统的成像质量用点扩散函数来描述，点扩散函数的物理描述为点光源成像的亮度分布[155]。高斯点扩散函数是光学成像系统中常见的点扩散函数模型，其表达式为

$$h(x,y) = \frac{1}{2\pi\sigma^2}\exp\left(-\frac{x^2+y^2}{2\sigma^2}\right) \tag{9-4}$$

其中：标准偏差 σ 为点扩散函数宽度，数值越小说明光学系统成像质量越好。

点扩散函数可以理解为光学系统对点光源成像，但实际点光源的质量不高会引起误差，因而在实际工程应用中常常是先对锐利边缘成像，得到边缘扩散函数。对该函数求导为线扩散函数，再对线扩散函数求导可得到点扩散函数。

式（9-4）沿 y 积分可以得到遵循高斯分布的线扩散函数，即

$$l(x) = \int_{-\infty}^{+\infty} h(x,y)\mathrm{d}y = \frac{1}{\sqrt{2\pi}\sigma}\exp\left(-\frac{x^2}{2\sigma^2}\right) \tag{9-5}$$

因此仅需获取标准偏差 σ 就能得到点扩散函数。实际情况中，直边标定板成像同样可以计算成像系统边缘函数及点扩散函数。因此，本书采用对标定板平面边缘成像获取点扩散函数。

如果不考虑模糊的作用，一个理想的直边光源可以由一个阶跃函数表示。相机自身光电转换过程在图像形成过程中导致边缘模糊。根据文献[156]中提出，可以把探测的边缘看成实际的线性边缘和点扩散函数卷积的结果。对一个直边进行成像会由于离焦导致图像模糊，这种灰度变化称为边缘分布函数。成像系统存在线性增叠特性，边缘分布函数 $e(x)$ 可以写成线扩散函数 $l(t)$ 的积分，即

$$e(x) = \int_{-\infty}^{x} l(t)\mathrm{d}t \tag{9-6}$$

153

　　例如，仿真一个黑白标定板，即输入光学系统一个阶跃函数，采集的图像为光学系统的边缘响应，对采集图像进行一阶差分，由高斯曲线拟合求得标准偏差 σ，从而可以计算点扩散函数，如图 9-4 所示。

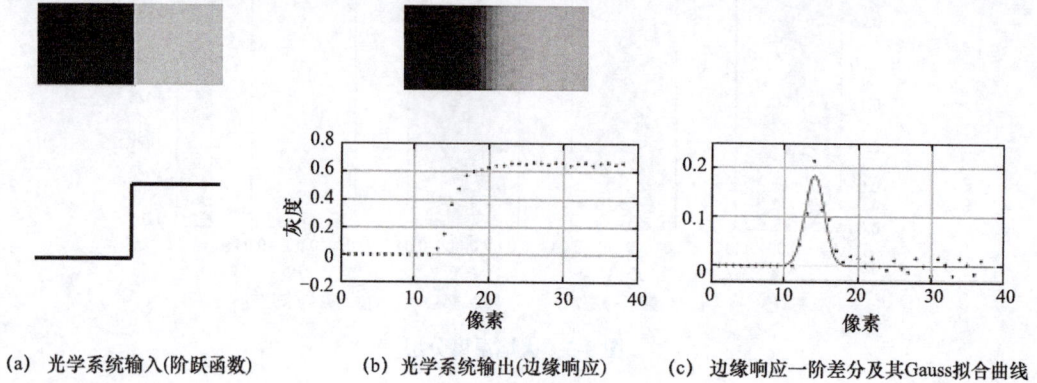

(a) 光学系统输入(阶跃函数)　　(b) 光学系统输出(边缘响应)　　(c) 边缘响应一阶差分及其Gauss拟合曲线

图 9-4　点扩散函数标定过程

　　将黑体平面放置于火焰中心位置处，重聚焦到与火焰分层相同的距离位置，得到不同位置对应的标准偏差 σ 值，见表 9-1，由此即可根据式（9-4）分别计算出点扩散函数。

表 9-1　　　　　　　　　　　　火焰分层对应的标准偏差 σ 值

层数	1	2	3	4	5	6	7
位置 /m	0.03	0.02	0.01	0.0	−0.01	−0.02	−0.03
标准偏差 σ	7.10	4.98	3.53	3.00	3.39	4.78	6.08

　　需要注意的是，本节对火焰进行分层计算成像，分层位置的点扩散函数用于代表一定厚度火焰分层内的点扩散函数，采用这一点扩散函数进行火焰图像重建会存在一定误差。另外，本节计算火焰介质的衰减中吸收占优，散射则忽略。

　　2. 灰度标定

　　图 9-5 为黑体炉标定用的光场相机模型示意。本节模拟的方法是放置一个平面黑体在距离主透镜 0.8m 处，该平面的长宽都是 0.2m，其中心与主透镜中心在同一直线上。实际黑体炉是圆形孔，但由于本节需要分析不同位置的平面对成像结果的影响，正方形平面相比于圆形平面更方便分割和分析，遂将圆形平面更改为正方形平面。

　　当温度已知时，平面黑体在单一光谱条件下（以 $\lambda=0.610\mu m$ 为例）发射的能量可根据普朗克定律求出，任意位置处的光子的自身黑体光谱辐射力 $E_{b\lambda}$ 的表达式为

$$E_{b\lambda}=\frac{c_1\lambda^{-5}}{\left\{\exp\left[c_2/(\lambda T)\right]-1\right\}} \tag{9-7}$$

　　式中：c_1 为第一辐射常数，$c_1=3.7418\times10^{-16}W\cdot m^2$；$c_2$ 为第二辐射常数，$c_2=1.4388\times10^4\mu m\cdot K$；$T$ 为某一位置的温度，K。

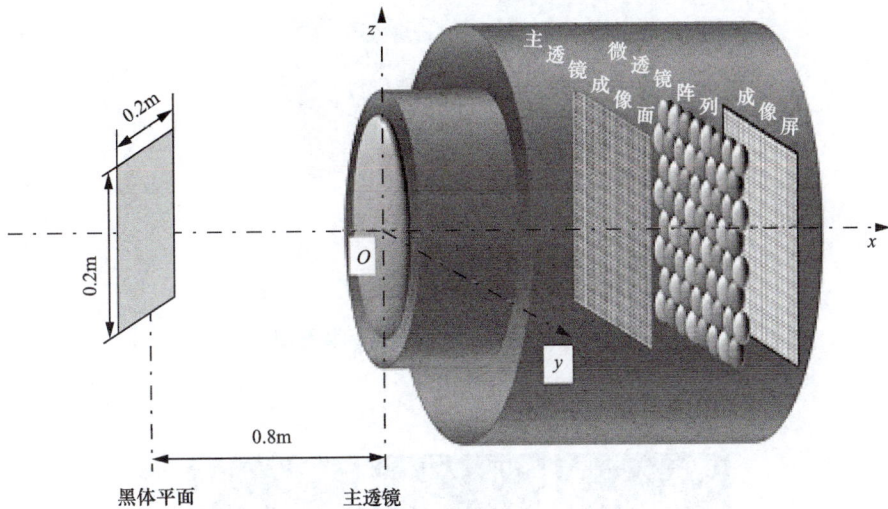

图 9-5　光场相机标定黑体炉模型示意

光线从平面黑体发射，以平面中心与主透镜镜头中心的连线作为轴线取一个微小的立体角，其中，主透镜的口径为 10mm。将平面黑体放置在距离主透镜 0.8m 的焦距位置，这与火焰发生器的位置相同，可以计算出透镜对发射点最大半锥角 $\theta \approx 0.716°$。此时对应的小立体角 $\Omega \approx 6.283 \times 10^{-4} (\text{sr})$，远小于半球空间的立体角 2π，因此可以认为在此立体角内的发射能量是均匀分布的。应用蒙特卡罗算法，大量光线在该小立体角内随机产生，产生的发射能量均分给所有光线。

由于理想模拟算法可以直接获得光谱辐射力的分布，为了简化分析，本节直接将辐射物体的光谱辐射力与其光场图像的灰度值分布进行对应，根据式（9-8）可以重建得到温度分布为

$$T_{\text{est}} = \frac{c_2}{\lambda \cdot \ln\left(\dfrac{c_1 \cdot \lambda^{-5}}{E_{\text{b}\lambda}} + 1\right)} \tag{9-8}$$

黑体炉[157]标准辐射源被用于标定火焰发射的辐射强度，使用光场相机拍摄黑体炉不同温度情况下的光场图像，拟合图像灰度值与该温度下的辐射力，从而实现光场相机黑体辐射力的标定。本节通过模拟黑体炉 Landcal（R1500T）发射某一特定温度下的能量，将光场相机模型进行标定，即把在不同温度下的光谱黑体辐射力与光场图像的灰度值对应。实验装置如图 9-6 所示，辐射强度的标定在周围黑暗条件下进行，以消除其他光源的影响[158]。

将光场相机固定在黑体炉之前并调整曝光时间。在该曝光时间下，从 500K 开始，以 50K 为间隔，拍摄不同温度下的黑体炉图像，选择灰度值大于 5、小于 230 的黑体炉图像，得到一组以 50K 为间隔温度的黑体炉光场图像，如图 9-7 所示。

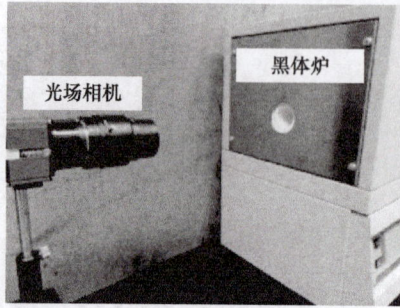

图 9-6　光场相机辐射强度标装置图

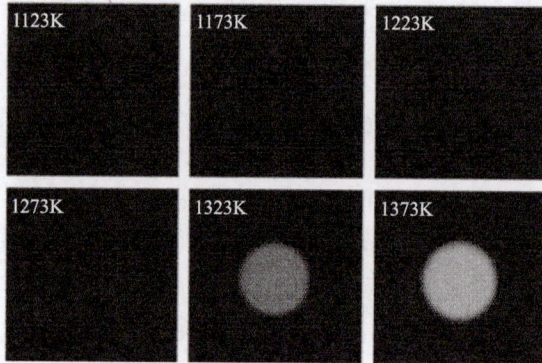

图 9-7　实验拍摄不同温度下的黑体炉图像

9.1.4　维纳滤波法图像重建

1. 维纳滤波法图像重建原理

根据傅里叶光学理论[159]，在线性移不变光学成像系统中，CCD 成像辐射亮度分布函数 $g(x,y,z)$ 是相应物面上的辐射力分布函数 $f(x,y,z)$ 和光学系统成像过程点扩散函数 $h(x,y,z)$ 的卷积以及噪声 $n(x,y,z)$ 的叠加。点光源经透镜组所成的像称为成像系统的点扩展函数。

$$g(x,y,z) = f(x,y,z) \times h(x,y,z) + n(x,y,z) \tag{9-9}$$

火焰的光学分层成像原理：如图 9-8 所示，假设一个厚度为 δ 的三维参与性介质火焰，x 轴与光轴平行，其体辐射力分布为 $f(x,y,z)$。将火焰沿 x 轴以相同间隔分层（$x = i\Delta x$，$1 \leqslant i \leqslant N$），如果光学系统对其中的 $i\Delta x$ 平面聚焦成像，该平面的聚焦像和其他平面的离焦像叠加得到 CCD 成像辐射亮度分布 $g(i\Delta x,y,z)$，因此拍摄得到的 $g(i\Delta x,y,z)$ 分布包含物体的三维信息[160]。噪声项在仿真过程中暂时忽略。因此 $g(i\Delta x,y,z)$ 可以表示为

$$g\left(i\Delta x,y,z\right)=\sum_{i=1}^{N}f\left(i\Delta x,y,z\right)\times h_{i\Delta x}\left(y,z\right)$$
$$N=\delta/\Delta x$$

（9-10）

式中：$h_{i\Delta x}\left(y,z\right)$ 为光学系统重聚焦在第 i 层平面时的点扩散函数；N 为层数；δ 为火焰 x 轴方向的厚度；Δx 为每层之间的距离，即将三维物体看成 N 层平行且垂直于 x 轴的二维平面的组合。通过求解某一分层位置的点扩散函数，即可解得 $f\left(i\Delta x,y,z\right)$ 为三维辐射发光体 i 层面的原始光亮度分布。

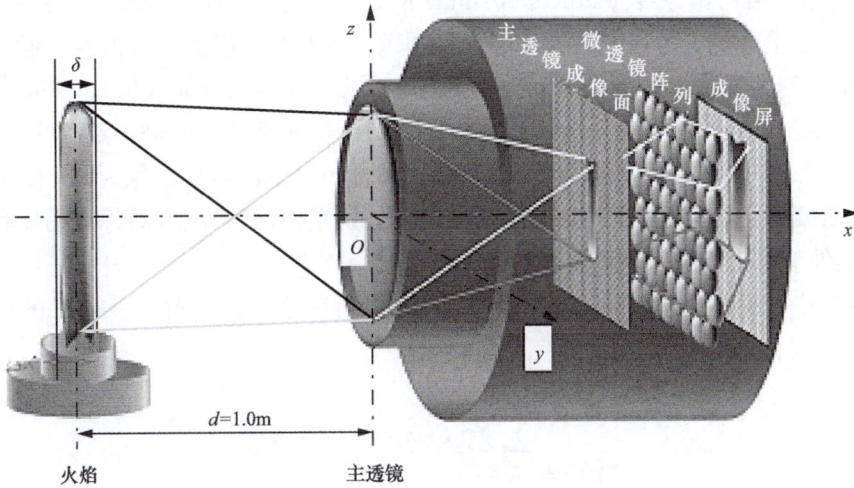

图 9-8　火焰的光场成像模型示意

　　光场成像的三维模型可以表示为式（9-10）。由卷积定理可知，时域的卷积即为频域的乘积。为了求解式（9-10），本节选用维纳滤波方法将光场重聚焦图像的信息解算后得到解算图像。维纳滤波法是在频域中处、图像的一种算法、是一种非经典的图像增强算法，多数情况下被用于图像降噪，还可以用于消除由于运动等原因带来的图像模糊。维纳滤波又称最小二乘滤波法，是使初始图像和重建图像之间均方误差最小的图像重建方法。将第 2 章提及的空域函数 $g(x,y)$、$f(x,y)$、$h(x,y)$、$n(x,y)$ 经傅里叶变换转换为频率域函数 $G(u,v)$、$F(u,v)$、$H(u,v)$、$N(u,v)$ 如下：

$$G\left(u,v\right)=F\left(u,v\right)\times H\left(u,v\right)+N\left(u,v\right)$$

（9-11）

　　因此，频率域的物面函数估计值为

$$F'\left(u,v\right)=\frac{1}{H\left(u,v\right)}\frac{\left|H\left(u,v\right)\right|^{2}}{\left|H\left(u,v\right)\right|^{2}+\varGamma}G\left(u,v\right)$$

（9-12）

式中：$\varGamma$ 为噪声对信号的功率谱比值，取值一般为 $0<\varGamma<1$，取值越大，噪声的影响越

大，当其取值为 0 时，即为逆滤波算法。经选取多个常数计算，本节将其设定为经验值 0.5，因采用这一数值计算效果相比其他数值更优。空域物面函数则可以由上式计算得到估计结果。

2. 维纳滤波法图像重建精度分析

选择衰减系数为 κ_e=10m^{-1} 和 κ_e=25m^{-1} 的火焰重建图像和分层图像的对比分析。图 9-9（a）和（b）分别为两种衰减介质内火焰光场图像的质量评价结果。

在考虑辐射特性对参与性介质的影响时[162]，只能定性地分析其光场成像的亮度和形状差别。于是，在针对微透镜阵列安装误差修正模型进行校准的过程中，使用图像质量评价指标：结构相似度（structural similarity，SSIM）[163] 和边缘质量（edge quality，EQ）[164]，定量分析了各种安装误差的光场图像。本节综合以上研究内容，考虑加入另外两种常用的客观质量评价函数，分别为均方误差（mean square error，MSE）和峰值信噪比（peak signal to noise ratio，PSNR），针对图像像素的亮度进行定量的对比分析。在下面的讨论中，设参考图像为 S，不同辐射特性条件下的对比图像为 C，图像大小为 $M \times N$，图像最大灰度为 255。$S(m,n)$ 和 $C(m,n)$ 分别是坐标为 (m,n) 时标准图像和不同辐射特性条件下对比图像的像素灰度值。

MSE 用来评价对比图像与参考图像之间的差异程度。差异越小，MSE 的计算值越趋近于 0，定义为

$$\mathrm{MSE} = \frac{\sum_{x=0}^{M-1}\sum_{y=0}^{N-1}\left[S(m,n)-C(m,n)\right]^2}{M \times N} \tag{9-13}$$

MSE 作用是计算图像之间灰度值的差异，并没有考虑像素之间的结构关系，于是本节考虑使用结构相似度评价方法。

结构相似度[163] 即通过对比参考图像与对比图像之间的结构相似度来对两图像的相似情况进行评价，结构相似度评价指标为

$$\mathrm{SSIM}(S,C)=[l(S,C)]^{\alpha}[c(S,C)]^{\beta}[s(S,C)]^{\gamma} \tag{9-14}$$

式中：$[l(S,C)]^{\alpha}$、$[c(S,C)]^{\beta}$、$[s(S,C)]^{\gamma}$ 分别为参考图像 S 与对比图像 C 之间的亮度相似性、对比度相似性以及结构相似性，其中，α、β、γ 分别为亮度相似性、对比度相似性以及结构相似性权重，均大于 0，用于调整这三种信息的相对重要性。$l(S,C)$、$c(S,C)$、$s(S,C)$ 值域为 [0,1]，因此 SSIM(S,C) 值域为 [0,1]。通过计算 SSIM(S,C) 可获得参考图像与误差图像的结构相似度，计算结果越接近 1 说明对比图像与参考图像的结构、亮度、对比度的相似性越好。

对两种介质内的火焰重建图像运用质量评价函数（MSE 和 SSIM）评估两类图像的相似度，图 9-9 中圆散点和方块散点分别为 MSE 和 SSIM 评价结果，其中，两介质中 MSE 评价指标都小于 9。而 SSIM 指标衡量每一层的重建结果与正向分层成像的结构相似度也较高，相似度都达到 0.8 以上。

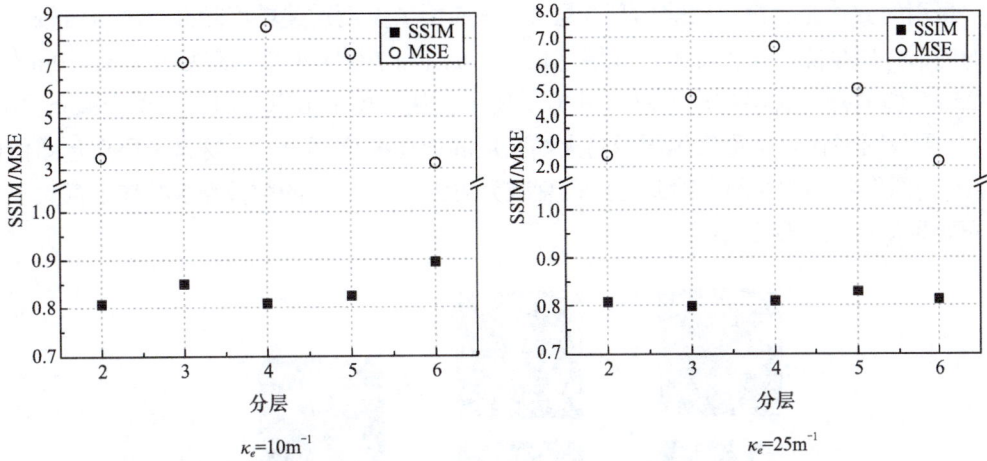

图 9-9　重建图像和正向层层图像的质量评价

图 9-10 所示为衰减系数 κ_e=10m^{-1} 时，第 2 层到第 6 层重建温度与温度真值之间的相对误差分布。由于温度较高时效果明显，本节仅分析火焰的温度范围为 1450 ～ 1800K。衰减介质内所有分层的相对误差都在 8% 以内，其中，火焰中心高温区域（＞1600K）的相对误差较小，小于 3%。误差较大的位置分布在低温区（＜1600K）和火焰边缘。温度真值较高区域，重建温度的相对误差较小。而火焰中心区和外围火焰，因其温度较低，温度重建效果相对较差，而 5 个分层的最大误差都分布在火焰中心。分析原因，一方面是模型对低温区的敏感度较低，导致重建温度的精度不够高；另一方面，当图像亮度与背景亮度的比值较小时，标定得到的拟合曲线的准确度较低。

对最外层火焰（第 1 层和第 7 层）而言，其尺寸较小温度较低，直接使用基于维纳滤波法的温度重建方法使得重建温度的精度较低，这时火焰最外层温度较低，成像较暗，使得火焰温度重建误差较大。因此，这一部分针对这种情况下的温度重建进行讨论。

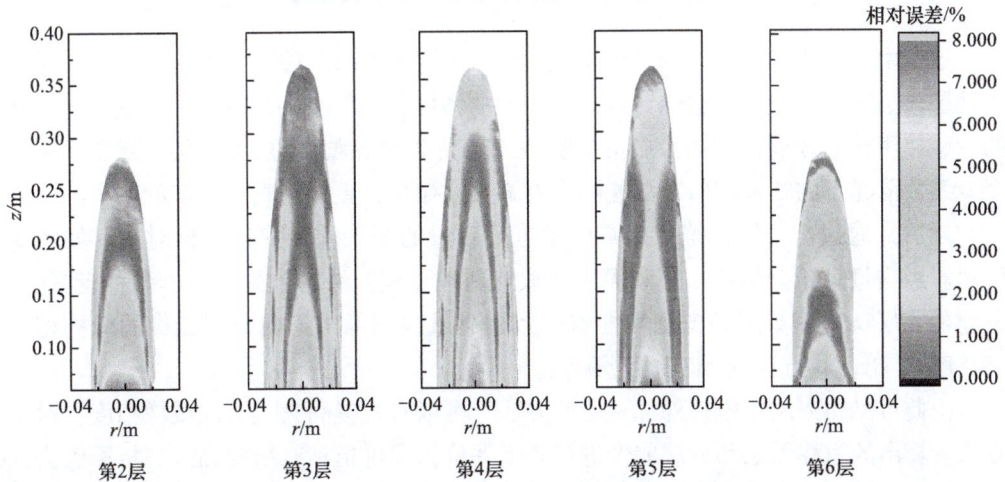

图 9-10　衰减系数 κ_e=10m^{-1} 内温度重建的相对误差

159

采用的方法是：由于火焰内部 3 层（3 ～ 5 层）温度重建精度较高，本节将较为精确的内部 3 层剔除，仅模拟外部 4 层（1、2、6 层和 7 层）火焰，衰减介质 $\kappa_e=10m^{-1}$ 和 $\kappa_e=25m^{-1}$ 的最外层火焰重建图像如图 9-11 所示。从图像中可以看出，两种衰减介质中，1 层重聚焦图像比 4 层重聚焦图像的火焰高度和成像亮度都更小，这是 1 层重建图像比 4 层重建图像更小的原因。除此之外，衰减介质为 $\kappa_e=10m^{-1}$ 的图像亮度整体上都大于衰减介质为 $\kappa_e=25m^{-1}$ 时的结果。

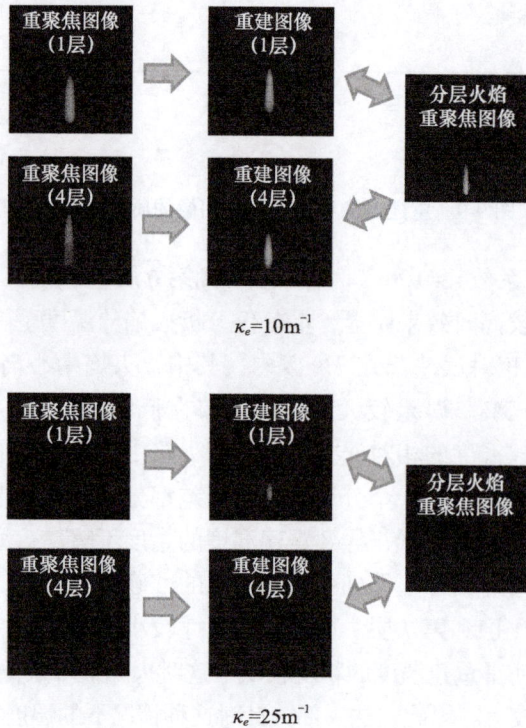

图 9-11　不同衰减系数条件火焰重建图像

这是由于在火焰发射辐射能量的过程中，4 层与 1 层介质的区别在于 4 层介质存在次外层火焰的同时成像，这会导致火焰高度的增加；而较小的衰减系数对发射光线能量的衰减作用相对较弱，在图像中的反映是成像亮度的增强。1 层和 4 层重建图像在两种衰减系数情况下的结果相似，都能够将火焰尺寸缩小，更接近真实火焰的大小。

然后，通过与分层火焰重聚焦图像进行定量的图像质量评价指标对比，如图 9-12 所示。经质量评价分析第 1 层和第 7 层火焰两种重建方法的效果，对于两种衰减介质，重建外 4 层比重建单层的方法均能够有效提高重建图像与正向分层成像的结构相似度 SSIM 近 2 倍，均方误差 MSE 显著降低。

由此可见，采用仅模拟外部 4 层的方法，可以有效提高火焰分层成像精度，对这种方法计算出的重建图像和分层成像进行质量评价，评价指标有所提高。分析原因为，外 4 层火焰的温度相对火焰中心较低，温度响应范围缩小，可以提高重建精确度。

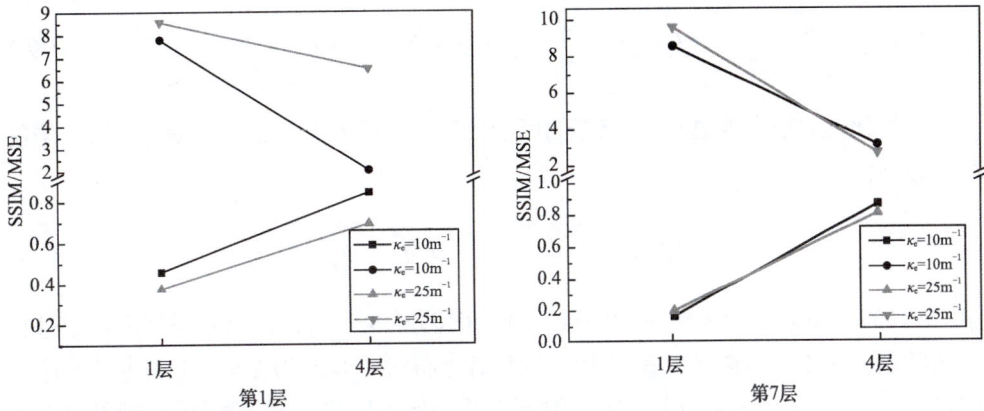

图 9-12　第 1 层和第 7 层火焰重建图像优化的质量评价

9.2　基于联合算法的火焰温度场层析重建方法改进

9.2.1　最近邻域法火焰温度层析重建

在火焰的重聚焦光场图像中，不仅包含聚焦层的信息，还包含其他离焦层信息。最近邻域法的原理就是剔除模糊的相邻离焦层光场信息，仅保留当前聚焦层光场信息作为当前层的复原结果。

1. 最近邻域法

根据上节火焰的光学分层成像原理，光场成像的三维模型为式（9-10），将火焰沿 x 轴以相同间隔分层 $x = j\Delta x$ $(1 \leqslant j \leqslant N)$。根据火焰分层将式（9-10）离散为[165]

$$g_j = \sum_{i=1-j}^{N-j} f_{i+j} \times h_i \qquad (9-15)$$

式中：g_j 为第 j 幅火焰成像为多个分层与相应分层的点扩散函数的卷积之和；g、h、f 分别为式（9-10）中 $g(x, y, z)$、$h(x, y, z)$ 和 $f(x, y, z)$ 的离散化表示。

把式（9-15）累加从 $(1-j)$ 到 $(N-j)$ 展开，分成三部分 $[(1-j)$ 到 -1，0，1 到 $(N-j)]$，如下所示：

$$g_j = \sum_{i=1-j}^{-1} f_{i+j} \times h_i + f_i \times h_0 + \sum_{i=1}^{N-j} f_{i+j} \times h_i \qquad (9-16)$$

式中：h_0 为聚焦面的点扩散函数。从上式分析，第 j 层火焰的成像是第 j 层火焰与焦平面上的点扩散函数的卷积和其余层火焰与相应位置点扩散函数的卷积结果的叠加。

虽然邻近的火焰切片 f_{i+j} 较难获取，但可以利用重聚焦到该火焰切片位置的光场重聚焦图像 g_{i+j} 进行近似。本节采用重聚焦图像 g_{i+j} 的高通滤波结果 μ_{i+j} 来近似相应位置火焰切片。

$$f_j \approx g_j - \sum_{i=1-j}^{-1} \mu_{i+j} \times h_i + \sum_{i=1}^{N-j} \mu_{i+j} \times h_i \qquad (9\text{-}17)$$

为了简化运算，仅考虑最近相邻的两层（第 j+1 层和第 j-1 层）对第 j 层火焰的成像产生影响：

$$f_j \approx g_j - c\left(\mu_{j-1} \times h_{-1} + \mu_{j+1} \times h_1\right) \qquad (9\text{-}18)$$

式中：c 为加权系数，用来修正中间层受到的两邻层的影响，可以根据所需要求进行选择，通常取值为 2/5。本节在重建中间层火焰分布时 c 取值为 2/5，在重建最外层时将其值选取为 4/5。对式（9-18）进行二维傅里叶变换可以将空域卷积转换为频率域乘积，可以简化运算。

2. 标定过程

由上节黑体炉温度标定过程，针对温度跨度较大的火焰成像，对温度的标定可以考虑高温和低温情况。将成像灰度值 70 设定为界限，高于该灰度值认定为高温区域，低于该灰度值认定为低温区域。分别对两种灰度区域进行标定，高温区域的标定选取 1500 ～ 1800K，间隔 50K；低温区域的标定选取 1200 ～ 1500K，间隔 50K 和最终得到分段拟合关系式如下：

$$E_V = \begin{cases} 9 \times R - 47.2 & R \leqslant 70 \\ 62.9 \times R - 3775 & R > 70 \end{cases} \qquad (9\text{-}19)$$

式中：R 为图像灰度；E_V 为计算得到的体辐射力。图 9-13 所示为黑体平面灰度值与黑体辐射力的分段拟合标定曲线。作为对比，同时计算了多项式拟合结果：

$$E_V = -91.186 \times R^2 + 0.639 \times R + 0.225$$

但分段拟合结果在低温区域效果更好。与第三章维纳滤波法温度重建所使用的拟合关系式相比，分段拟合更贴近标定结果。

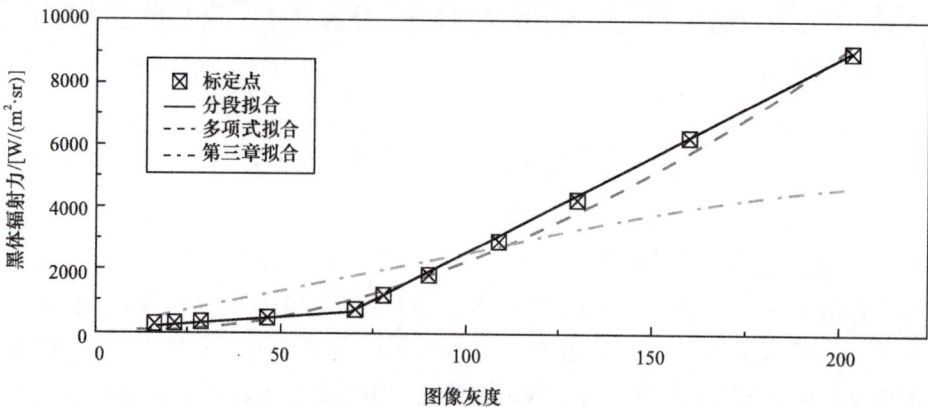

图 9-13 黑体平面灰度值与黑体辐射力拟合标定曲线

图 9-14 所示为不同标定方法对温度重建相对误差的影响效果，分别为根据第 3 章的拟合关系式和节线标定。拟合关系式计算的温度重建相对误差分布情况，第 3 章的温度区间仅为 1450 ～ 1800K，低温区（低于 1500K）的重建误差较大，采用分别标定高温层和低温的方法，有助于温度重建度的提升。

另外，微透镜参数的调整会对成像效果产生影响。Raytrix 相机对三焦距微透镜的引入使得拍摄的景深范围增大[166]，对大景深物体重聚焦效果比单一焦距微透镜的更加明显[167]。但本节模拟的火焰尺寸相对较小，使用 Raytrix 相机导致在火焰尺寸内的重聚焦工作仅在一种微透镜的景深范围内，而另外两种微透镜的成像处于离焦状态，因此有效的火焰微透镜成像像素数有所减少，这是导致重建效果有所降低的原因之一，因此 Raytrix 相机在本节使用的火焰成像中并不适用。

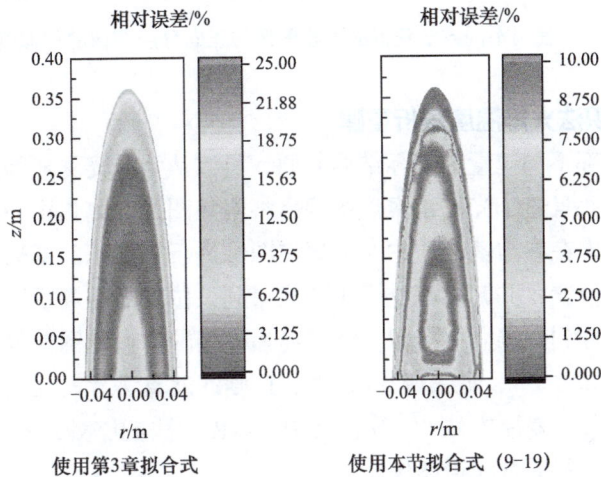

图 9-14 不同拟合结果的 κ_e=10m^{-1} 介质中第 4 层火焰温度重建相对误差

本节选用质量评价函数定量评价重建图像和实际火焰相应位置分层图像的相似度（认为分层图像等同于火焰在该分层位置的温度场和辐射物性场的实际分布情况），从而定量评价最近邻域法解算光场重聚焦图像中离焦像对聚焦像影响的效果。具体地，运用图像质量评价方法（MSE 和 SSIM）定量评价使用最近邻域法的重建图像和分层图像的相似度，并与维纳滤波法 [见图 9-15（a）] 得到的二者相似度进行对比。MSE 指标越小相似度越高，SSIM 指标越接近 1 相似度越高。如图 9-15（b）所示，对于中间 3 层，MSE 指标评价维纳滤波法大于 7 而最近邻域法小于 4，SSIM 指标分别为小于 0.9 和大于 0.9。然而，最外两层的 SSIM 指标几乎相同但 MSE 指标相对较差，这是由于最近邻域所考虑的是某一平面相邻两平面对这一平面的影响，而最外层的重建仅计算次外层的影响，导致图像相似度有所降低。

因此，相比于维纳滤波方法，最近邻域法重建的中间位置火焰分层与实际的火焰分层更为相似，也就是说，最近邻域法能够更加有效地针对火焰中间层分离重聚焦图像中聚焦像和离焦像的叠加影响。

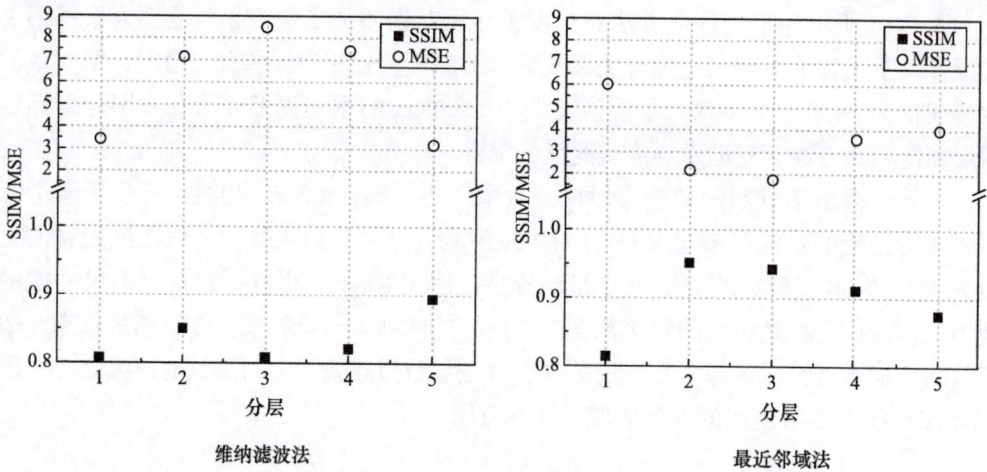

图 9-15 使用不同方法获得的重建图像与正向分层图像的相似度评价

9.2.2 解卷积法火焰温度层析重建

为了将火焰内部不同位置的实际结构复原，可以认为其光场成像是参与性介质辐射物性的叠加影响，并且鉴于光场重聚焦图像是将聚焦图像和离焦图像进行移动和叠加的卷积结果，本节考虑在参与性介质中对重聚焦图像进行解卷积，即通过将光场成像重聚焦到火焰内部不同位置，并解卷积重聚焦图像得到该位置的解卷积图像，从而可以将二维辐射光谱成像延伸到三维立体成像。基于离焦模糊的解卷积图像复原方法有很多，较为见的有维纳滤波算法[168]、最大熵算法[169]、正则滤波算法[170]、Lucy-Richardson（L-R算法）方法[171]以及盲复原方法[172]等。其中，L-R方法能够处理高噪声现象，可以在未知先验条件情况下复原含噪声图像。

L-R图像复原方法最初是由Richardson[156]和Lucy[173]根据贝叶斯定理得到的。之后Shepp和Vardi[171]对其重新进行了推导。与维纳滤波法不同的是，L-R方法可以在不知道真实图像的点扩散函数的情况下，通过概率估算复原出真实图像。

假设降质图像的噪声为泊松分布并假定像素之间相互独立，给定原始图像f条件下降质图像g的条件概率函数为

$$p(g|f) = \prod_{i,j} \frac{t(i,j)^{g(i,j)} \mathrm{e}^{-t(i,j)}}{g(i,j)!}$$

$$t(i,j) = h(i,j) \times f(i,j)$$

（9-20）

式中：$g(i,j)$和$f(i,j)$分别为降质图像和初始图像在位置(i,j)处的像素值，而$h(i,j)$则为位置(i,j)处的降质点扩展函数。图像复原的结果可以通过对式（9-20）的最大似然估计得到，即求解偏导数如下：

$$\partial \ln p(g|f) / \partial f(i,j) = 0$$

（9-21）

为了求解的简便，在假定 h 满足归一化的条件下，式（9-21）的求解常用下式迭代算法：

$$\hat{f}_{k+1} = \hat{f}_k \left(\frac{g}{h \times \hat{f}_k} \times h^{\mathrm{T}} \right)$$

（9-22）

式中：h^{T} 为 h 的转置；$\hat{f}_k$ 和 $\hat{f}_{k+1}$ 分别为迭代时的第 k 步和第 $k+1$ 步的迭代图像重建结果。

9.2.3　联合重建算法

火焰本身信息可以通过解卷积光场图像信息和光场相机点扩散函数的卷积成像结果得到。最近邻域法需要给定当前层和周围两层的成像结果，从而解离聚焦图像和离焦图像的耦合关系，因此可以针对内部火焰分层使用这种方法。而 L-R 解卷积算法对于周围火焰分层的要求不高，仅需要当前层和相应位置的点扩散函数即可计算，因此次外层和最外层可以考虑这种方法的运用或者和最近邻域法的联合使用。通过针对不同分层考察两种算法的效果，从而确定每层温度重建所使用的算法。火焰为轴对称分布，因此，火焰分层相对火焰中心层呈轴对称分布，轴对称的两个火焰分层重建效果可以合并分析、针对不同分层使用不同解卷积方法，式（9-23）表示根据边缘到中心的距离选择不同分层所使用的解卷积算法。

$$f_i = \mathrm{Deconv}_m\left(g_i, h_i\right) \quad \left[i = m,(N+1-m) \quad m \leqslant \frac{N+1}{2} \right]$$

（9-23）

式中：m 为边缘层到中心层的分层数；i 为具体火焰分层数；N 为火焰总分层数。

1. 不同分层的层析重建算法选择

火焰温度的边缘层和中间层在高度和温度分布上均有所不同，根据不同分层的不同特性可以考虑使用不同算法对火焰分层进行解卷积。图 9-16 所示为将火焰沿 x 轴每隔 0.005m 分为 9 层，根据温度分布式（9-3）计算得到的温度分布图。

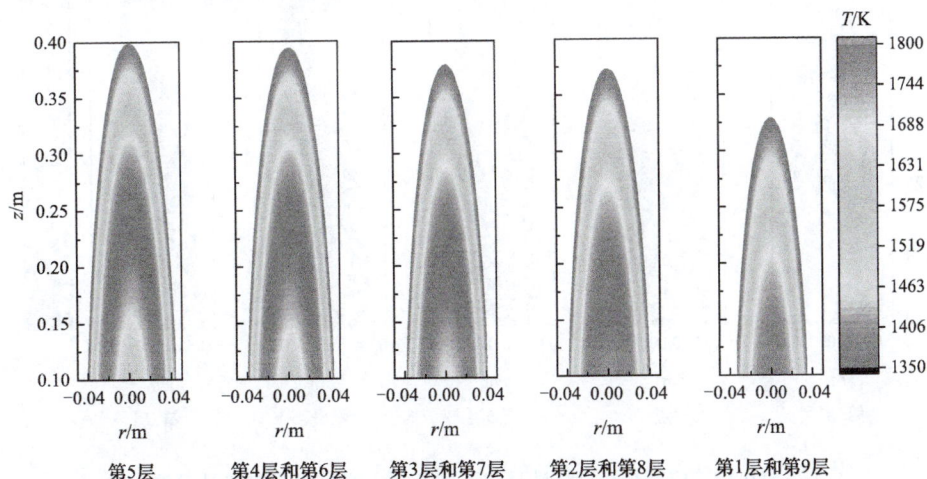

图 9-16　第 9 层火温度分布

165

火焰分层的位置分别为 $x=0.0m$、$\pm0.005m$、$\pm0.01m$、$\pm0.015m$、$\pm0.02m$，每层分配的厚度区间为（$-0.0025m,0.0025m$）。表 9-2 所示为火焰分 9 层时，标定不同火焰分层位置重聚焦图像的点扩散函数标准偏差的取值。

表 9-2 　　　　　　　　火焰分层 $N=9$ 时各层对应的标准偏差 σ 值

层数 i	1	2	3	4	5	6	7	8	9
位置 x/m	0.02	0.015	0.01	0.005	0.0	−0.005	−0.01	−0.015	−0.02
标准偏差 σ	15.43	12.20	7.7	6.51	4.86	5.68	8.92	10.25	12.98

本节根据火焰不同分层，即 m 取值的不同，分最外层、次外层和内部层三组对式（9-23）算法（L-R 算法、最近邻域法及二者联合算法）的选择进行如下讨论。

2. 内部 5 层火焰温度重建方法的选择

针对 $3\leqslant i\leqslant$ 为 7（$3\leqslant m\leqslant5$，$N=9$）这 5 层火焰，对比最近邻域法（见图 9-17）和 L-R 算法（见图 9-18）计算出的温度重建精度，从而选择出相对准确的温度重建方法。分析温度重建相对误差分布图，可以认为最近邻域法对火焰内部温度分布的重建精度较高，因此选择最近邻域法作为中间五层的重建算法。其中，相比 L-R 算法，使用最近邻域法的重建温度相对误差低于 3% 的区域相对更多。全部 5 层火焰的最大相对误差在使用最近邻域法时仅为 9.17%，而使用 L-R 算法时达到 15%。从而说明，使用最近邻域法可以相比 L-R 算法减少火焰重建温度的局部不稳定情况，从整体上提高火焰的温度重建精度。

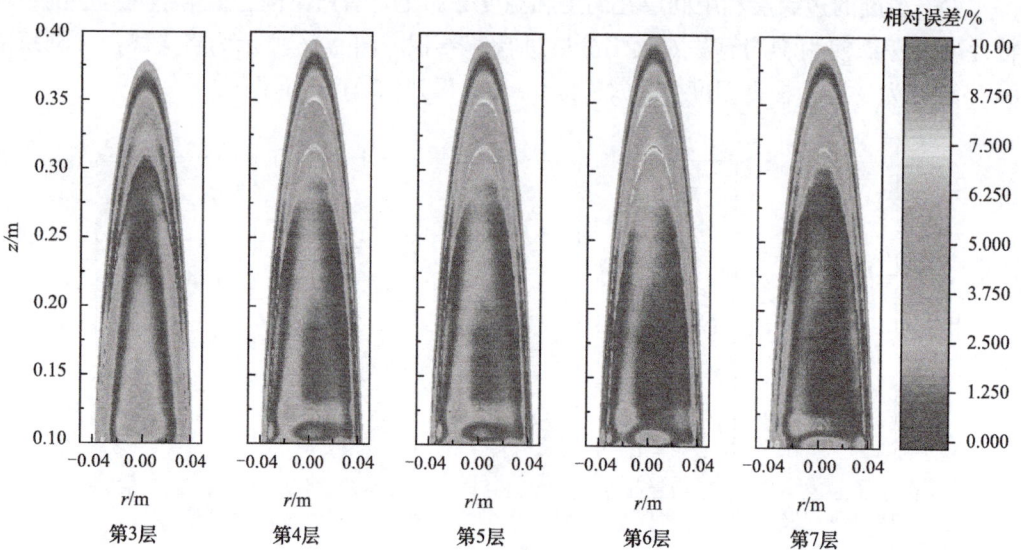

图 9-17　应用最近邻域法计算不同分层火焰温度重建相对误差

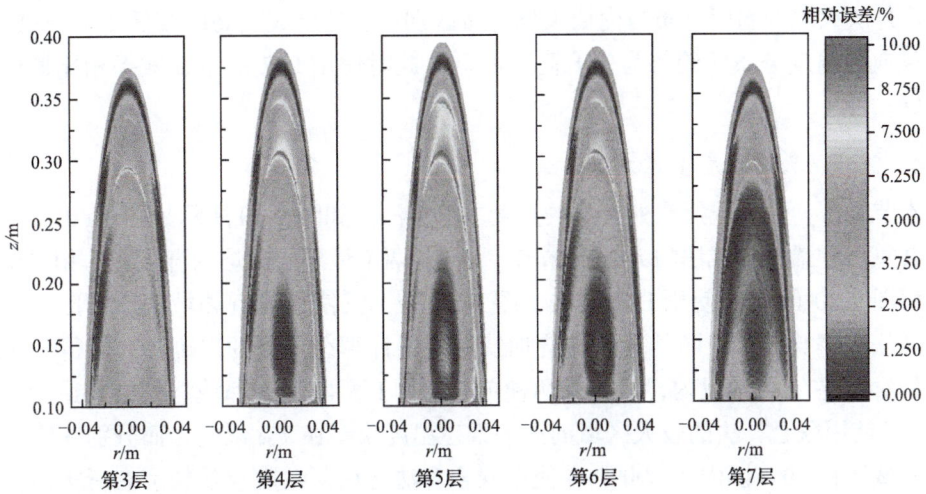

图 9-18　应用 L-R 解卷积算法计算不同分层火焰温度重建相对误差

3. 次外层火焰温度重建方法的选择

图 9-19（a）分别是 $i=2,8$（$m=2$，$N=9$）两个次外层火焰使用 L-R 算法的温度重建相对误差分布图，而图 9-19（b）是运用最近邻域法得到的次外层火焰的温度重建精度分布情况。对比两种算法的温度重建情况，可以分析出，L-R 算法的相对误差最大值仅为 10%，且重建结果较为准确（相对误差最大值为 8.5%），仅有极少部分的结果较差；而最近邻域法的重建效果较差，最大值甚至达到 15%，且近一半区域的相对误差结果在 5% ～ 11%。因此，使用 L-R 算法的温度重建精度相比最近邻域法更高，于是针对次外层的温度重建，本节选择使用 L-R 算法。

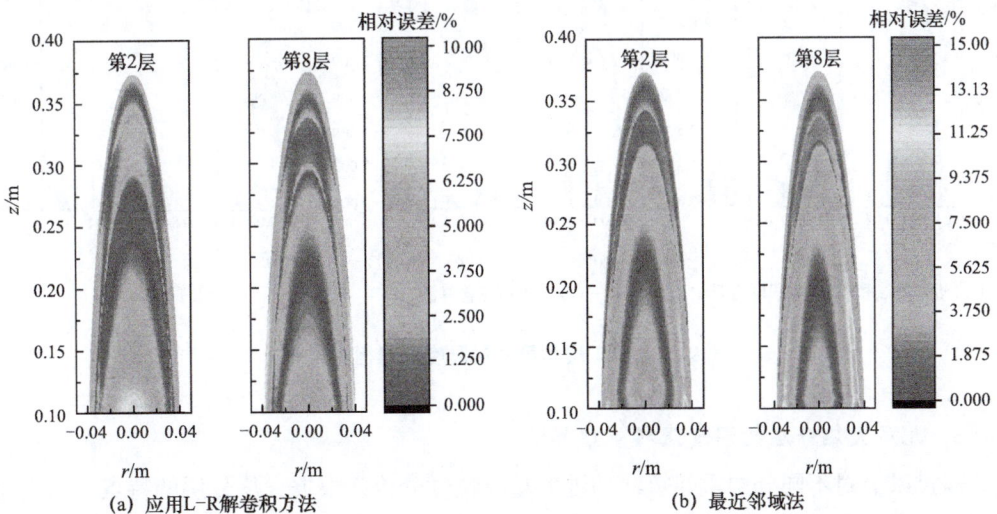

(a)　应用 L-R 解卷积方法　　　　　　　　(b)　最近邻域法

图 9-19　温度重建相对误差

次外层火焰的温度分布与内层火焰有所区别：次外层火焰高度较低（0.1～0.2m），其沿径向的温度分布的趋势为先升高后降低。此时使用 L-R 的重建效果相比最近邻域法更好。

4．最外层火焰温度重建方法的选择

本节工作为分析选择最外火焰的温度重建算法。如图 9-20 所示，图 9-20（a）是使用 L-R 算法和最近邻域法的 $i=1,9$（$m=1$，$N=9$）两个最外层火焰的温度重建相对误差结果，而图 9-20（b）仅使用 L-R 算法，图 9-20（c）仅使用最近邻域法。对比相对误差三种算法的解算结果，两种算法的叠加使用使得计算结果更为准确，计算得到的温度重建相对误差在 10% 以内，而另外两种单独使用 L-R 和最近邻域法的结果最大值达到 16%。且使用联合算法的较大区域的火焰重建温度误差在 7% 以内，而分别使用 L-R 和最近邻域法在 10% 以内。因此，在使用联合算法之后，温度重建精度有所提高。之所以分别使用最近邻域法和 L-R 算法对最外层火焰的温度重建效果较差，原因分析为最外层火焰形状和亮度相比中间层较小，单独使用最近邻域法在形状上难以与给定火焰吻合，单独使用 L-R 算法在亮度上与给定温度相差较大。因此本节考虑使用二者联合的方法重构最外层火焰的温度分布，即对火焰重聚焦成像 g 使用最近邻域法之后，得到的暂时的解卷积图像 f_t，然后进一步使用 L-R 算法得到解卷积图像 f。这样可以使得重建的火焰温度与给定火焰温度在大小和形状上吻合，并且能够得到相对给定温度偏差较小的温度重建结果。

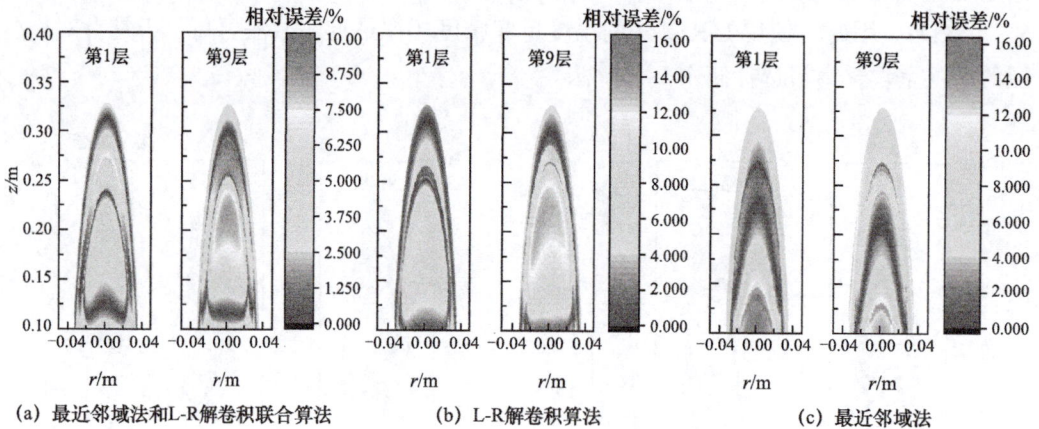

图 9-20　第 1 层和第 9 层温度重建相对误差

5．九层火焰分层的温度层析重建算法

经过以上对不同分层重建算法的温度重建精度分析，根据火焰分层的特点，当火焰分层为 9 层时，不同火焰分层的重建算法可以被确定，总结针对不同火焰分层使用算法策略。表 9-3 为当火焰分层为 9 层时的温度重建算法。

表 9-3　　　　　　　　　　　　　　N=9 时不同分层对应的不同算法

位置 x/m	层数 m	算法命名 Deconv_m	算法
|x|=0.2	m=1	Deconv_1	最近邻域法 +L-R 算法
|x|=0.15	m=2	Deconv_2	L-R 算法
|x|≤0.1	3≤m≤5	Deconv_3	最近邻域法

　　具体的分层火焰重建温度分布的流程如图 9-21 所示。计算步骤为：①由给定温度分布计算的辐射能量通过已建立的聚焦式光场相机成像形成三维光场成像。②根据重聚焦算法将火焰的三维光场成像重聚焦到火焰内部不同位置，得到聚焦到不同位置的火焰重聚焦成像。③在与火焰分层相同的位置放置平面白板得到其重聚焦图像，从而标定得到光场相机重聚焦图像的点扩散函数。④根据计算出的点扩散函数进一步地使用解卷积算法［火焰中心 5 层 3≤i≤7（3≤m≤5，N=9）采用最近邻域法，次外层 i=2,8（m=2，N=9）采用 L-R 算法，最外层 i=1,9（m=1，N=9）采用 L-R 算法和最近邻域法叠加算法］，得到相应位置的层析图像。⑤标定不同温度黑体平面辐射力对应的光场重聚焦图像的灰度，得到它们的拟合关系，并以此拟合关系将火焰层析图像的灰度重建出火焰温度，得到了与给定温度的相对误差。

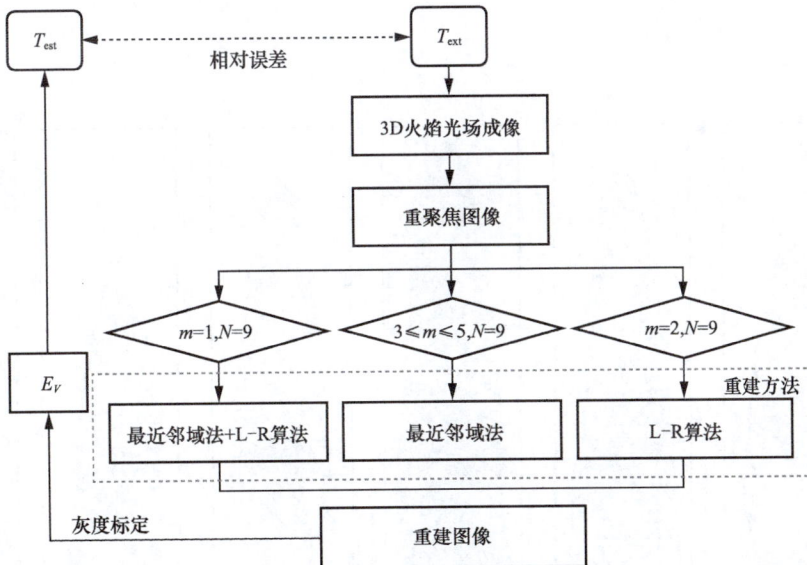

图 9-21　不同分层不同重建算法的工作流程图

6. 分层数量对温度重建精度的影响

　　本节考察景深方向分辨率（分层数量）对温度重建精度的影响。对比 N=9 层（见图 9-22）与 N=5 层（见图 9-23）在 ±0.02m、±0.01m、0.0m 这五个位置的火焰分层的温度重建结果。经过上述根据分层位置确定算法（见表 9-3）的讨论可知，两类分层数的相对误差的分布几乎相同，仅有很小的一部分有些差别（图中用框线标出），而这样的差别对温度重建精度的影响可以忽略。

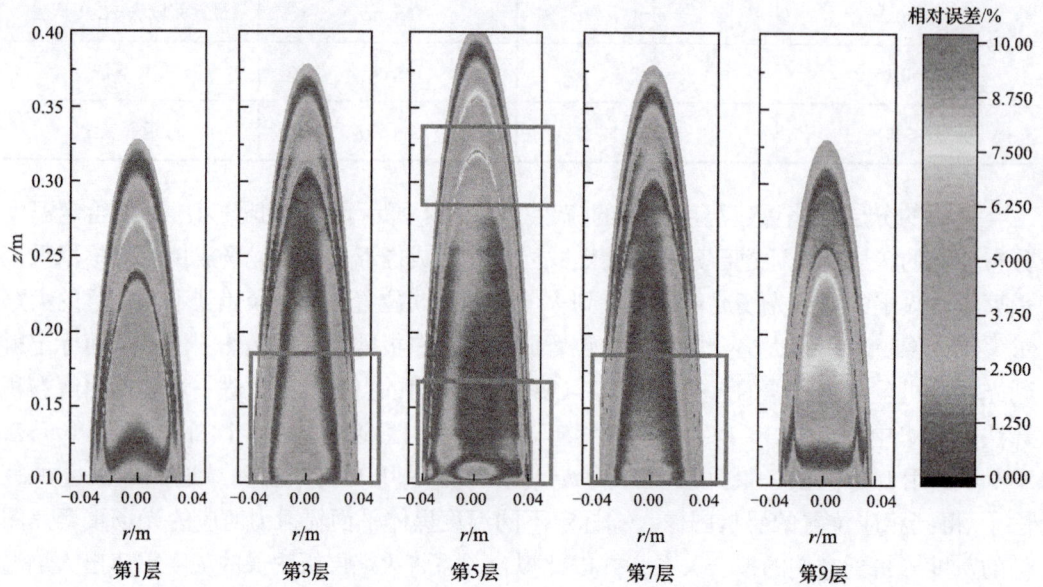

图 9-22　层数为 N=9 层的温度重建相对误差应用 L-R 和最近邻域联合算法

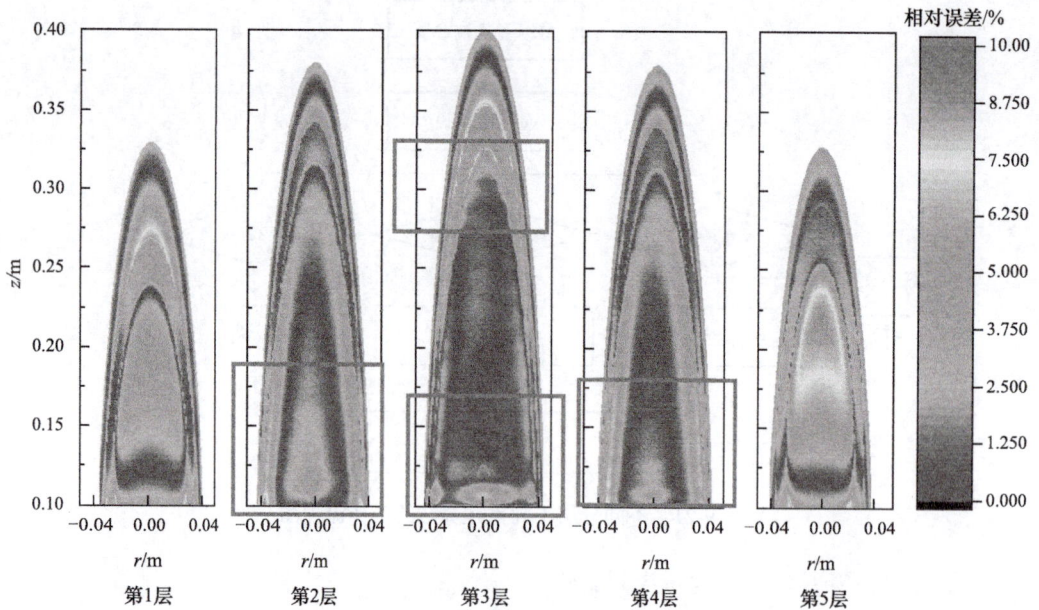

图 9-23　层数为 N=5 层的温度重建相对误差应用 L-R 和最近邻域联合算法

因此得出结论，分层的数量对温度重建精度并无明显影响，即在保证温度重建精度的前提下增加火焰分层是可行的，并且可以利用足够数量的火焰分层计算火焰横截面的重建温度和其相对给定温度的相对误差。

为了考察火焰分层数量对于温度重建精度的影响，本节将不同分层数量下的温度重建相对误差的平均值和最大值展示在图 9-24 中，并选择分层数量为 $N=5$，9 和 17 作为对比。17 层火焰的分层方法为：将火焰沿 x 轴每隔 0.0025m 分为 17 层。火焰分层的位置分别为 $x=0.0$、±0.0025、±0.005、±0.0075、±0.01、±0.00125、±0.015、±0.00175、±0.02m，每层分配的厚度区间为（-0.00125m，0.00125m）。表 9-4 和表 9-5 分别为 17 层火焰的算法选择表格和 PSF 函数的标准偏差值，5 层和 9 层火焰的算法则根据表 9-3 计算。

火焰分 5、9 层和 17 层时的点扩散函数的标准偏差取值，可以看出标准偏差的值仅受分层所在具体位置的影响，所在位置相同的分层的标准偏差取值一致，且分层的密集仅使得标准偏差取值更密集，但取值范围不变。

表 9-4　　　　　　　　　　　N=17 时不同分层对应的不同算法

位置 x/m	层数 m	算法命名	算法
$0.15 < |x| \leq 0.2$	$m=1,2$	Deconv$_1$	最近邻域法 +L-R 算法
$0.1 < |x| \leq 0.15$	$m=3,4$	Deconv$_2$	L-R 算法
$|x| \leq 0.1$	$5 \leq m \leq 9$	Deconv$_3$	最近邻域法

从图 9-24 中可以看出，在 17 层的计算中，有某一层（位置在 $x=-0.0125$m）的最大相对误差达到 11%。一方面，这一层的平均相对误差并无增大现象，从而说明最大相对误差的像素数量很少；另一方面，在重建温度大于 1350K、像素数为 23896 的情况下，超过 10% 的像素点数量仅为 97。因此，从图像像素分析进一步说明相对误差较大的像素数量非常少。

表 9-5　　　　　　　　　　火焰分层 N=17 对应的标准偏差 σ 值

层数 i	1	2	3	4	5	6
位置 x/m	0.02	0.0175	0.015	0.0125	0.01	0.0075
标准偏差 σ	15.43	13.59	12.20	10.49	7.7	7.05
层数 i	7	8	9	10	11	12
位置 x/m	0.005	0.0025	0.0	-0.0025	-0.005	-0.0075
标准偏差 σ	6.51	5.20	4.86	4.54	5.68	8.03
层数 i	13	14	15	16	17	
位置 x/m	-0.01	-0.0125	-0.015	-0.0175	-0.02	
标偏差 σ	8.92	9.55	10.25	11.87	12.98	

由以上分析可知，分层数量对于温度重建精度的影响较小。因此，在保证温度重建

精度的前提下适当减少计算强度，选择分层数量较少的结果进行火焰三维温度场重建，即可获得较为准确的三维温度重建结果，本节经过计算对比，选择采用 9 层作为基于光场重聚焦图像的火焰分层温度重建方法的分层数。

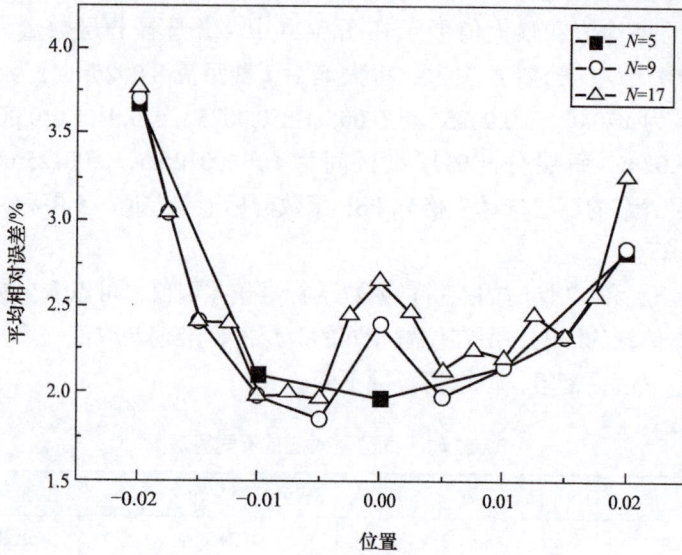

(a) 平均相对误差

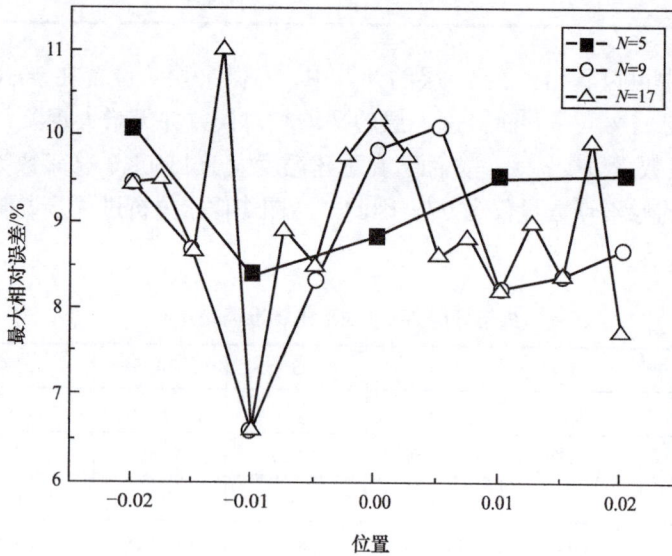

(b) 最大相对误差

图 9-24　层数为 N=5、9 层和 17 层的温度重建相对误差应用 L-R 和最近邻域联合算法

7. 火焰横截面温度重建效果

图 9-25 所示为不同火焰高度时的火焰温度横截面的给定温度分布［见图 9-25（a）］和 9 层［见图 9-25（b）］以及 5 层［见图 9-25（c）］重建效果。图中所示为火焰高度

为 0.14 、0.18、0.22、0.26、0.30m 和 0.34m 时的火焰温度横截面。图中某些区域的火焰重建温度达到了 1840K。x 轴向分 9 层和 5 层的重建温度与实际温度的形状大致相符，火焰的高温区域面积随着火焰高度的增加逐渐变小，且 x-y 平面的中心位置的低温区域面积先减小后增大。另外，火焰温度变化趋势沿着 y 轴先升高后降低再升高最后降低，然后随着火焰高度增加，变化趋势逐渐变为先升高后降低。但对比图 9-25（b）和（c）可以发现，5 层横截面温度重建结果有明显的棱角，而 9 层的温度边界较为圆滑。因此为了实现三维温度的精确重建，分层数选择为 9 层更为合理。

图 9-26（a）和（b）分别为 9 层和 5 层火焰横截面的相对误差分布图。其中，火焰横截面的相对误差分布均较为稳定，在 8% 以内且较大区域的相对误差低于 4%。对比经过线性插值的 9 层和 5 层火焰横截面的相对误差分布，并无明显差别。但采用 9 层分层数的重建结果在景深方向分辨率相对更高：分层数量的增加可以减少火焰分层厚度，从而减小了景深方向温度在分层边界的变化梯度，使得景深方向的温度分布更接近给定温度的分布，即分 9 层能够减弱分层数量不足所导致的温度局部突变的影响，因此其重建精度相对 5 层分层方式更为可靠。

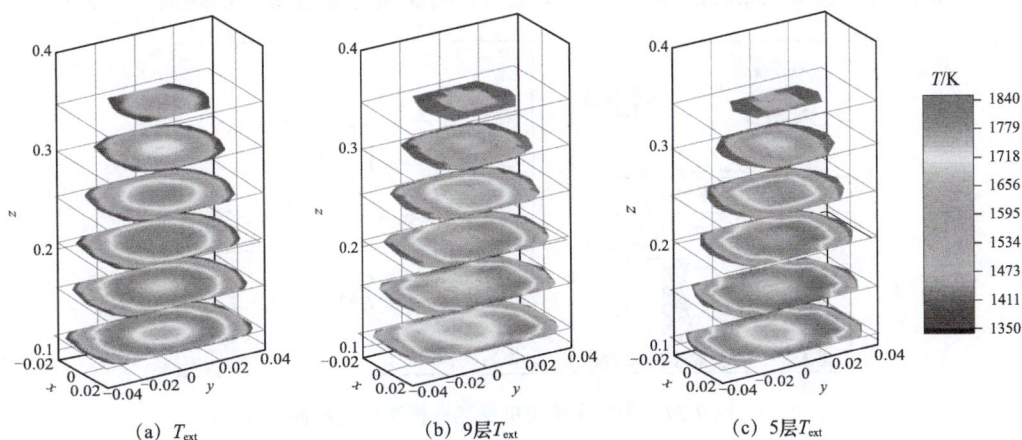

图 9-25　横截面真实温度和温度重建结果

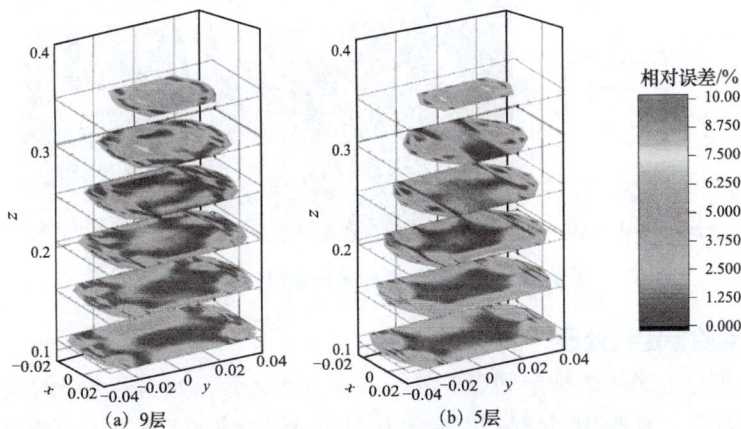

图 9-26　不同层数截面温度估计的相对误差

9.3　乙烯同轴层流扩散火焰光场试验及温度重建方法验证

9.3.1　实验设备及工作原理

拍摄相机选择 Raytrix（R29）光场相机，微透镜阵列放置在主透镜聚焦平面之前，且微透镜阵列由三种焦距微透镜组成，相对其他商业化光场相机以及普通相机具有拍摄重聚焦范围广、角度分辨率高等优点，但缺点为空间分辨率较低[149]。实验室火焰尺度较小，因此仅占据成像屏很少的有效像素。为了将火焰光场图像的像素分辨率提高，需要牺牲限度分辨率，即提高从微透镜覆盖像素中提取的像素数组成子孔径图像，而减少子孔径图像的数量[167]。由于火焰直径小，拍摄深度方向的分辨率较低，角度分辨率的牺牲并不会对实验室小型火焰的重建精度产生较大的影响[105]。图 9-27 所示为本节火焰光场相机探测流程和标定设备的示意。在使用光场相机拍摄火焰过程中的曝光时间统一为 0.8ms。火焰同流发生器[103]能够产生直径约 12mm 的乙烯 - 空气层流扩散火焰，其中心管道喷射乙烯气流，外部环状管道为空气流道，这种同轴射流火焰发生器所产生的火焰具有燃烧稳定、形状对称等特点。如图 9-28 所示，乙烯管道直径为 d=12mm，火焰发生器总直径为 D=50mm。火焰中心线距离光场相机主透镜前端面距离为 0.5m。

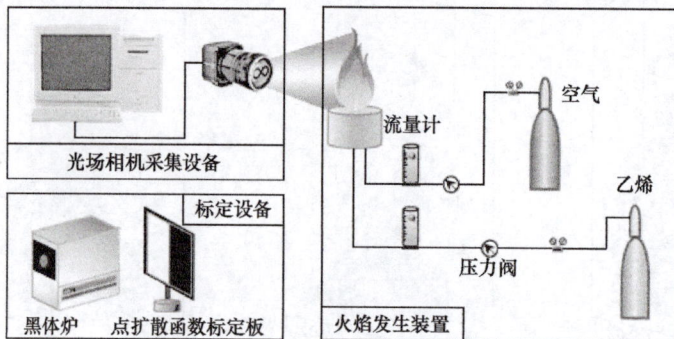

图 9-27　火焰光场相机探测流程和标定设备

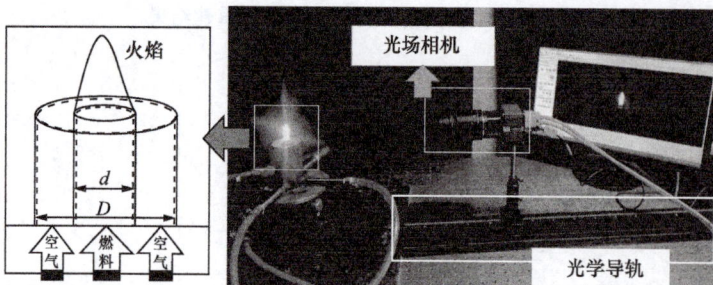

图 9-28　火焰发生器和光场相机实验设备

9.3.2　实验标定预处理

实验预处理分为黑体炉标定和点扩散函数标定两部分。为了将火焰的温度和拍摄图像的灰度进行对应，需要用黑体炉对其标定并拟合得到相应的关系式。而相机自身的成像机制导致其存在点扩散函数。拍摄的图像实际是物体的光学信息和相机点扩散函数的耦合作用。通过标定黑白板可以利用刃边法计算获得这一函数，从而将图像中的点扩散函数和物体光学信息解耦，即计算得到物体的光学信息，以此重建得到火焰的温度场分布。

1. 黑体炉温度标定

本节选择黑体炉 Landcal（R1500T）作为温度标定设备。该黑体炉发射的温度范围为 773 ～ 1773K，发射率为 0.99，辐射孔径 40mm，温度的稳定性为 ±0.33K/10min。设定黑体炉温度为 1223 ～ 1423K，间隔 50K，待黑体炉温度稳定后，在曝光时间为 0.8ms 情况下用光场相机拍摄黑体炉。如图 9-29 所示，获得光场原始图像之后，用相同阈值选择图像区域，并计算相应区域的灰度均值。进一步，用多项式拟合得到与相应情况下已知温度的全光谱黑体辐射力的对应关系。

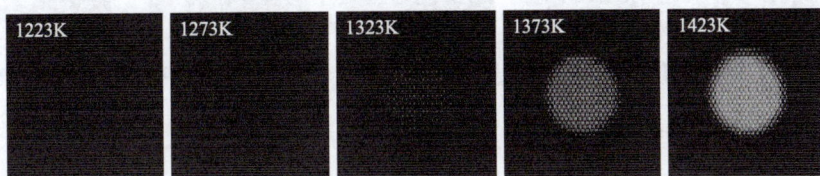

图 9-29　标定温度用黑体炉光场成像

分别标定不同温度下的黑体平面的光场重聚焦成像的平均灰度 R_C，根据黑体炉已知温度 T_{bf} 可计算出其相应的面辐射力 E_{SC}：由于光场相机探测的黑体炉发射为连续可见光光谱范围，因此其温度和辐射力之间关系见式（9-24），其中 λ 取值在可见光范围内，因此 $\lambda_1 = 380\text{nm}$，$\lambda_2 = 760\text{nm}$。

$$E_{SC} = \int_{\lambda_1}^{\lambda_2} \frac{c_1 \lambda^{-5}}{\exp\left[c_2 / \left(\lambda T_{bf}\right)\right]} \mathrm{d}\lambda \tag{9-24}$$

通过多项式拟合得出关系式为

$$E_{SC} = -0.245 \times R_C^3 + 95.4 \times R_C^2 - 237.3 \times R_C + 7847.3 \tag{9-25}$$

由此拟合关系（见图 9-30）即可由火焰光场图像的灰度值 R 计算出相对应的面辐射力 E_S，从而最终计算得到某一像素对应的火焰具体位置的温度分布。

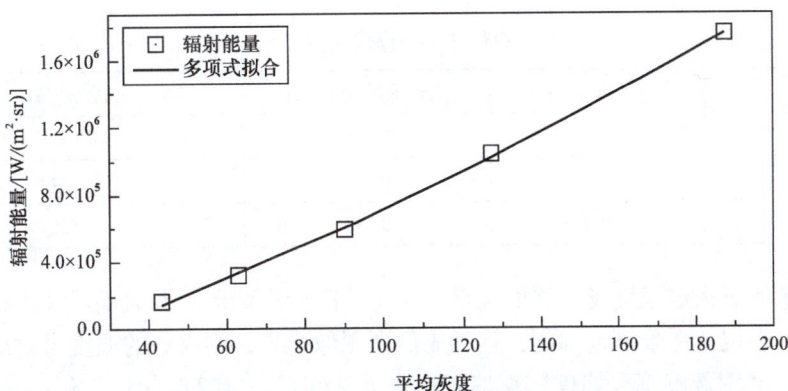

图 9-30　图像灰度和全光谱黑体辐射能量之间的拟合关系图

2．点扩散函数标定

点扩散函数的标定办法是刃边法拍摄黑白板，获得不同火焰分层位置的光场相机点扩散函数。这一原理为，利用黑白标定板的刃边标定边扩散函数，然后对边扩散函数沿刃边求导，得到这一边扩散函数所对应的点扩散函数。具体的，黑白标定板放置在与火焰中心相同位置处，即距离主镜头前端面 0.5m 位置；火焰径向范围被分为 5 层，将光场相机原始图像分别重聚焦在相应空间深度位置，最终重聚焦成像结果如图 9-31 所示。

图 9-31　距离火焰中心 ±4mm、±2mm 和 0mm 五个位置的标定板图像（部分图像）

点扩散函数中标准偏差的取值见表 9-6。

表 9-6　　　　　　　　　　　火焰分层对应的标准偏差 σ 值

位置 /mm	−4	−2	0	2	4
层数	1	2	3	4	5
标准偏差 σ	6.48	5.30	4.20	5.02	5.74

9.3.3　温度层析重建结果

由上节实验标定预处理和运用联合重建算法后处理光场重聚焦图像设计出温度重建工作流程，然后对比验证联合重建算法的正确性，最后，通过拍摄三组工况下的火焰图像得到不同火焰结构下的三维温度分布。

1．与文献 [105] 的对比验证

与文献 [105] 使用的非负最小二乘法对比本节算法的精度，拍摄了表 9-7 中三个工况下的火焰光场原始图像，三个工况下空气环流流量和不同乙烯流量以及氧气浓度分别见表 9-7。火焰中心与光场相机主镜头前端面距离为与文献相同的 0.5m。拍摄曝光时间为 0.8ms。

表 9-7　　　　　　　　　　　燃料和空气燃烧条件 [105]

工况	空气流量 /(L/min)	乙烯流量 /(L/min)	氧气浓度 /%
1	42.8	0.276	21
2	42.8	0.231	21
3	42.8	0.138	21

由图像解算火焰温度场方法的优点：①不受限于火焰形状和火焰尺寸，只要火焰大小和火焰中心位置在景深范围内，且不成像在图像边界，则火焰的温度重建结果可以保证准确性；②图像解算火焰仅需火焰图像作为已知量，计算时间短，仅在 5s 以内即可解算出火焰不同分层的温度分布情况。

将火焰原始图像重聚焦到火焰不同分层位置如图 9-32 所示，可以看出，火焰分层距离火焰中心层聚焦面越远，火焰重聚焦图像的边界越不清晰。同时，火焰内焰的低温区灰度值很小，但在 ±4mm 位置处的火焰重聚焦图像中从肉眼几乎观察不到这一现象。需要注意的是，火焰的光场图像由于火焰尺寸偏小，成像所占据的有效像素数量较少，所能使用的光场信息也因此受到限制。

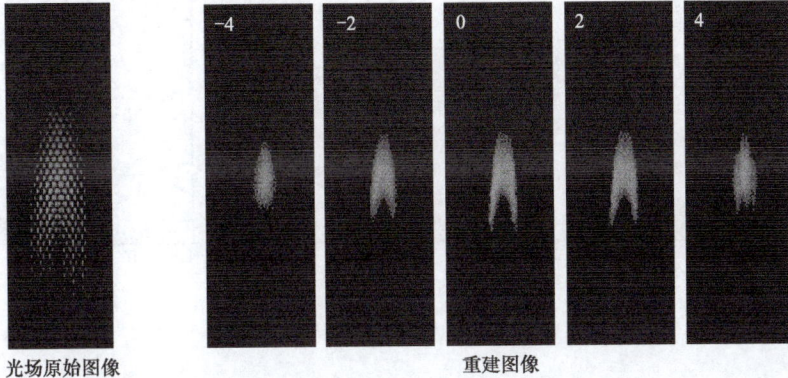

<table>
</table>

| | 光场原始图像 | | 重建图像 |
</table>

图 9-32　工况 1 的火焰光场原始图像和距离火焰中心不同位置的火焰重聚焦图像

得到重聚焦图像之后，由联合重建火焰分层重建算法，火焰分层温度重建结果对比结果如图 9-33 所示。经对比发现，火焰重建温度范围同为 900 ~ 1900K，且形状相似，最外层火焰的温度较低且尺寸较小，次外层火焰的温度呈现随火焰高度的增加温度逐渐降低的趋势，至于中心层火焰的温度沿火焰高度先增加后降低。

图 9-33（a）展示了火焰燃烧工况 1 下的温度重建成果，而图 9-33（b）则呈现了 Sun 等人[105] 运用非负最小二乘法（NNLS）所获得的计算结果。通过对比这两幅图像，可以观察到两种算法所得出的温度场范围基本一致。其中，中心层火焰的高度和结构颇为接近。然而，在燃料入口附近，火焰温度相对较低，并且在火焰高度约 40mm 的位置，火焰边界上出现了温度的最大值。在次外层，火焰的温度分布与中心层有所不同，火焰高度有所降低，同时火焰根部的低温区域也相应减少，这一趋势与文献中的计算结果是相符的。但在最外层火焰的计算结果上，两者存在较大差异：本节计算的火焰温度高度为 50mm，而文献中的计算结果则接近 70mm，且火焰形态也不尽相同。本节计算的火焰在径向上占据了更大的面积，相比之下，文献中的火焰计算结果仅在 ±1mm 的半径范围内。

图 9-34 是采用两种算法计算的不同高度位置（17.2mm 和 43.2mm）的温度重建结果，分别提取同一高度的中心层（$x=0$）重建图像的重建温度点组成联合算法（横向）曲线，分别提取同一高度的 5 个不同分层火焰重建图像的中心点重建温度值，可以组成景深方向的温度计算结果联合算法 (纵向) 曲线。可以发现，联合重建算法与 NNLS 算法得到的温度重建结果有相同的温度范围，而当火焰重聚焦在火焰中心位置（$x=0$），联合重建算法能够获得更为贴近火焰实际形状的温度场。对于联合算法（纵向）曲线，其温度值分布趋势与联合算法（横向）曲线相近，即从火焰中心向外温度值先增加后减小。

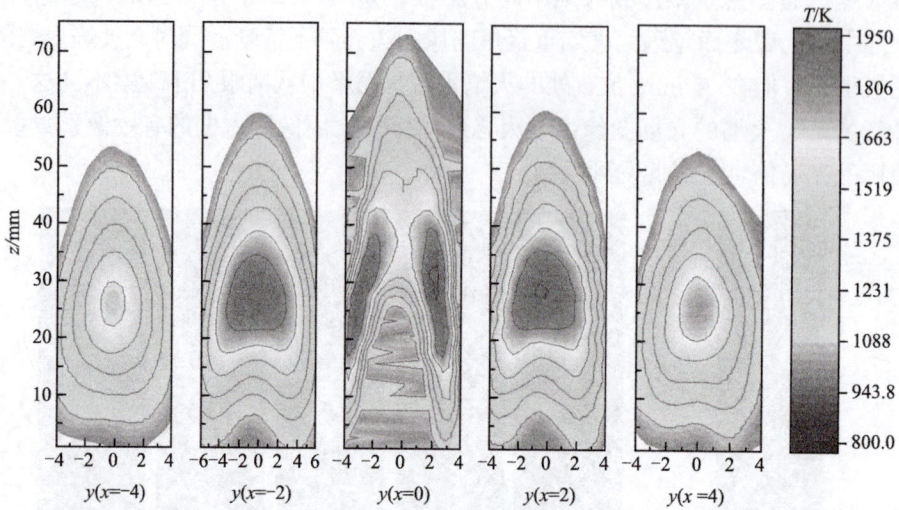

(a) 工况1的联合算法温度重建结果

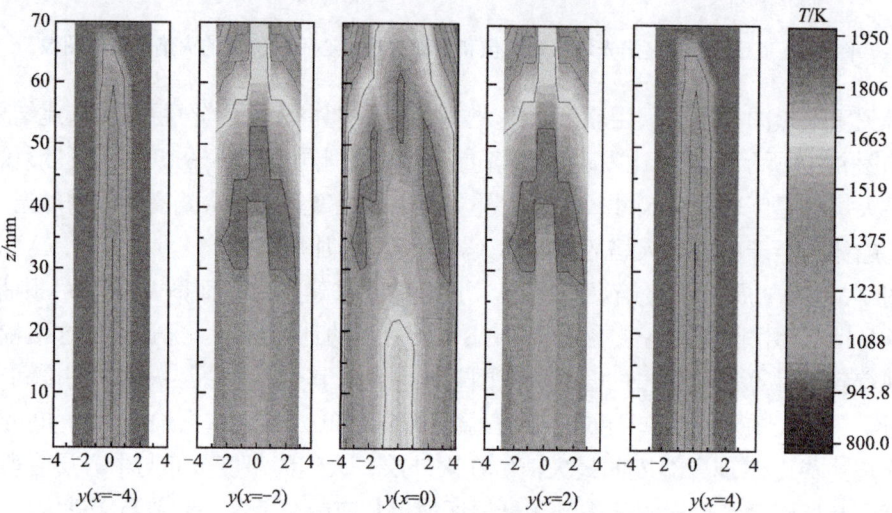

(b) 文献[105]中工况1的温度重建结果

图 9-33　联合算法与 NNLS 算法[105] 在工况 1 的温度重建结果

图 9-35 和图 9-36 分别展示了火焰燃烧工况 2 和 3 下的温度重建结果。对比这两种工况下两种算法的温度重建成果，可以发现与工况 1 相似，两种算法所得出的温度场范围依旧一致，且中心层火焰的高度也保持相近。在工况 2 中（见图 9-35），中心层火焰结构依然呈现出较高的相似性，燃料入口附近的火焰温度仍然较低。次外层的火焰温度分布与中心层有所区别，火焰高度降低，根部低温区域减少，这仍与文献中的趋势是一致的。不过，文献中次外层火焰的温度在大面积上与中心层的高温区相近，而本节计算中的高温区面积则相对较小。与工况 1 相同，最外层火焰的计算结果仍存在较大差异：除火焰形态、径向面积外，本节计算的火焰温度高度为 40mm，文献中的结果则接近 50mm。

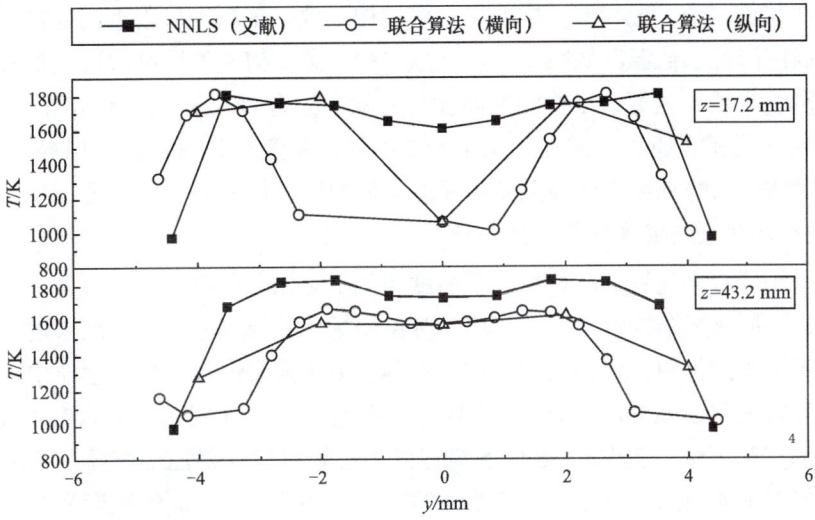

图 9-34　在不同高度位置与参考文献[105]对比的温度重建结果

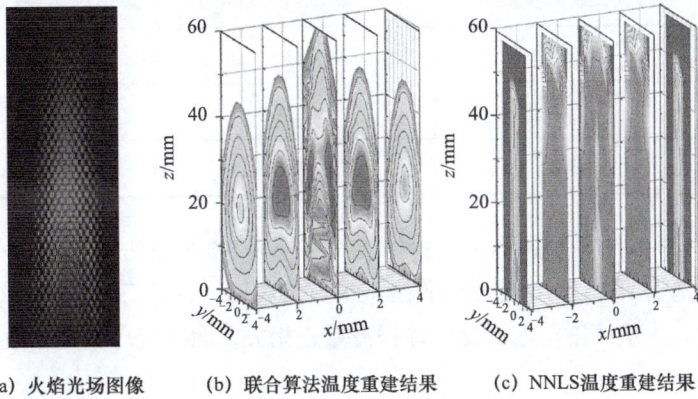

（a）火焰光场图像　　（b）联合算法温度重建结果　　（c）NNLS温度重建结果

图 9-35　工况 2 下的火焰光场图像及联合算法与 NNLS 算法[105]温度场重建结果

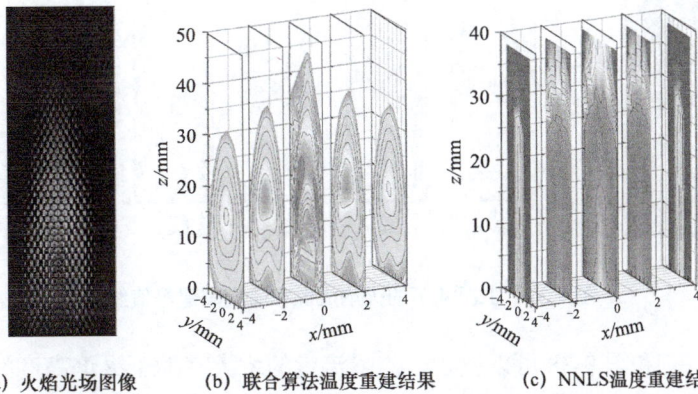

（a）火焰光场图像　　（b）联合算法温度重建结果　　（c）NNLS温度重建结果

图 9-36　工况 3 下的火焰光场图像及联合算法与 NNLS 算法[105]温度场重建结果

179

工况 3 与前两个工况相似，中心层火焰结构一致，燃料入口附近温度较低，次外层火焰温度高度降低，低温区域减少，与文献趋势一致。但次外层高温区面积较小，最外层火焰计算结果差异显著，尽管温度高度与文献一致为 30mm，但形态不同，本节火焰占据更大径向面积。通过上述在工况 1～3 的温度重建结果对比，可以验证得出结论：采用联合算法的火焰温度重建结果是可靠的，但准确性仍需进一步验证。

2. 实验拍摄火焰温度解算结果分析

鉴于采用联合重建算法的火焰三维温度与文献对比是可靠的，本节设计了另外三个工况来重建不同火焰结构形态下的火焰三维温度场，并与热电偶测量结果进行对比。在对火焰进行拍摄过程中，将光场相机放置在其主镜头前端面与火焰发生器中轴线距离为 0.5m，曝光时间仍是 0.8ms。火焰燃烧环境为室温 20℃，压强 101.325kPa。表 9-8 为本节所设计的实验工况。工况 4、5 中燃烧器的中心管路仅喷射乙烯气体。工况 6 中乙烯气体流量与工况 4 相同，但在乙烯管路外的空气环路中通入了氧气浓度为 21% 的空气。

表 9-8　　　　　　　　　　　　　实验工况

工况	空气流量 /(L/min)	乙烯流量 /(L/min)	氧气浓度 /%
4	—	0.067	—
5	—	0.106	—
6	8.33	0.067	21

图 9-37～图 9-39 分别展示了实验拍摄得到的表 9-8 所示三个工况下的火焰光场原始图像与温度重建结果。重建温度范围在 800～2200K，不同工况下的火焰高度和形状均有差异。其中，火焰高度与乙烯燃料体积流量正相关，而空气环流则会改变火焰形状。

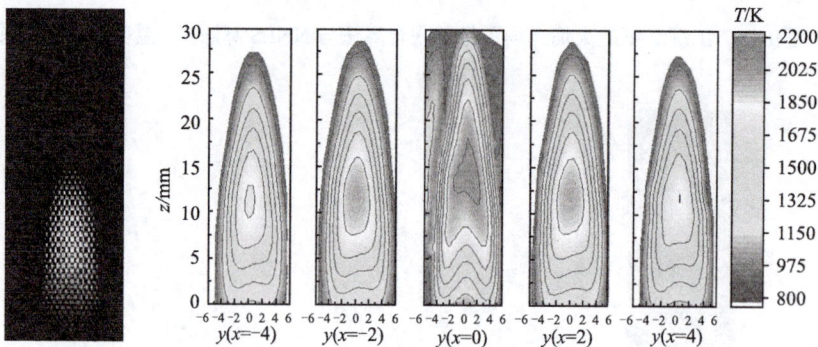

图 9-37　工况 4 下的火焰成像和温度重建等值线图

对比图 9-37 和图 9-38 可以发现，乙烯流量的增大有助于火焰高度的增加。这两个工况下的 5 个分层温度分布情况是各不相同的，呈现随远离中心层的距离增加、火焰高度降低的趋势，工况 4、5 的重建温度的最大值分别是 2094K 和 2061K，温度变化并非十分剧烈。具体的，在 $x=\pm2$mm 位置处的温度分布形状相似，其高温区相对 $x=0$mm 的高温区在高度上更低，而 $x=\pm4$mm 位置的温度分布形状相似，整体的温度分布高度相比中间层的更低，由于火焰在空气吹拂量较小情况下的形状稳定性差且不规则，空气量的增大能够一定程度改善这一现象，因此在工况 6 情况下的火焰光场图像对称性更好，其光场成像和温度重建结果如图 9-39 所示。这一工况下的温度最大值为 2183K。

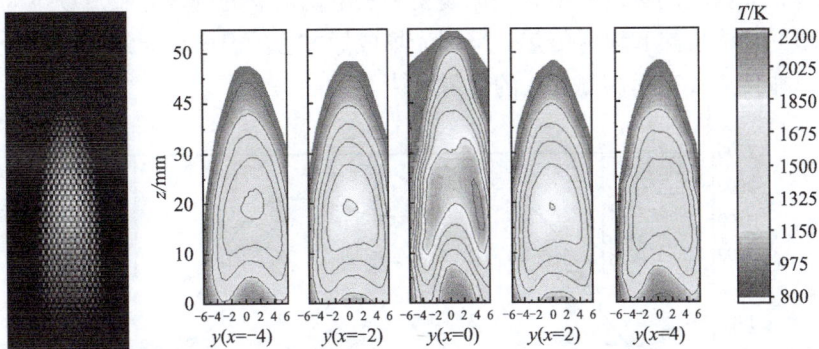

图 9-38　工况 5 下的火焰成像和温度重建等值线图

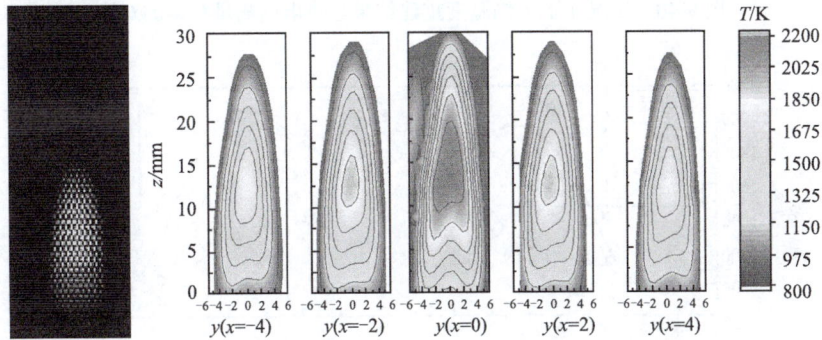

图 9-39　工况 6 下的火焰成像和温度重建等值线图

温度测量是使用快速插入法的 R 型高精度热电偶进行的，测量过程中热电偶的插入过程会导致火焰流场的扰动，且测温过程会与环境产生对流换热和辐射传热等，这些将会导致测温偏差，需要对热电偶的测量结果进行修正[174]。在测量火焰之前，需要对热电偶的采样点进行设计，将热电偶固定在位移台上，首先确保热电偶能够探测到火焰中心线位置，然后逐步调整探测点的位置，具体探测点的位置需要根据不同工况下目标火焰高度进行设计。其中，热电偶偶丝直径为 75μm，偶结直径为 180μm。考虑到热电偶的发射率，使用 Shaddix[174] 的方法对测得的温度进行了校正，以补偿热电偶表面的辐射损失。为了减少碳烟沉积，将热电偶快速插入火焰中并保持 2s。使用未涂覆的热电偶可以将结珠的直径保持在最小，从而最大限度地减少了火焰扰动和检测延迟。通常，在含碳烟的火焰中不需要涂层，因为结珠会很快被烟灰覆盖，但未涂覆的热电偶的催化作用可能会导致没有碳烟分布的区域温度测量值过高[174]。

　　热电偶测量结果作为验证与重建结果的对比如图 9-40～图 9-42 所示，分别展示了三个工况下不同高度的温度数据。图中热电偶测量值的误差棒展示的是 100 次重复测量结果的标准偏差。经对比测量结果可以看出，随着采样高度的增加，温度重建结果的变化趋势与热电偶测量数据几乎相同，火焰中心线上温度先增加后减小，同一高度位置的温度沿火焰半径方向呈现从先增加后减小到逐渐减小的趋势。但是，热电偶测量结果的对称性较差，原因是测量过程中火焰流场受到热电偶探头的侵入导致流场空间的位移和与周围环境的对流换热和辐射传热。采用光场成像方法的温度重建结果对称性较好，这便能体现出非侵入式光学探测方法的优势。

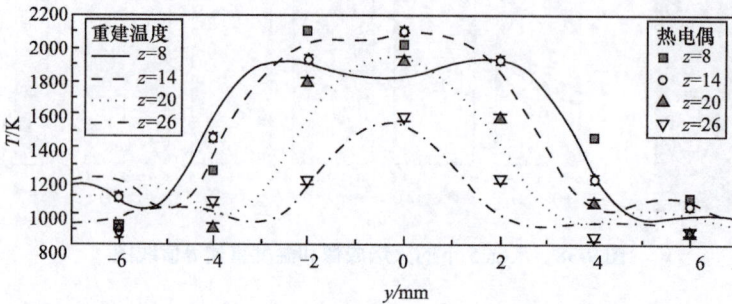

图 9-40　工况 4 下火焰温度重建结果与热电偶测量数据的对比

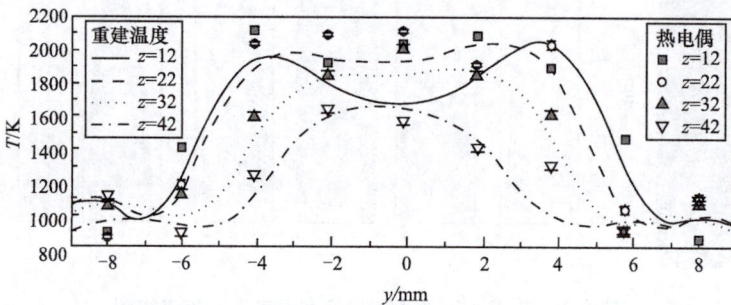

图 9-41　工况 5 下火焰温度重建结果与热电偶测量数据的对比

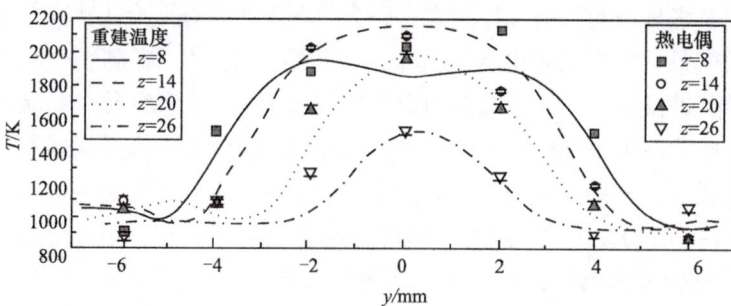

图 9-42　工况 6 下火焰温度重建结果与热电偶测量数据的对比

　　热电偶测量结果与光场成像的测量结果之间的差异在边界和高度较高的探测位置

较小，但在火焰中心线上高度较低位置的温度重建结果比热电偶结果明显偏小，温度测量偏差在工况 4 ～工况 6 的最大值分别为 315.3K（热电偶测温的平均值为 1261.9K，$z=8$mm，$y=-4$mm）、339.0K（热电偶测温的平均值为 2000.6K，$z=12$mm，$y=0$mm）和 251.3K（热电偶测温的平均值为 1271.2K，$z=26$mm，$y=-2$mm）。上述工况 4、6 温度重建与热电偶对比计算偏差较大的位置皆处于火焰图像的边界低温区域，而工况 5 的温度重建结果与热电偶测量结果偏差最大值所在位置在火焰中心线上且接近火焰喷口，而工况 4 和 6 与工况 5 选取相似位置的温度重建结果与热电偶测量结果同样存在偏差。分析原因：①火焰中心高度较低位置的火焰温度较低，但采用热电偶测量会存在碳烟沉积，特别是当测量位置在火焰中轴线，其测量过程经过火焰碳烟浓度较高的部分，导致其测量结果存在一定的偏差。②热电偶测温结果在火焰中心高度较低的位置其温度应有所下降，但由于热电偶测量过程中使用的快速侵入法仍无法避免在测量火焰中心位置时的热量延迟。③温度重建结果在火焰中心区域会产生较大相对误差，参考本节上述温度计算结果准确性对比，在火焰高度较低的中心区域，本节温度重建结果与 CFD 输入温度结果存在偏差，且与 NNLS 计算结果也存在一定偏差，这导致了测量结果与温度重建结果存在偏差。

　　综上，从图像结果可以分析出，不同工况下的火焰高度不同，其形状也不尽相同。对同一工况的不同分层位置的火焰来说，距离火焰中心不同位置，其火焰高度和形状都不尽相同。火焰高度与乙烯燃料体积流量正相关，而空气环流则会改变火焰形状，空气流量的增加可以使得火焰对称性更好。

参 考 文 献

[1] 马增益.锅炉传热磨损及火焰温度场在线测量研究.杭州：浙江大学，1998.

[2] 王飞.基于计算机图像处理技术的火焰温度场测量和燃烧诊断.杭州：浙江大学，2000.

[3] 卫成业.燃煤锅炉炉膛火焰温度场和浓度场测量及燃烧诊断的研究.杭州：浙江大学，2001.

[4] VISKANTA R, MENGÜÇ M P. Radiation heat transfer in combustion systems. Progress in Energy and Combustion Science, 1987, 13（2）：97-160.

[5] MCCORMICK N J. Inverse radiative transfe problems: a review. Nuclear science and Engineering, 1992, 112（3）：185-198.

[6] HO C H, ÖZIŞIK M N. An inverse radiation problem. International journal of heat and mass transfer, 1989, 32（2）：335-341.

[7] HO C H, ÖZIŞIK M N. Inverse radiation problems in inhomogeneous media. Journal of Quantitative Spectroscopy and Radiative Transfer, 1988, 40（5）：553-560.

[8] DUNN W L. Inverse Monte Carlo solutions for radiative transfer in inhomogeneous media. Journal of Quantitative Spectroscopy and Radiative Transfer, 1983, 29（1）：19-26.

[9] SUBRAMANIAM S, MENGÜÇ M P. Solution of the inverse radiation problem for inhomogeneous and anisotropically scattering media using a Monte Carlo technique. International journal of heat and mass transfer, 1991, 34（1）：253-266.

[10] NETO A J S, ÖZIŞIK M N. An inverse problem of simultaneous estimation of radiation phase function, albedo and optical thickness. Journal of Quantitative Spectroscopy and Radiative Transfer, 1995, 53（4）：397-409.

[11] H Y, Yang C Y. A genetic algorithm for inverse radiation problems. International journal of heat and mass transfer, 1997, 40（7）：1545-1549.

[12] KIM K W, BAEK S W, KIM M Y, et al. Estimation of emissivities in a two-dimensional irregular geometry by inverse radiation analysis using hybrid genetic algorithm. Journal of Quantitative Spectroscopy and Radiative Transfer, 2004, 87（1）：1-14.

[13] PARK H M, YOON T Y. Solution of the inverse radiation problem using a conjugate gradient method. International journal of heat and mass transfer, 2000, 43（10）：1767-1776.

[14] LI H Y, ÖZIŞIK M N. Identification of the temperature profile in an absorbing, emitting, and isotropically scattering medium by inverse analysis. International journal of heat and mass transfer, 1992, 114: 1060-1063.

[15] LI H Y, ÖZIŞIK M N.Inverse radiation problem for simultaneous estimation of temperature profile and surface reflectivity. Journal of thermophysics and heat transfer, 1993, 7（1）：88-93.

[16] SIEWERT C E. An inverse source problem in radiative transfer. Journal of Quantitative Spectroscopy and Radiative Transfer, 1993, 50（6）: 603-609.

[17] SIEWERT C E. A radiative-transfer inverse-source problem for a sphere. Journal of Quantitative Spectroscopy and Radiative Transfer, 1994, 52（2）: 157-160.

[18] LI H Y. Estimation of the temperature profile in a cylindrical medium by inverse analysis. Journal of Quantitative Spectroscopy and Radiative Transfer, 1994, 52（6）: 755-764.

[19] LIU L H, TAN H P, YU Q Z. Simultaneous identification of temperature profile and wall emissivities in one-dimensional semitransparent medium by inverse radiation analysis. Numerical Heat Transfer: Part A: Applications, 1999, 36（5）: 511-525.

[20] LIU L H. Simultaneous identification of temperature profile and absorption coefficient in one-dimensional semitransparent medium by inverse radiation analysis. International communications in heat and mass transfer, 2000, 27（5）: 635-643.

[21] LIU L H, TAN H P, YU Q Z. Inverse radiation problem of sources and emissivities in one-dimensional semitransparent media. International Journal of Heat and Mass Transfer, 2001, 44（1）: 63-72.

[22] ZHOU H C, HOU Y B, CHEN D L, et al. An inverse radiative transfer problem of simultaneously estimating profiles of temperature and radiative parameters from boundary intensity and temperature measurements. Journal of Quantitative Spectroscopy and Radiative Transfer, 2002, 74（5）: 605-620.

[23] ZHOU H C, YUAN P, SHENG F, et al. Simultaneous estimation of the profiles of the temperature and the scattering albedo in an absorbing, emitting, and isotropically scattering medium by inverse analysis. International journal of heat and mass transfer, 2000, 43（23）: 4361-4364.

[24] ZHOU H C, HAN S D. Simultaneous reconstruction of temperature distribution, absorptivity of wall surface and absorption coefficient of medium in a 2-D furnace system. International journal of heat and mass transfer, 2003, 46（14）: 2645-2653.

[25] LOU C, ZHOU H C. Decoupled reconstruction method for simultaneous estimation of temperatures and radiative properties in a one-dimensional, gray, participating medium. Numerical Heat Transfer, Part B: Fundamentals, 2007, 51（3）: 275-292.

[26] LI H Y. Inverse radiation problem in two-dimensional rectangular media. Journal of thermophysics and heat transfer, 1997, 11（4）: 556-561.

[27] LI H Y. A two-dimensional cylindrical inverse source problem in radiative transfer. Journal of Quantitative Spectroscopy and Radiative Transfer, 2001, 69（4）: 403-414.

[28] LIU L H, TAN H P, YU Q Z. Inverse radiation problem of temperature field in three-dimensional rectangular furnaces. International communications in heat and mass transfer, 1999, 26（2）: 239-248.

[29] LIU L H, TAN H P. Inverse radiation problem in three-dimensional complicated geometric systems with opaque boundaries. Journal of Quantitative Spectroscopy and Radiative Transfer, 2001, 68（5）: 559-573.

[30] 刘林华, 谈和平, 余其铮. 燃烧室内三维温度场的辐射反问题. 燃烧科学与技术,

1999, 5（1）: 62-69.

[31] 刘林华，谈和平，余其铮．吸收散射性三维矩形介质内辐射源项的反问题．工程热物理学报，2000, 21（1）: 71-75.

[32] ZHOU H C, HAN S D, SHENG F, et al. Visualization of three-dimensional temperature distributions in a large-scale furnace via regularized reconstruction from radiative energy images: numerical studies. Journal of Quantitative Spectroscopy and Radiative Transfer, 2002, 72（4）: 361-383.

[33] ZHOU H C, LOU C, CHENG Q, et al. Experimental investigations on visualization of three-dimensional temperature distributions in a large-scale pulverized-coal-fired boiler furnace. Proceedings of the Combustion Institute, 2005, 30（1）: 1699-1706.

[34] LOU C, ZHOU H C. Deduction of the two-dimensional distribution of temperature in a cross section of a boiler furnace from images of flame radiation. Combustion and Flame, 2005, 143: 97-105.

[35] 娄春，周怀春，姜志伟，等．炉膛内断面温度场与辐射参数同时重建实验研究．中国电机工程学报，2006, 26（14）: 98-103.

[36] 娄春，周怀春．炉膛中二维温度场与辐射参数的同时重建．动力工程，2005, 25（5）: 633-638.

[37] LOU C, ZHOU H C, YU P F, et al. Measurements of the flame emissivity and radiative properties of particulate medium in pulverized-coal-fired boiler furnaces by image processing of visible radiation. Proceedings of the Combustion Institute, 2007, 31（2）: 2771-2778.

[38] ZHOU H C, SHENG F, HAN S D, et al. A fast algorithm for calculation of radiative energy distributions received by pinhole image-formation process from 2D rectangular enclosures. Numerical Heat Transfer: Part A: Applications, 2000, 38: 757-773.

[39] 薛飞，黄国权，李晓东，等．CCD 计测量燃烧室截面温度场的原理研究．动力工程，1999, 19（5）: 390-393.

[40] 王飞，马增益．根据火焰图像测量煤粉炉截面温度场的研究．中国电机工程学报，2000, 20（7）: 40-43.

[41] 王飞，马增益，严建华，等．利用火焰图像重建三维温度场的模型和实验．燃烧科学与技术，2004, 10（2）: 140-145.

[42] 王飞，严建华，卫成业，等．基于图像处理的燃烧诊断和温度场测量系统在 300MW 电站锅炉上的应用．热力发电，2001, 30（3）: 26-29.

[43] 卫成业，王飞，严建华，等．利用代数重建技术根据火焰辐射图像测量煤粉火焰断面温度场．计量学报，2001, 22（2）: 116-121.

[44] 王飞，马增益，严建华，等．利用火焰图像同时重建温度场和浓度场的试验研究．动力工程，2003, 23（3）: 2404-2408.

[45] WANG F, YAN J, CEN K, et al. Simultaneous measurements of two-dimensional temperature and particle concentration distribution from the image of the pulverized-coal flame. Fuel, 2010, 89（1）: 202-211.

[46] 邱坤赞，卫成业，岑可法．基于火焰辐射图像的温度分布与浓度分布联合重建．燃烧

科学与技术，2002, 8（4）: 307-313.

[47] 黄群星，马增益，严建华，等.应用插值滤波反投影快速重建300MW电站锅炉准三维温度场.中国电机工程学报, 2005, 25（6）: 134-138.

[48] 黄群星，马增益，严建华，等.300MWe电厂锅炉炉膛截面温度场中心的实时监测研究.中国电机工程学报,2003, 23（3）: 156-160.

[49] 赵敬德.煤粉火焰三维温度分布重建及其在燃烧诊断技术中应用的研究.浙江大学, 2004.

[50] 徐雁，吴占松，李天铎.非对称火焰三维温度分布测量的重构算法.清华大学学报: 自然科学版, 1996, 36（10）: 30-34.

[51] WANG F L, WANG S M, LU Y.Reconstruction temperature field of flame by optical sectioning tomography. Journal of Southeast University (English Edition), 2001, 17（2）: 57-60.

[52] 王式民，赵延军，汪风林.光学分层热成像法重建火焰三维温度场分布的研究.工程热物理学报, 2002, 23(S1): 233-236.

[53] LU G, YAN Y, RILEY G, et al. Concurrent measurement of temperature and soot concentration of pulverized coal flames. IEEE Transactions on Instrumentation and Measurement, 2002, 51（5）: 990-995.

[54] BRISLEY P M, Lu G, Yan Y, et al. Three-dimensional temperature measurement of combustion flames using a single monochromatic CCD camera. IEEE transactions on instrumentation and measurement, 2005, 54（4）: 1417-1421.

[55] HUANG Y, YAN Y, RILEY G. Vision-based measurement of temperature distribution in a 500-kW model furnace using the two-colour method. Measurement, 2000, 28（3）: 175-183.

[56] MOLCAN P, LU G, LE BRIS T, et al. Characterisation of biomass and coal co-firing on a 3 MWth combustion test facility using flame imaging and gas/ash sampling techniques. Fuel, 2009, 88（12）: 2328-2334.

[57] HALL R J, BONCZYK P A. Sooting flame thermometry using emission/absorption tomography. Applied optics, 1990, 29（31）: 4590-4598.

[58] GREENBERG P S, KU J C. Soot volume fraction imaging. Applied optics, 1997, 36（22）: 5514-5522.

[59] GREENBERG P S, KU J C. Soot volume fraction maps for normal and reduced gravity laminar acetylene jet diffusion flames. Combustion and flame, 1997, 108.

[60] DE IULIIS S, BARBINI M, BENECCHI S, et al. Determination of the soot volume fraction in an ethylene diffusion flame by multiwavelength analysis of soot radiation. Combustion and Flame, 1998, 115（1-2）: 253-261.

[61] CIGNOLI F, DE IULIIS S, MANTA V, et al. Two-dimensional two-wavelength emission technique for soot diagnostics. Applied Optics, 2001, 40（30）: 5370-5378.

[62] DE IULIIS S, MIGLIORINI F, CIGNOLI F, et al. 2D soot volume fraction imaging in an ethylene diffusion flame by two-color laser-induced incandescence (2C-LII) technique and comparison with results from other optical diagnostics. Proceedings of the Combustion

Institute, 2007, 31（1）: 869-876.

[63] SNELLING D R, THOMSON K A, SMALLWOOD G J, et al. Two-dimensional imaging of soot volume fraction in laminar diffusion flames. Applied optics, 1999, 38（12）: 2478-2485.

[64] SNELLING D R, THOMSON K A, SMALLWOOD G J, et al. Spectrally resolved measurement of flame radiation to determine soot temperature and concentration. AIAA journal, 2002, 40（9）: 1789-1795.

[65] THOMSON K A, GÜLDER Ö L, WECKMAN E J, et al. Soot concentration and temperature measurements in co-annular, nonpremixed CH_4/air laminar flames at pressures up to 4 MPa. Combustion and Flame, 2005, 140（3）: 222-232.

[66] THOMSON K A, JOHNSON M R, SNELLING D R, et al. Diffuse-light two-dimensional line-of-sight attenuation for soot concentration measurements. Applied optics, 2008, 47（5）: 694-703.

[67] Xu Y, CHIA-FON F L. Forward-illumination light-extinction technique for soot measurement. Applied optics, 2006, 45（9）: 2046-2057.

[68] LIU L H, TAN H P, YU Q Z. Inverse radiation problem in axisymmetric free flames. Journal of thermophysics and heat transfer, 2000, 14（3）: 450-452.

[69] LIU L H, JIANG J. Inverse radiation problem for reconstruction of temperature profile in axisymmetric free flames. Journal of Quantitative Spectroscopy and Radiative Transfer, 2001, 70（2）: 207-215.

[70] LIU L H, LI B X. Inverse radiation problem of axisymmetric turbulent sooting free flame. Journal of Quantitative Spectroscopy and Radiative Transfer, 2002, 75（4）: 481-491.

[71] LIU L H, TAN H P, LI B X. Influence of turbulent fluctuation on reconstruction of temperature profile in axisymmetric free flames. Journal of Quantitative Spectroscopy and Radiative Transfer, 2002, 73（6）: 641-648.

[72] AI Y, ZHOU H. Simulation on simultaneous estimation of non-uniform temperature and soot volume fraction distributions in axisymmetric sooting flames. Journal of Quantitative Spectroscopy and Radiative Transfer, 2005, 91（1）: 11-26.

[73] AYRANCI I, VAILLON R, SELÇUK N, et al. Determination of soot temperature, volume fraction and refractive index from flame emission spectrometry. Journal of Quantitative Spectroscopy and Radiative Transfer, 2007, 104（2）: 266-276.

[74] AYRANCI I, VAILLON R, SELÇUK N. Near-infrared emission spectrometry measurements for nonintrusive soot diagnostics in flames. Journal of Quantitative Spectroscopy and Radiative Transfer, 2008, 109（2）: 349-361.

[75] SUN Y P, LOU C, ZHOU H C. Estimating soot volume fraction and temperature in flames using stochastic particle swarm optimization algorithm. International Journal of Heat and Mass Transfer, 2011, 54（1-3）: 217-224.

[76] LIU F S, THOMSON K A, SMALLWOOD G J. Soot temperature and volume fraction retrieval from spectrally resolved flame emission measurement in laminar axisymmetric coflow diffusion flames: Effect of self-absorption. Combustion and Flame, 2013, 160（9）:

188

1693-1705.

[77] ZHAO H, WILLIAMS B, STONE R. Measurement of the spatially distributed temperature and soot loadings in a laminar diffusion flame using a Cone-Beam Tomography technique. Journal of Quantitative Spectroscopy and Radiative Transfer, 2014, 133: 136-152.

[78] DAS D D, CANNELLA W J, MCENALLY C S, et al. Two-dimensional soot volume fraction measurements in flames doped with large hydrocarbons. Proceedings of the Combustion Institute, 2017, 36（1）: 871-879.

[79] KEMPEMA N J, LONG M B. Effect of soot self-absorption on color-ratio pyrometry in laminar coflow diffusion flames. Optics Letters, 2018, 43（5）: 1103-1106.

[80] LIU L H, Man G L. Reconstruction of time-averaged temperature of non-axisymmetric turbulent unconfined sooting flame by inverse radiation analysis. Journal of Quantitative Spectroscopy and Radiative Transfer, 2003, 78（2）: 139-149.

[81] DAI M, WANG J, WEI N, et al. Experimental study on evaporation characteristics of diesel/cerium oxide nanofluid fuel droplets. Fuel, 2019, 254: 115633.

[82] AO W, GAO Y, ZHOU S, et al. Enhancing the stability and combustion of a nanofluid fuel with polydopamine-coated aluminum nanoparticles. Chemical Engineering Journal, 2021, 418: 129527.

[83] LIU G, LIU D. Inverse radiation analysis for simultaneous reconstruction of temperature and volume fraction fields of soot and metal-oxide nanoparticles in a nanofluid fuel sooting flame. International Journal of Heat and Mass Transfer, 2018, 118: 1080-1089.

[84] LIU G, LIU D. Reconstruction model for temperature and concentration profiles of soot and metal-oxide nanoparticles in a nanofluid fuel flame by using a CCD camera. Chinese Physics B, 2018, 27（5）: 054401.

[85] LIU G, LIU D. Direct simultaneous reconstruction for temperature and concentration profiles of soot and metal-oxide nanoparticles in nanofluid fuel flames by a CCD camera. International Journal of Heat and Mass Transfer, 2018, 124: 564-575.

[86] LIU G, LIU D. Treatment of efficiency for temperature and concentration profiles reconstruction of soot and metal-oxide nanoparticles in nanofluid fuel flames. International Journal of Heat and Mass Transfer, 2019, 133: 494-499.

[87] LIU G, LIU D. On the treatment of self-absorption for temperature and concentration profiles reconstruction accuracy for soot and metal-oxide nanoparticles in nanofluid fuel flame using a CCD camera. Optik, 2018, 164: 114-125.

[88] LIU G, LIU D. Effects of self-absorption on simultaneous estimation of temperature distribution and concentration fields of soot and metal-oxide nanoparticles in nanofluid fuel flames using a spectrometer. Journal of Quantitative Spectroscopy and Radiative Transfer, 2018, 212: 149-159.

[89] LIU G, LIU D. Noncontact direct temperature and concentration profiles measurement of soot and metal-oxide nanoparticles in optically thin/thick nanofluid fuel flames. International Journal of Heat and Mass Transfer, 2019, 134: 237-249.

[90] LIU G, LIU D. Simultaneous reconstruction of temperature and concentration profiles of

soot and metal-oxide nanoparticles in asymmetric nanofluid fuel flames by inverse analysis. Journal of Quantitative Spectroscopy and Radiative Transfer, 2018, 219: 174-185.

[91] LIU G, LIU D. Influence of self-absorption on reconstruction accuracy for temperature and concentration profiles of soot and metal-oxide nanoparticles in asymmetric nanofluid fuel flames. Optik, 2019, 178: 740-751.

[92] LIU G, LIU D. Inverse radiation problem of multi-nanoparticles temperature and concentration fields reconstruction in nanofluid fuel flame. Optik, 2019, 181: 81-91.

[93] LI S, REN Y, BISWAS P, et al. Flame aerosol synthesis of nanostructured materials and functional devices: Processing, modeling, and diagnostics. Progress in Energy and Combustion Science, 2016, 55: 1-59.

[94] SCHULZ C, DREIER T, FIKRI M, et al. Gas-phase synthesis of functional nanomaterials: Challenges to kinetics, diagnostics, and process development. Proceedings of the Combustion Institute, 2019, 37（1）: 83-108.

[95] MURAVEV V, PARASTAEV A, VAN D B Y, et al. Size of cerium dioxide support nanocrystals dictates reactivity of highly dispersed palladium catalysts. Science, 2023, 380（6650）: 1174-1179.

[96] GAO F, XU Z, ZHAO H. Flame spray pyrolysis made Pt/TiO2 photocatalysts with ultralow platinum loading and high hydrogen production activity. Proceedings of the Combustion Institute, 2021, 38（4）: 6503-6511.

[97] ASIF M, MENSER J, ENDRES T, et al. Phase-sensitive detection of gas-borne Si nanoparticles via line-of-sight UV/VIS attenuation. Optics Express, 2021, 29（14）: 21795-21809.

[98] LIU G, WOLLNY P, MENSER J, et al. Spatially resolved measurement of the distribution of solid and liquid Si nanoparticles in plasma synthesis through line-of-sight extinction spectroscopy. Optics Express, 2023, 31（3）: 4978-5001.

[99] GONG Y, GUO Q, ZHANG J, et al. Impinging flame characteristics in an opposed multiburner gasifier. Industrial & Engineering Chemistry Research, 2013, 52（8）: 3007-3018.

[100] CHEN H, LILLO P M, SICK V. Three-dimensional spray-flow interaction in a spark-ignition direct-injection engine. International Journal of Engine Research, 2016, 17（1）: 129-138.

[101] LILLO P M, GREENE M L, SICK V. Plenoptic single-shot 3D imaging of in-cylinder fuel spray geometry. Zeitschrift für Physikalische Chemie, 2015, 229（4）: 549-560.

[102] SUN J, HOSSAIN M M, XU C L, et al. A novel calibration method of focused light field camera for 3-D reconstruction of flame temperature. Optics Communications, 2017, 390: 7-15.

[103] SUN J, XU C, ZHANG B, et al.Three-dimensional temperature field measurement of flame using a single light field camera.Opt Express, 2016, 24（2）: 1118-1132.

[104] 孙俊，许传龙，张彪，等 . 基于单光场相机的火焰三维温度场测量 . 工程热物理学报，2016, 37（3）: 527-532.

[105]   SUN J, HOSSAIN M M, XU C, et al. Investigation of flame radiation sampling and temperature measurement through light field camera. International Journal of Heat and Mass Transfer, 2018, 121: 1281-1296.

[106]   LI J, HOSSAIN M M, SUN J, et al. Simultaneous measurement of flame temperature and absorption coefficient through LMBC-NNLS and plenoptic imaging techniques. Applied Thermal Engineering, 2019, 154: 711-725.

[107]   HUANG X, QI H, NIU C, et al. Simultaneous reconstruction of 3D temperature distribution and radiative properties of participating media based on the multi-spectral light-field imaging technique. Applied Thermal Engineering, 2017, 115: 1337-1347.

[108]   HUANG X, QI H, ZHANG X L, et al. Application of Landweber method for three-dimensional temperature field reconstruction based on the light-field imaging technique. Journal of Heat Transfer, 2018, 140（8）: 082701.

[109]   WEN S, QI H, LIU S B, et al. A hybrid LSQP algorithm for simultaneous reconstruction of the temperature and absorption coefficient field from the light-field image. Infrared Physics & Technology, 2020, 105: 103196.

[110]   LIU H, WANG Q, CAI W. Assessment of plenoptic imaging for reconstruction of 3D discrete and continuous luminous fields. Journal of the Optical Society of American A, 2019, 36（2）: 149-158.

[111]   HANSEN P C. Rank-deficient and discrete ill-posed problems: numerical aspects of linear inversion. Society for Industrial and Applied Mathematics, 1998.

[112]   BELL J B. Solutions of Ill-Posed Problems. Mathematics of Computation, 1978, 32: 1320-1322.

[113]   HANSEN P C. Regularization tools version 4.0 for Matlab 7.3. Numerical algorithms, 2007, 46: 189-194.

[114]   HANSEN P C. Truncated singular value decomposition solutions to discrete ill-posed problems with ill-determined numerical rank. SIAM Journal on Scientific and Statistical Computing, 1990, 11（3）: 503-518.

[115]   HANSEN P C. The discrete Picard condition for discrete ill-posed problems. BIT Numerical Mathematics, 1990, 30（4）: 658-672.

[116]   PHILLIPS D L. A technique for the numerical solution of certain integral equations of the first kind. Journal of the ACM (JACM), 1962, 9（1）: 84-97.

[117]   TIKHONOV A N. Solution of incorrectly formulated problems and the regularization method. Sov Dok, 1963, 4: 1035-1038.

[118]   PAIGE C C, SAUNDERS M. An algorithm for sparse linear equations and sparse least squares: ACM Transactions in Mathematical Software. 1982.

[119]   PAIGE C C. LSQR: Sparse linear equations and least squares problems. ACM Transaction on Mathematical Software, 1982, 8（1）: 195-209.

[120]   LANCZOS C. An iteration method for the solution of the eigenvalue problem of linear differential and integral operators. Journal of Research of the National Bureau of Standards, 1950, 45: 255-282.

[121] 刘超.超声层析成像的理论与实现.杭州:浙江大学,2003.

[122] 杨文采,杜剑渊.层析成像新算法及其在工程检测上的应用.地球物理学报,1994, 37(2):239-244.

[123] HANSEN P C, O'LEARY D P. The use of the L-curve in the regularization of discrete ill-posed problems. SIAM journal on scientific computing, 1993, 14 (6): 1487-1503.

[124] HANSEN P C. Analysis of discrete ill-posed problems by means of the L-curve. SIAM Review, 1992, 34 (4): 561-580.

[125] PRATT D T, SMOOT L, PRATT D. Pulverized coal combustion and gasification. Berlin: Springer, 1979.

[126] MODEST M F, MAZUMDER S. Radiative heat transfer. Amsterdam: Academic press, 2021.

[127] MODEST M F.Radiative Heat Transfer, Second Edition.Amsterdam: Academic Press, 2003.

[128] SIGEL R, HOWELL J R.Thermal Radiation Heat Transfer, Third Edition. New York:Hemisphere Publishing Corp, 1983.

[129] FARMAR J T, HOWELL J R. Monte Carlo prediction of radiative heat transfer in inhomogeneous, anisotropic, nongray media. Journal of Thermophysics and Heat Transfer, 1994, 8(1): 133-139.

[130] TONG T W, SKOCYPEC R D. Summary on comparison of radiative heat transfer solutions for a specified problem. Developments in Radiative Heat Transfer, 1992, ASME HTD 203: 253-258.

[131] CHEN L H.Study by numerical simulation of impact of multiple scattering on participating media radiation: fluorescence and incandescence induced by laser. France: INSA Rouren, 2005.

[132] MENGÜÇ M P, VISKANTA R, Radiative transfer in three-dimensional rectangular enclosures containing inhomogeneous, anisotropically scattering media. Journal of Quantitative Spectroscopy and Radiative Transfer, 1985, 33(6): 533-549.

[133] LI W M, TONG T W, DOBRANICH D, et al. A combined narrow- and wide-band model for computing the spectral absorption coefficient of CO_2, CO, H_2O, CH_4, C_2H_2, and NO. Journal of Quantitative Spectroscopy and Radiative Transfer, 1995, 54(6): 961-970.

[134] MODEST M F. Backward Monte Carlo simulations in radiative heat transfer. J Heat Transfer, 2003, 125 (1): 57-62.

[135] CASE K M. Transfer problems and the reciprocity principle. Reviews of modern physics, 1957, 29 (4): 651.

[136] GORDON H R. Ship perturbation of irradiance measurements at sea. 1: Monte Carlo simulations. Applied optics, 1985, 24 (23): 4172-4182.

[137] HUANG Q X, WANG F, LIU D, et al. Reconstruction of soot temperature and volume fraction profiles of an asymmetric flame using stereoscopic tomography. Combustion and Flame, 2009, 156 (3): 565-573.

[138] MICHAEL F. Modest. Radiative heat transfer, second Edition. Cambridge, Mass.:

192

Academic Press, 2003.

[139] LIU D, HUANG Q X, WANG F, et al. Simultaneous measurement of three-dimensional soot temperature and volume fraction fields in axisymmetric or asymmetric small unconfined flames with CCD cameras. ASME Journal of Heat and Mass Transfer, 2010, 132: 061202.

[140] CHANG H, CHARALAMPOPOULOS T T. Determination of the wavelength dependence of refractive indices of flame soot. Proceedings of the Royal Society A: Mathematical, Physical and Engineering Sciences, 1990, 430:577-591.

[141] KÖYLÜ Ü Ö, MCENALLY C S, ROSNER D E, et al. Simultaneous measurements of soot volume fraction and particle size / microstructure in flames using a thermophoretic sampling technique. Combustion and Flame, 1997, 110:494-507.

[142] Xu Z W, ZHAO H B. Simultaneous measurement of internal and external properties of nanoparticles in flame based on thermophoresis. Combustion and Flame, 2015, 162:2200-2213.

[143] QUERRY M R. Optical constants. US Army Armament, Munitions & Chemical Command, Chemical Research & Development Center, 1985.

[144] ACKERMANN E C. The golden section. American Mathematical Monthly, 2009(9-10): 260–264.

[145] ZMATRAKOV N L. Convergence of an interpolation process for parabolic and cubic splines. Proceedings of the Steklov Institute of Mathematics, 1975, 138:71-93.

[146] Mathworks, Optimization toolbox user's guide, USA, 2004. www.mathworks.com/help/optim/index.html.

[147] ARORA J S. Introduction to optimum design, third ed. Amsterdam:Academic Press, 2012.

[148] FORSYTHE G E, MALCOLM M A, MOLER C B. Computer methods for mathematical computations. Upper Saddle River:Prentice-Hall, 1976.

[149] NG R, LEVOY M, BRéDIF M, et al.Light field photography with a hand-held plenoptic camera.Computer Science Technical Report, 2005, 2（11）: 1-11.

[150] GEORGIEV T, INTWALA C.Light field camera design for integral view photography. Adobe System, Inc.Technical Report, 2006.

[151] LEVOY M, HANRAHAN P. Proceedings of the 23rd annual conference on Computer graphics and interactive techniques, 1996, pp. 31-42.

[152] GEORGIEV T, LUMSDAINE A. Focused plenoptic camera and rendering. Journal of Electronic Imaging, 2010, 19（2）: 021106.

[153] LUMSDAINE A, GEORGIEV T. Full resolution lightfield rendering. Adobe Technical Report, 2008, 91: 92.

[154] GEORGIEV T, LUMSDAINE A. The multifocus plenoptic camera. IS&T/SPIE Electronic Imaging, 2012, 8299: 69-79.

[155] KUNDUR D, HATZINAKOS D.Blind image deconvolution.IEEE Signal Processing Magazine, 1996, 13（3）: 43-64.

[156] RICHARDSON W H.Bayesian-based iterative method of image restoration. Journal of the

Optical Society of America, 1972, 62（1）：55-59.

[157] CHEN J, Lin J. Blackbody furnace: US 6,365,877 B1. 2002.04.02.

[158] 孙俊.基于光场成像的火焰三维温度场测量方法研究.南京：东南大学, 2018.

[159] HUGGINS E.Introduction to fourier optics.New York:McGraw-Hill, 1976.

[160] BIN Z, SHIMIN W, CHUANLONG X, et al.3-D flame temperature reconstruction in optical sectioning tomography.2009 IEEE International Workshop on Imaging Systems and Techniques, 2009, pp. 313-318.

[161] 张德丰, 张葡青.维纳滤波图像恢复的理论分析与实现.中山大学学报（自然科学版）, 2006, 45（6）：44-47.

[162] YUAN Y, LIU B, LI S, et al.Light-field-camera imaging simulation of participatory media using Monte Carlo method.International Journal of Heat and Mass Transfer, 2016, 102: 518-527.

[163] WANG Z, BOVIK A C, SHEIKH H R, et al.Image quality assessment: From error visibility to structural similarity. IEEE Transactions on Image Processing, 2004, 13（4）：600-612.

[164] XYDEAS C, PETROVIC V. Objective image fusion performance measure. Electronics Letters, 2000, 36（4）：308-309.

[165] 陶青川.计算光学切片显微三维成像技术研究.成都：四川大学, 2005.

[166] PERWASS C, WIETZKE L. Single lens 3D-camera with extended depth-of-field. Human Vision and Electronic Imaging XVII, 2012, 8291: 829108.

[167] LUMSDAINE A, GEORGIEV T. The focused plenoptic camera.2009 IEEE International Conference on Computational Photography (ICCP), 2009, pp. 1-8.

[168] HELSTROM C W.Image restoration by the method of least squares.Journal of the Optical Society of America, 1967, 57（3）：297-303.

[169] FRIEDEN B R.Restoring with maximum likelihood and maximum entropy. Journal of the Optical Society of America, 1972, 62（4）：511-518.

[170] HUNT B R.The application of constrained least squares estimation to image restoration by digital computer.IEEE Transactions on Computers, 1973, C-22（9）：805-812.

[171] SHEPP L A, VARDI Y. Maximum likelihood reconstruction for emission tomography.IEEE Transactions on Medical Imaging, 1982, 1（2）：113-122.

[172] CANNON M. Blind deconvolution of spatially invariant image blurs with phase.IEEE Transactions on Acoustics, Speech, and Signal Processing, 1976, 24（1）：58-63.

[173] LUCY L B. An iterative technique for the rectification of observed distributions. Astronomical Journal, 1974, 79（6）：745.

[174] SMOOKE M, MCENALLY C, PFEFFERLE L, et al. Computational and experimental study of soot formation in a coflow, laminar diffusion flame. Combustion and Flame, 1999, 117（1-2）：117-139.